21世纪应用型本科电子通信系列实用规划教材

DSP 技术及应用

主　编　吴冬梅　张玉杰
副主编　冯立营　于　军

北京大学出版社
PEKING UNIVERSITY PRESS

内 容 简 介

本书介绍了 DSP 技术的发展、现状及应用，并以 TMS320C54x 系列 DSP 为描述对象，介绍了硬件结构、指令系统、汇编语言程序设计方法、DSP 集成开发环境(CCS)，并结合实例介绍了 C54x 片内外设及应用、基本硬件系统的设计，最后详细介绍了典型 DSP 应用系统的设计和实现方法。本书的突出特点是以 DSP 的基本应用为主，内容安排详略得当，重点难点叙述详细，实用性强。

本书可作为电子信息工程、通信工程、自动化等相关专业的高年级本科生和研究生的教材和参考书，也可作为相关技术人员从事 DSP 芯片开发与应用的参考书。

图书在版编目(CIP)数据

DSP 技术及应用/吴冬梅，张玉杰主编. —北京：北京大学出版社，2006.8
(21 世纪应用型本科电子通信系列实用规划教材)
ISBN 978-7-301-10759-1

Ⅰ. D… Ⅱ. ①吴… ②张… Ⅲ. 数字信号—信号处理—高等学校—教材 Ⅳ. TN911.72

中国版本图书馆 CIP 数据核字(2006)第 057961 号

书　　　名：	DSP 技术及应用
著作责任者：	吴冬梅　张玉杰　主编
策 划 编 辑：	徐　凡
责 任 编 辑：	李婷婷
标 准 书 号：	ISBN 978-7-301-10759-1/TN·0031
出　版　者：	北京大学出版社
地　　　址：	北京市海淀区成府路 205 号　100871
网　　　址：	http://www.pup.cn　http://www.pup6.com
电　　　话：	邮购部 010-62752015　发行部 010-62750672　编辑部 010-62750667
电 子 邮 箱：	pup_6@163.com
印　刷　者：	北京虎彩文化传播有限公司
发　行　者：	北京大学出版社
经　销　者：	新华书店
	787 毫米×1092 毫米　16 开本　19 印张　440 千字
	2006 年 8 月第 1 版　2021 年 12 月第 12 次印刷
定　　　价：	39.00 元

未经许可，不得以任何方式复制或抄袭本书之部分或全部内容。
版权所有，侵权必究　　举报电话：010-62752024
　　　　　　　　　　　　电子邮箱：fd@pup.pku.edu.cn

《21世纪应用型本科电子通信系列实用规划教材》
专家编审委员会

主　任　　殷瑞祥

顾　问　　宋铁成

副主任　　(按拼音顺序排名)

　　　　　　曹茂永　　陈殿仁　　李白萍　　王霓虹

　　　　　　魏立峰　　袁德成　　周立求

委　员　　(按拼音顺序排名)

　　　　　　曹继华　　郭　勇　　黄联芬　　蒋学华　　蒋　中

　　　　　　刘化君　　聂　翔　　王宝兴　　吴舒辞　　阎　毅

　　　　　　杨　雷　　姚胜兴　　张立毅　　张雪英　　张宗念

　　　　　　赵明富　　周开利

丛书总序

随着招生规模迅速扩大，我国高等教育已经从"精英教育"转化为"大众教育"，全面素质教育必须在教育模式、教学手段等各个环节进行深入改革，以适应大众化教育的新形势。面对社会对高等教育人才的需求结构变化，自上个世纪 90 年代以来，全国范围内出现了一大批以培养应用型人才为主要目标的应用型本科院校，很大程度上弥补了我国高等教育人才培养规格单一的缺陷。

但是，作为教学体系中重要信息载体的教材建设并没有能够及时跟上高等学校人才培养规格目标的变化，相当长一段时间以来，应用型本科院校仍只能借用长期存在的精英教育模式下研究型教学所使用的教材体系，出现了人才培养目标与教材体系的不协调，影响着应用型本科院校人才培养的质量，因此，认真研究应用型本科教育教学的特点，建立适合其发展需要的教材新体系越来越成为摆在广大应用型本科院校教师面前的迫切任务。

2005 年 4 月北京大学出版社在南京工程学院组织召开《21 世纪应用型本科电子通信系列实用规划教材》编写研讨会，会议邀请了全国知名学科专家、工业企业工程技术人员和部分应用型本科院校骨干教师共 70 余人，研究制定电子信息类应用型本科专业基础课程和主干专业课程体系，并遴选了各教材的编写组成人员，落实制定教材编写大纲。

2005 年 8 月在北京召开了《21 世纪应用型本科电子通信系列实用规划教材》审纲会，广泛征求了用人单位对应用型本科毕业生的知识能力需求和应用型本科院校教学一线教师的意见，对各本教材主编提出的编写大纲进行了认真细致的审核和修改，在会上确定了 32 本教材的编写大纲，为这套系列教材的质量奠定了基础。

经过各位主编、副主编和参编教师的努力，在北京大学出版社和各参编学校领导的关心和支持下，经过北大出版社编辑们的辛苦工作，我们这套系列教材终于在 2006 年与读者见面了。

《21 世纪应用型本科电子通信系列实用规划教材》涵盖了电子信息、通信等专业的基础课程和主干专业课程，同时还包括其他非电类专业的电工电子基础课程。

电工电子与信息技术越来越渗透到社会的各行各业，知识和技术更新迅速，要求应用型本科院校在人才培养过程中，必须紧密结合现行工业企业技术现状。因此，教材内容必须能够将技术的最新发展和当今应用状况及时反映进来。

参加系列教材编写的作者主要是来自全国各地应用型本科院校的第一线教师和部分工业企业工程技术人员，他们都具有多年从事应用型本科教学的经验，非常熟悉应用型本科教育教学的现状、目标，同时还熟悉工业企业的技术现状和人才知识能力需求。本系列教材明确定位于"应用型人才培养"目标，具有以下特点：

(1) **强调大基础**：针对应用型本科教学对象特点和电子信息学科知识结构，调整理顺了课程之间的关系，避免了内容的重复，将众多电子、电气类专业基础课程整合在一个统一的大平台上，有利于教学过程的实施。

(2) **突出应用性**：教材内容编排上力求尽可能把科学技术发展的新成果吸收进来、把工业企业的实际应用情况反映到教材中，教材中的例题和习题尽量选用具有实际工程背景的问题，避免空洞。

(3) **坚持科学发展观**：教材内容组织从可持续发展的观念出发，根据课程特点，力求反映学科现代新理论、新技术、新材料、新工艺。

(4) **教学资源齐全**：与纸质教材相配套，同时编制配套的电子教案、数字化素材、网络课程等多种媒体形式的教学资源，方便教师和学生的教学组织实施。

衷心感谢本套系列教材的各位编著者，没有他们在教学第一线的教改和工程第一线的辛勤实践，要出版如此规模的系列实用教材是不可能的。同时感谢北京大学出版社为我们广大编著者提供了广阔的平台，为我们进一步提高本专业领域的教学质量和教学水平提供了很好的条件。

我们真诚希望使用本系列教材的教师和学生，不吝指正，随时给我们提出宝贵的意见，以期进一步对本系列教材进行修订、完善。

《21世纪应用型本科电子通信系列实用规划教材》
专家编审委员会
2006年4月

前　言

　　数字信号处理是一门涉及许多学科而又广泛应用于许多领域的新兴学科。20 世纪 60 年代至今，随着信息技术的飞速发展，数字信号处理技术应运而生并得到迅速的发展。随着数字化的急速进程，DSP 技术的地位突显出来。因为数字化的基础技术就是数字信号处理，而数字信号处理的任务，特别是实时处理(Real-Time Processing)的任务，是要由通用的或专用的 DSP 处理器来完成的。因此，在整个半导体产品的增长趋缓时，DSP 处理器还在以较快的速度增长。可以毫不夸张地说，DSP 芯片的诞生及发展对二十多年来通信、计算机、控制等领域的发展起到十分重要的作用。

　　DSP 芯片的应用几乎已遍及电子与信息的每一个领域，常见的典型应用有：通用数字信号处理、语音识别与处理、图形/图像处理、仪器仪表、自动控制、医学工程、家用电器、通信等。

　　本书以 TMS320C54x 系列 DSP 为描述对象，重点介绍 DSP 芯片的原理和使用方法，以 DSP 的基本应用为主，介绍 DSP 应用系统的设计和实现方法。使读者通过本书的学习，掌握 DSP 基本技术及应用，并能举一反三，不断扩大应用的深度和广度。

　　全书共分 8 章。第 1 章概述 DSP 技术发展的两个领域，DSP 芯片的特点、现状及应用，并简单介绍 TMS320 系列 DSP，即 C2000、C5000、C6000 的特点和应用领域；第 2 章是 TMS320C54x 的硬件结构，介绍总线结构、中央处理单元、存储器和中断系统；第 3 章介绍 TMS320C54x 的寻址方式和指令系统；第 4 章介绍软件开发过程和基本汇编语言程序设计方法；第 5 章是 DSP 集成开发环境(CCS)，通过举例介绍了 CCS 的使用方法；第 6 章是片内外设，介绍可编程定时器、串行口、主机接口及其应用；第 7 章是基本硬件系统设计，介绍外部存储器和 I/O 扩展、A/D 和 D/A 接口设计、时钟及复位电路设计、供电系统设计；第 8 章介绍了典型 DSP 应用系统的设计和实现方法，包括正弦信号发生器、FIR 数字滤波器、快速傅里叶变换(FFT)、语音信号采集与回放。

　　本书由吴冬梅、张玉杰主编，冯立营、于军担任副主编。吴冬梅编写第 1 章、第 3 章和第 4 章，张玉杰编写第 7 章、第 8 章的 8.1～8.4 节，冯立营编写第 2 章、第 5 章，于军编写第 6 章、第 8 章的 8.5 节和 8.6 节。全书由吴冬梅统稿。在编写本书的过程中，得到了吴延海教授的大力支持与帮助，在此表示衷心的感谢。

　　由于作者水平有限，书中难免存在错误和疏漏之处，恳请读者批评指正。

编　者
2006 年 8 月

目 录

第1章 绪论 1
1.1 概述 1
1.1.1 DSP 与 DSP 技术 1
1.1.2 DSP 技术发展的两个领域 2
1.1.3 数字信号处理的实现方法 2
1.1.4 DSP 系统的特点 3
1.2 可编程 DSP 芯片 3
1.2.1 DSP 芯片的结构特点 4
1.2.2 DSP 芯片的分类 6
1.2.3 DSP 芯片的发展及趋势 7
1.2.4 DSP 芯片的应用 8
1.3 TMS320 系列 DSP 概述 8
1.3.1 TMS320C2000 系列简介 9
1.3.2 TMS320C5000 系列简介 10
1.3.3 TMS320C6000 系列简介 11
1.4 DSP 系统设计概要 12
1.4.1 DSP 系统设计过程 12
1.4.2 DSP 芯片的选择 14
1.4.3 DSP 应用系统的开发工具 16
1.5 习题与思考题 18

第2章 TMS320C54x 的硬件结构 19
2.1 TMS320C54x 硬件结构框图 19
2.1.1 TMS320C54x 内部结构 19
2.1.2 TMS320C54x 主要特性 19
2.2 总线结构 22
2.3 中央处理单元(CPU) 23
2.3.1 CPU 状态和控制寄存器 23
2.3.2 算术逻辑单元(ALU) 28
2.3.3 累加器 A 和 B 29
2.3.4 桶形移位器 31
2.3.5 乘法器/加法器单元 32
2.3.6 比较、选择和存储单元 33
2.3.7 指数编码器 34
2.4 存储器和 I/O 空间 34
2.4.1 存储空间的分配 35
2.4.2 程序存储器 36
2.4.3 数据存储器 40
2.4.4 I/O 空间 42
2.5 中断系统 42
2.5.1 中断系统概述 42
2.5.2 中断标志寄存器(IFR)和中断屏蔽寄存器(IMR) 43
2.5.3 接收、应答及处理中断 44
2.5.4 中断操作流程 46
2.5.5 重新安排中断向量地址 47
2.6 习题与思考题 48

第3章 TMS320C54x 指令系统 49
3.1 汇编源程序格式 49
3.2 指令集符号与意义 51
3.3 寻址方式 53
3.3.1 立即寻址 54
3.3.2 绝对寻址 54
3.3.3 累加器寻址 55
3.3.4 直接寻址 56
3.3.5 间接寻址 57
3.3.6 存储器映射寄存器寻址 63
3.3.7 堆栈寻址 63
3.4 指令系统 63
3.4.1 算术运算指令 64
3.4.2 逻辑指令 71
3.4.3 程序控制指令 73
3.4.4 存储和装入指令 78
3.5 习题与思考题 82

第4章 TMS320C54x 的软件开发 84
4.1 TMS320C54x 软件开发过程 84
4.2 汇编语言程序的编写方法 85

4.2.1	汇编语言源程序举例	85
4.2.2	汇编语言常量	86
4.2.3	汇编源程序中的字符串	87
4.2.4	汇编源程序中的符号	88
4.2.5	汇编源程序中的表达式	88

4.3 汇编伪指令和宏指令 89
   4.3.1 汇编伪指令 89
   4.3.2 宏及宏的使用 94
4.4 公共目标文件格式——COFF 96
   4.4.1 COFF 文件中的段 96
   4.4.2 汇编器对段的处理 97
   4.4.3 链接器对段的处理 100
4.5 汇编源程序的编辑、汇编和链接过程 103
   4.5.1 编辑 104
   4.5.2 汇编器 104
   4.5.3 链接器 106
4.6 汇编语言程序设计 111
   4.6.1 程序的控制与转移 111
   4.6.2 数据块传送程序 117
   4.6.3 算术运算类程序 118
4.7 习题与思考题 130

第 5 章 DSP 集成开发环境(CCS) 132

5.1 CCS 集成开发环境简介 132
   5.1.1 CCS 安装及设置 132
   5.1.2 CCS 的窗口、菜单和工具条 133
   5.1.3 CCS 工程管理 139
   5.1.4 CCS 源文件管理 140
   5.1.5 通用扩展语言 GEL 142
5.2 CCS 应用举例 142
   5.2.1 基本应用 142
   5.2.2 探针和显示图形的使用 147
5.3 CCS 仿真 151
   5.3.1 用 Simulator 仿真中断 151
   5.3.2 用 Simulator 仿真 I/O 端口 154
5.4 DSP/BIOS 的功能 157
   5.4.1 DSP/BIOS 简介 157
   5.4.2 一个简单的 DSP/BIOS 实例 157
5.5 习题与思考题 162

第 6 章 DSP 片内外设 163

6.1 DSP 片内外设概述 163
6.2 可编程定时器 165
   6.2.1 定时器的结构及特点 165
   6.2.2 定时器的控制寄存器 166
   6.2.3 定时器的操作过程 166
   6.2.4 定时器应用举例 167
6.3 串行口 168
   6.3.1 标准同步串行口(SP) 169
   6.3.2 带缓冲的串行接口(BSP) 172
   6.3.3 时分复用(TDM)串口 176
   6.3.4 多通道缓冲串行接口(McBSP) 177
6.4 主机接口(HPI) 187
   6.4.1 标准 8 位主机接口 HPI8 187
   6.4.2 增强的 8 位 HPI(HPI-8) 191
   6.4.3 应用举例 193
6.5 外部总线访问时序 194
   6.5.1 软件等待状态发生器 195
   6.5.2 分区转换逻辑 196
6.6 通用 I/O 197
6.7 习题与思考题 197

第 7 章 TMS320C54x 基本系统设计 198

7.1 TMS320C54x 硬件系统组成 198
7.2 外部存储器和 I/O 扩展 198
   7.2.1 外部存储器扩展 200
   7.2.2 外扩 I/O 接口电路设计 204
7.3 A/D 和 D/A 接口设计 209
   7.3.1 A/D 接口设计 209
   7.3.2 D/A 接口设计 214
7.4 时钟及复位电路设计 222
   7.4.1 时钟电路 223
   7.4.2 DSP 复位电路 227
7.5 供电系统设计 229

7.5.1 DSP 供电电源设计 230
7.5.2 3.3V 和 5V 混合逻辑设计 231
7.5.3 省电工作方式与设计 234
7.6 JTAG 在线仿真调试接口电路设计 235
7.7 TMS320C54x 的引导方式及设计 237
  7.7.1 Bootloader 技术 237
  7.7.2 并行启动模式 239
  7.7.3 自举启动表的建立及引导装载的过程 240
7.8 习题与思考题 242

第 8 章 TMS320C54x 应用系统设计举例 244

8.1 DSP 应用系统设计基本步骤 244
8.2 正弦信号发生器 247
  8.2.1 数字振荡器原理 247
  8.2.2 正弦波信号发生器的设计与实现 248
8.3 FIR 数字滤波器 254
  8.3.1 FIR 滤波器的基本原理和结构 254
  8.3.2 FIR 滤波器的设计与实现 255
  8.3.3 FIR 滤波器应用举例 262
8.4 快速傅里叶变换(FFT) 266
  8.4.1 基 2 按时间抽取 FFT 算法 266
  8.4.2 FFT 算法的 DSP 实现 267
  8.4.3 FFT 算法的模拟信号产生和输入 279
  8.4.4 观察信号时域波形及其频谱 280
8.5 语音信号采集 280
  8.5.1 语音接口芯片 TLC320AD50C 简介 280
  8.5.2 TLC320AD50C 与 DSP 的连接 282
  8.5.3 语音采集和回放程序 283
8.6 C 语言编程及应用 285
  8.6.1 C 语言编程的基本方法 286
  8.6.2 独立的 C 模块和汇编模块接口 286
  8.6.3 C 语言编程应用 287
8.7 习题与思考题 290

参考文献 291

第 1 章 绪 论

教学提示：本章首先介绍 DSP 技术的内涵、发展的两个领域及实现方法，其次介绍可编程 DSP 芯片的结构特点、分类及其应用情况，最后概括地介绍了 DSP 系统的设计过程。

教学要求：本章要求学生了解 DSP 技术的内涵，掌握 DSP 芯片的结构特点、分类及其应用，并概括性地了解在设计一个 DSP 应用系统时，不仅要熟悉芯片的硬件结构、指令系统等，还要熟悉开发、调试工具的使用，从而使后续各章的学习目标更加明确。

1.1 概 述

数字信号处理是一门涉及许多学科而又广泛应用于许多领域的新兴学科。20 世纪 60 年代至今，随着信息技术的飞速发展，数字信号处理技术应运而生并得到迅速的发展。

数字信号处理是利用计算机或专用处理设备，以数字形式对信号进行采集、变换、滤波、估值、增强、压缩、识别等处理，以得到符合人们需要的信号形式。图 1.1 所示的是一个典型的数字信号处理系统框图。

图 1.1 数字信号处理系统框图

图 1.1 中，输入信号可以是语音信号、传真信号，也可以是视频信号，还可以是传感器(如温度传感器)的输出信号。输入信号经过带限滤波后，通过 A/D 转换器将模拟信号转换成数字信号。根据采样定理，采样频率至少是输入带限信号最高频率的 2 倍，在实际应用中，一般为 4 倍以上。数字信号处理一般是用 DSP 芯片和在其上运行的实时处理软件对输入数字信号按照一定的算法进行处理，然后将处理后的信号输出给 D/A 转换器，经 D/A 转换、内插和平滑滤波后得到连续的模拟信号。当然，并非所有的 DSP 系统都具有如图 1.1 所示的所有部件。例如，频谱分析仪输出的不是连续波形而是离散波形，CD 唱机中的输入信号本身就是数字信号，等等。

1.1.1 DSP 与 DSP 技术

DSP 既是 Digital Signal Processing 的缩写，也是 Digital Signal Processor 的缩写，二者英文简写相同，但含义不同。

Digital Signal Processing——指数字信号处理的理论和方法。

Digital Signal Processor(DSP)——指用于进行数字信号处理的可编程微处理器，人们常用 DSP 一词来指通用数字信号处理器。

Digital Signal Process——一般指 DSP 技术，即采用通用的或专用的 DSP 处理器完成数字信号处理的方法与技术。

自从 20 世纪 70 年代微处理器产生以来，就一直沿着三个方向发展。它们是：
- 通用 CPU：微型计算机中央处理器(如使用最多的奔腾等)。
- 微控制器(MCU)：单片微型计算机(如 MCS-51、MCS-96 等)。
- DSP：可编程的数字信号处理器。

这三类微处理器(CPU，MCU，DSP)既有区别也有联系，每类微处理器各有其特点，虽然在技术上不断借鉴和交融，但又有各自不同的应用领域。

随着数字化的急速进程，DSP 技术的地位突显出来。因为数字化的基础技术就是数字信号处理，而数字信号处理的任务，特别是实时处理(Real-Time Processing)的任务，是要由通用型或专用型 DSP 处理器来完成的。因此，在整个半导体产品的增长趋缓时，DSP 处理器还在以较快的速度增长。

1.1.2 DSP 技术发展的两个领域

DSP 技术的发展因其内涵而分为两个领域。

一方面是数字信号处理的理论和方法的发展。数字信号处理是以众多学科为理论基础的，它所涉及的范围极其广泛。例如，在数学领域，微积分、概率统计、随机过程、数值分析等都是数字信号处理的基本工具，数字信号处理与网络理论、信号与系统、控制理论、通信理论、故障诊断等也密切相关。近年来新兴的一些学科，如人工智能、模式识别、神经网络等，都与数字信号处理密不可分。可以说，数字信号处理是把许多经典的理论体系作为自己的理论基础，同时又使自己成为一系列新兴学科的理论基础。

数字信号处理在算法研究方面，主要研究如何以最小的运算量和存储器使用量来完成指定的任务；对数字信号处理的系统实现而言，除了有关的输入/输出部分外，其中最核心的部分就是其算法的实现，即用硬件、软件或软硬件相结合的方法来实现各种算法，如 FFT 算法的实现。目前各种快速算法(如声音与图像的压缩编码、识别与鉴别、加密解密、调制解调、信道辨识与均衡、智能天线、频谱分析等算法)都成为研究的热点，并有长足的进步，为各种实时处理的应用提供了算法基础。

另一方面是 DSP 处理器性能的提高。为了满足应用市场的需求，随着微电子科学与技术的进步，DSP 处理器的性能也在迅速地提高。目前的工艺水平，时钟频率达到 1.1GHz；处理速度达到每秒 90 亿次 32 位浮点运算；数据吞吐率达到 2GB/s。在性能大幅度提高的同时，体积、功耗和成本却大幅度地下降，以满足低成本便携式电池供电应用系统的要求。

DSP 技术的发展在上述两方面是互相促进的，理论和算法的研究推动了应用，而应用的需求又促进了理论的发展。

1.1.3 数字信号处理的实现方法

数字信号处理的实现方法一般有以下几种：

(1) 在通用型计算机上用软件实现。一般采用 C 语言、MATLAB 语言等编程，主要用于 DSP 算法的模拟与仿真，验证算法的正确性和性能。优点是灵活方便，缺点是速度较慢。

(2) 在通用型计算机系统中加上专用的加速处理器实现。专用性强，应用受到很大的限制，也不便于系统的独立运行。

(3) 在通用型单片机(如 MCS-51、MCS-96 系列等)上实现。只适用于简单的 DSP 算法，可用于实现一些不太复杂的数字信号处理任务，如数字控制。

(4) 用通用型可编程 DSP 芯片实现。与单片机相比，DSP 芯片具有更加适合于数字信号处理的软件和硬件资源，可用于复杂的数字信号处理算法。特点是灵活、速度快，可实时处理。

(5) 用专用型 DSP 芯片实现。在一些特殊的场合，要求信号处理速度极高，用通用型 DSP 芯片很难实现，例如专用于 FFT、数字滤波、卷积、相关等算法的 DSP 芯片，这种芯片将相应的信号处理算法在芯片内部用硬件实现，无须进行编程。处理速度极高，但专用性强，应用受到限制。

在上述几种实现方法中，(1)~(3)和(5)都有使用的限制，只有(4)才使数字信号处理的应用打开了新的局面。

虽然数字信号处理的理论发展迅速，但在 20 世纪 80 年代以前，由于实现方法的限制，数字信号处理的理论还得不到广泛的应用。直到 20 世纪 80 年代初世界上第一片单片可编程 DSP 芯片的诞生，才将理论研究结果广泛应用到低成本的实际系统中，并且推动了新的理论和应用领域的发展。可以毫不夸张地说，DSP 芯片的诞生及发展对二十多年来通信、计算机、控制等领域的发展起到十分重要的作用。

本书主要讨论数字信号处理的软硬件实现方法，即利用数字信号处理器(DSP芯片)，通过配置硬件和编程，实现所要求的数字信号处理任务。

1.1.4 DSP 系统的特点

基于通用 DSP 芯片的数字信号处理系统与模拟信号处理系统相比，具有以下优点：

(1) 精度高，抗干扰能力强，稳定性好。精度仅受量化误差即有限字长的影响，信噪比高，器件性能影响小。

(2) 编程方便，易于实现复杂算法(含自适应算法)。DSP 芯片提供了高速计算平台，可实现复杂的信号处理。

(3) 可程控。当系统的功能和性能发生改变时，不需要重新设计、装配、调试。如实现不同的数字滤波(低通、高通、带通)；软件无线电中不同工作模式的电台通信；虚拟仪器中的滤波器、频谱仪等。

(4) 接口简单。系统的电气特性简单，数据流采用标准协议。

(5) 集成方便。

1.2 可编程 DSP 芯片

DSP 芯片，即数字信号处理芯片，也称数字信号处理器，是一种特别适合于进行数字信号处理运算的处理器，其主要应用是实时快速地实现各种数字信号处理算法。

1.2.1 DSP 芯片的结构特点

DSP 处理器是专门设计用来进行高速数字信号处理的微处理器。与通用的 CPU 和微控制器(MCU)相比,DSP 处理器在结构上采用了许多的专门技术和措施来提高处理速度。尽管不同的厂商所采用的技术和措施不尽相同,但往往有许多共同的特点。以下介绍的就是它们的共同点。

1. 改进的哈佛结构

以奔腾为代表的通用微处理器,其程序代码和数据共用一个公共的存储空间和单一的地址与数据总线,取指令和取操作数只能分时进行,这样的结构称为冯·诺依曼结构(Von Neumann architecture),如图 1.2(a)所示。

DSP 处理器则毫无例外地将程序代码和数据的存储空间分开,各有自己的地址总线与数据总线,这就是所谓的哈佛结构(Harvard architecture),如图 1.2(b)所示。之所以采用哈佛结构,是为了同时取指令和取操作数,并行地进行指令和数据的处理,从而可以大大地提高运算的速度。例如,在做数字滤波处理时,将滤波器的参数存放在程序代码空间里,而将待处理的样本存放在数据空间里,这样,处理器就可以同时提取滤波器参数和待处理的样本,进行乘和累加运算。

为了进一步提高信号处理的效率,在哈佛结构的基础上,又加以改进,使得程序代码和数据存储空间之间也可以进行数据的传送,称为改进的哈佛结构(modified Harvard architecture),如图 1.2(c)所示。

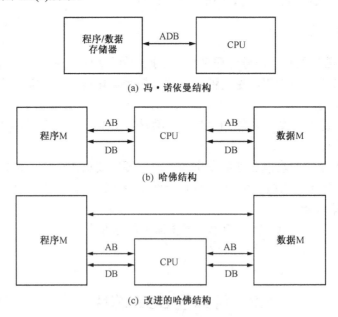

图 1.2 微处理器的结构

2. 多总线结构

许多 DSP 芯片内部都采用多总线结构,这样保证在一个机器周期内可以多次访问程序空间和数据空间。例如 TMS320C54x 内部有 P、C、D、E 等 4 条总线(每条总线又包括地址总线和数据总线),可以在一个机器周期内从程序存储器取 1 条指令、从数据存储器读 2 个操作数和向数据存储器写 1 个操作数,大大提高了 DSP 的运行速度。因此,对 DSP 来说,内部总线是十分重要的资源,总线越多,可以完成的功能就越复杂。

3. 流水线技术(pipeline)

计算机在执行一条指令时,总要经过取指、译码、取数、执行运算等步骤,需要若干个指令周期才能完成。流水线技术是将各指令的各个步骤重叠起来执行,而不是一条指令执行完成之后,才开始执行下一条指令。即第一条指令取指后,在译码时,第二条指令就取指;第一条指令取数时,第二条指令译码,而第三条指令就开始取指,……,依次类推,如图 1.3 所示。使用流水线技术后,尽管每一条指令的执行仍然要经过这些步骤,需要同样的指令周期数,但将一个指令段综合起来看,其中的每一条指令的执行就都是在一个指令周期内完成的。DSP 处理器所采用的将程序存储空间和数据存储空间的地址与数据总线分开的哈佛结构,为采用流水线技术提供了很大的方便。

图 1.3 流水线技术示意图

4. 多处理单元

DSP 内部一般都包括多个处理单元,如算术逻辑运算单元(ALU)、辅助寄存器运算单元(ARAU)、累加器(ACC)及硬件乘法器(MUL)等。它们可以在一个指令周期内同时进行运算。例如,在执行一次乘法和累加运算的同时,辅助寄存器单元已经完成了下一个地址的寻址工作,为下一次乘法和累加运算做好了充分准备。因此,DSP 在进行连续的乘加运算时,每一次乘加运算都是单周期的。DSP 的这种多处理单元结构,特别适用于大量乘加操作的矩阵运算、滤波、FFT、Viterbi 译码等。许多 DSP 的处理单元结构还可以将一些特殊的算法,例如 FFT 的位码倒置寻址和取模运算等,在芯片内部用硬件实现,以提高运行速度。

5. 特殊的 DSP 指令

为了更好地满足数字信号处理应用的需要,在 DSP 的指令系统中,设计了一些特殊的 DSP 指令。例如,TMS320C54x 中的 FIRS 和 LMS 指令,专门用于系数对称的 FIR 滤波器和 LMS 算法。

6. 指令周期短

早期的 DSP 的指令周期约 400ns,采用 4μm NMOS 制造工艺,其运算速度为 5MIPS (millions of Instructions Per Secend,每秒执行百万条指令)。随着集成电路工艺的发展,DSP 广泛采用亚微米 CMOS 制造工艺,其运行速度越来越快。以 TMS320C54x 为例,其运行速度可达 100MIPS。TMS320C6203 的时钟为 300MHz，运行速度达到 2400MIPS。

7. 运算精度高

早期 DSP 的字长为 8 位，后来逐步提高到 16 位、24 位、32 位。为防止运算过程中溢出，有的累加器达到 40 位。此外，一批浮点 DSP，例如 TMS320C3x、TMS320C4x、ADSP21020 等，则提供了更大的动态范围。

8. 丰富的外设

新一代 DSP 的接口功能越来越强，片内具有主机接口(HPI)，直接存储器访问控制器(DMAC)，外部存储器扩展口，串行通信口，中断处理器，定时器，锁相环时钟产生器以及实现在片仿真符合 IEEE 1149.1 标准的测绘访问口，更易于完成系统设计。

9. 功耗低

许多 DSP 芯片都可以工作在省电方式，使系统功耗降低。一般芯片为 0.5～4W，而采用低功耗技术的 DSP 芯片只有 0.1W，可用电池供电。如 TMS3205510 仅 0.25mW，特别适用于便携式数字终端。

DSP 是一种特殊的微处理器，不仅具有可编程性，而且其实时运行速度远远超过通用微处理器。其特殊的内部结构、强大的信息处理能力及较高的运行速度，是 DSP 最重要的特点。

DSP 芯片是高性能系统的核心。它接收模拟信号(如光和声)，将它们转化成为数字信号，实时地对大量数据进行数字技术处理。这种实时能力使 DSP 在声音处理、图像处理等不允许时间延迟领域的应用十分理想，成为全球 70%数字电话的"心脏"，同时 DSP 在网络领域也有广泛的应用。DSP 芯片的上述特点，使其在各个领域得到越来越广泛的应用。

1.2.2 DSP 芯片的分类

DSP 芯片的使用是为了达到实时信号的高速处理，为适应各种各样的实际应用，出现了多种类型、档次的 DSP 芯片。

1. 按数据格式分类

在用 DSP 进行数字信号处理时，首先遇到的问题是数的表示方法。按数的不同表示方法，将 DSP 分为两种类型：一种是定点 DSP，另一种是浮点 DSP。

在定点 DSP 中，数据采用定点方式表示。它有两种基本表示方法：整数表示方法和小数表示方法。整数表示方法主要用于控制操作、地址计算和其他非信号处理的应用，而小数表示方法则主要用于数字和各种信号处理算法的计算中。即定点表示并不意味着就一定是整数表示。数据以定点格式工作的 DSP 芯片称为定点 DSP 芯片，该芯片简单，成本较低。

在浮点 DSP 中，数据既可以表示成整数，也可以表示成浮点数。浮点数在运算中，表示数的范围由于其指数可自动调节，因此可避免数的规格化和溢出等问题。但浮点 DSP 一般比定点 DSP 复杂，成本也较高。

2. 按用途分类

按照 DSP 的用途，可分为通用型 DSP 芯片和专用型 DSP 芯片。

通用型 DSP 芯片一般指可以用指令编程的 DSP 芯片，适合普通的 DSP 应用，如 TI 公司的一系列 DSP 芯片属于通用型 DSP 芯片。

专用型 DSP 芯片是为特定的 DSP 运算而设计，只针对一种应用，适合特殊的运算，如数字滤波、卷积和 FFT 等，只能通过加载数据、控制参数或在管脚上加控制信号的方法使其具有有限的可编程能力。如 Motorola 公司的 DSP56200、Zoran 公司的 ZR34881、Inmos 公司的 IMSA100 等就属于专用型 DSP 芯片。

本书主要讨论通用型 DSP 芯片。

1.2.3 DSP 芯片的发展及趋势

1. DSP 芯片的发展历程

在 DSP 芯片出现之前，数字信号处理只能依靠通用微处理器(MPU) 来完成，但 MPU 较低的处理速度却无法满足系统高速实时的要求。直到 20 世纪 70 年代，才有人提出了 DSP 理论和算法基础。那时的 DSP 仅仅停留在教科书上，即便是研制出来的 DSP 系统也是用分立元件组成的，其应用领域仅限于军事、航空航天部门。

世界上第一片单片 DSP 芯片是 1978 年 AMI 公司宣布的 S2811。在这之后，最成功的 DSP 芯片当数 TI 公司 1982 年推出的 DSP 芯片。这种 DSP 器件采用微米工艺、NMOS 技术制作，虽功耗和尺寸稍大，但运算速度却比 MPU 快几十倍，尤其在语音合成和编解码器中得到了广泛应用。DSP 芯片的问世，使 DSP 应用系统由大型系统向小型化迈进了一大步。

至 20 世纪 80 年代中期，随着 CMOS 技术的进步与发展，第二代基于 CMOS 工艺的 DSP 应运而生，其存储容量和运算速度都得到成倍提高，成为语音处理及图像处理技术的基础。20 世纪 80 年代后期，第三代 DSP 芯片问世，运算速度进一步提高，应用范围逐步扩大到通信和计算机领域。20 世纪 90 年代 DSP 发展最快，相继出现了第四代和第五代 DSP 器件。第五代产品与第四代相比，系统集成度更高，将 DSP 芯核及外围元件综合集成在单一芯片上。这种集成度极高的 DSP 芯片不仅在通信、计算机领域大显身手，而且逐渐渗透到人们的日常消费领域。经过 20 多年的发展，DSP 产品的应用扩大到人们的学习、工作和生活的各个方面，并逐渐成为电子产品更新换代的决定因素。目前，对 DSP 爆炸性需求的时代已经来临，前景十分广阔。

现在，世界上的 DSP 芯片有 300 多种，其中定点 DSP 有 200 多种。迄今为止，生产 DSP 的公司有 80 多家，主要厂家有 TI 公司、AD(美国模拟器件 Analog Devices)公司、Lucent 公司、Motorola 公司和 LSI Logic 公司。TI 公司作为 DSP 生产商的代表，生产的品种很多，定点和浮点 DSP 大约都占市场份额的 60%；AD 公司的定点和浮点 DSP 大约分别占 16%和 13%；Motorola 公司的定点和浮点 DSP 大约分别占 7%和 14%；而 Lucent 公司则主要生产定点 DSP，约占 5%。

TI 公司自 1982 年成功推出第一代 DSP 芯片 TMS32010 及其系列产品后，又相继推出了第二代 DSP 芯片 TMS32020、TMS320C25/C26/C28，第三代 DSP 芯片 TMS320C30/C31/C32，第四代 DSP 芯片 TMS320C40/C44，第五代 DSP 芯片 TMS320C50/C51/C52/C53/C54 和集多个 DSP 于一体的高性能 DSP 芯片 TMS320C80/C82 等，以及目前速度最快的第六代 DSP 芯片 TMS320C62x/C67x 等。

2. 国内 DSP 的发展

目前，我国 DSP 产品主要来自海外。TI 公司的第一代产品 TMS32010 在 1983 年最早进入中国市场，以后 TI 公司通过提供 DSP 培训课程，不断扩大市场份额，现约占国内 DSP 市场的 90%，其余为 Lucent、AD、Motorola、ZSP 和 NEC 等公司所占有。国内引入的主流产品有 TMS320F2407(电机控制)、TMS320C5409(信息处理)、TMS320C6201(图像处理)等。

目前全球有数百家直接依靠 TI 公司的 DSP 而成立的公司，称为 TI 的第三方(third party)。我国也有 TI 的第三方公司，他们有的做 DSP 开发工具，有的从事 DSP 硬件平台开发，也有的从事 DSP 应用软件开发。这些公司基本上是 20 世纪 80 年代末、90 年代初才创建的，经过 20 余年，现在已发展到相当规模。

对 DSP 的发展，与国外相比，我国在硬件、软件上还有很大的差距，还有很长一段路要走。近年来，在国内一些专业 DSP 用户的推动下，我国 DSP 的应用日渐普及。我们对 DSP 的应用前景充满信心。

1.2.4　DSP 芯片的应用

DSP 芯片的应用几乎已遍及电子与信息的每一个领域，常见的典型应用如下。

(1) 通用数字信号处理：数字滤波、卷积、相关、FFT、希尔伯特变换、自适应滤波、窗函数和谱分析等。

(2) 语音识别与处理：语音识别、合成、矢量编码、语音鉴别和语音信箱等。

(3) 图形/图像处理：二维/三维图形变换处理、模式识别、图像鉴别、图像增强、动画、电子地图和机器人视觉等。

(4) 仪器仪表：暂态分析、函数发生、波形产生、数据采集、石油/地质勘探、地震预测与处理等。

(5) 自动控制：磁盘/光盘伺服控制、机器人控制、发动机控制和引擎控制等。

(6) 医学工程：助听器、X 射线扫描、心电图/脑电图、病员监护和超声设备等。

(7) 家用电器：数字电视、高清晰度电视(HDTV)、高保真音响、电子玩具、数字电话等。

(8) 通信：纠错编/译码、自适应均衡、回波抵消、同步、分集接收、数字调制/解调、软件无线电和扩频通信等。

(9) 计算机：阵列处理器、图形加速器、工作站和多媒体计算机等。

(10) 军事：雷达与声呐信号处理、导航、导弹制导、保密通信、全球定位、电子对抗、情报收集与处理等。

1.3　TMS320 系列 DSP 概述

TI 公司的一系列 DSP 产品是当今世界上最有影响的 DSP 芯片。TI 公司常用的 DSP 芯片可以归纳为三大系列：

TMS320C2000 系列——包括 TMS320C2xx/C24x/C28x 等；

TMS320C5000 系列——包括 TMS320C54x/C55x；
TMS320C6000 系列——包括 TMS320C62x/C67x/C64x。

同一代 TMS320 系列 DSP 产品的 CPU 结构是相同的，但其片内存储器及外设电路的配置不一定相同。一些派生器件，诸如片内存储器和外设电路的不同组合，满足了世界电子市场的各种需求。由于片内集成了存储器和外围电路，使 TMS320 系列器件的系统成本降低，并且节省了电路板的空间。

1.3.1 TMS320C2000 系列简介

TMS320C2000 系列 DSP 控制器，具有很好的性能，集成了 Flash 存储器、高速 A/D 转换器以及可靠的 CAN 模块，主要应用于数字化的控制。

C2000 系列既有带 ROM 的片种，也有带 Flash 存储器的片种。例如，TMS320LF2407A 就有 32K 字的 Flash 存储器，2.5K 字的 RAM，500ns 的闪烁式高速 A/D 转换器。片上的事件管理器，提供脉冲宽度调制(PWM)，其 I/O 特性可以驱动各种马达及看门狗定时器、SPI、SCI、CAN 等，特别值得注意的是，片上 Flash 存储器的引入，使其能够快速设计原型机及升级，不使用片外的 EPROM，既提高速度，又降低成本。因此，C2000 系列 DSP 是比 8 位或 16 位微控制器(MCU) 速度更快、更灵活、功能更强、面向控制的微处理器。

C2000 系列的主要应用包括：
- 工业驱动、供电、UPS；
- 光网络、可调激光器；
- 手持电动工具；
- 制冷系统；
- 消费类电子产品；
- 智能传感器。

在 C2000 系列里，TI 目前主推的是 C24x 和 C28x 两个子系列，如表 1-1 所示。

表 1-1 TMS320C2000 定点 DSP

DSP	类 型	特 性
C24x	16 位数据，定点	SCI，SPI，CAN，A/D，事件管理器，看门狗定时器，片上 Flash 存储器，20~40MIPS
C28x	32 位数据，定点	SCI，SPI，CAN，A/D，McBSP，看门狗定时器，片上 Flash 存储器，可达 400MIPS

C24x 系列所具有的 20MIPS，比传统的 16 位 MCU 的性能要高出很多。而且，该系列中的许多片种的速度要比 20MIPS 高。使用了 DSP 后，就可以应用自适应控制、Kalman 滤波、状态控制等先进的控制算法，使控制系统的性能大大提高。

C28x 是到目前为止用于数字控制领域性能最好的 DSP 芯片。这种芯片采用 32 位的定点 DSP 核，最高速度可达 400MIPS，可以在单个指令周期内完成 32×32 位的乘累加运算，具有增强的电机控制外设，高性能的 A/D 转换能力和改进的通信接口，具有 8GB 的线性地址空间，采用低电压供电(3.3V 外设/1.8V CPU 核)，与 C24x 源代码兼容。

TMS320C2000 系列 DSP 芯片价格低，具有较高的性能和适用于控制领域的功能。因此在工业自动化、电动机控制、家用电器和消费电子等领域得到广泛应用。

1.3.2 TMS320C5000 系列简介

由于其杰出的性能和优良的性能价格比，TI 的 16 位定点 TMS320C5000 系列 DSP 得到了广泛的应用，尤其是在通信领域。主要应用包括：

- IP 电话机和 IP 电话网关；
- 数字式助听器；
- 便携式声音/数据/视频产品；
- 调制解调器；
- 手机和移动电话基站；
- 语音服务器；
- 数字无线电；
- SOHO(小型办公室和家庭办公室)的语音和数据系统。

TMS320C5000 系列 DSP 芯片目前包括了 TMS320C54x 和 TMS320C55x 两大类。这两类芯片软件完全兼容，所不同的是 TMS320C55x 具有更低的功耗和更高的性能。

C54x 是 16 位定点 DSP，适应远程通信等实时嵌入式应用的需要。C54x 具有高度的操作灵活性和运行速度。其结构采用改进的哈佛结构(1 组程序存储器总线，3 组数据存储器总线，4 组地址总线)，具有专用硬件逻辑的 CPU，片内存储器，片内外设，以及一个效率很高的指令集。另外，使用 C54x 的 CPU 核和用户定制的片内存储器及外设所做成的派生器件，也得到了广泛的应用。本书将以 C54x 为主介绍 DSP 技术，详细内容见后续章节。

C55x 是 C5000 系列 DSP 中的子系列，是从 C54x 发展起来的，并与之原代码兼容，以便保护用户在 C54x 软件上的投资。C55x 工作在 0.9V 时，功耗低至 0.005mW/MIPS。工作在 400MHz 钟频时，速度可达 800MIPS。和 120MHz 的 C54 相比，300MHz 的 C55x 性能提高 5 倍，功耗为 C54 系列的 1/6。因此，C55x 非常适合个人的和便携式的应用，以及数字通信设施的应用。

C55x 的核具有双 MAC 以及相应的并行指令，还增加了累加器、ALU 和数据寄存器。其指令集是 C54x 指令集的超集，以便和扩展了的总线结构和新增加的硬件执行单元相适应。C55x 像 C54x 一样，保持了代码密度高的优势，以便降低系统成本。C55x 的指令长度从 8～48 位可变，由此可控制代码的大小，比 C54x 降低 40%。减小代码的长度，也就意味着降低对存储器的要求，从而降低系统的成本。总之，C55x DSP 是一款嵌入式低功耗、高性能处理器，它具有省电、实时性高的优点，同时外部接口丰富，能满足大多数嵌入式应用需要。

下面举例说明 C54x 和 C55x 在手机中的应用。

20 世纪 90 年代，全世界的移动电话逐步完成了从模拟到数字式的过渡，即人们所说的从第一代(1G)到第二代(2G)的过渡，并在很短的时间内，从 2G 向 2.5G 和 3G 发展。

几乎所有 2G 手机采用的基带体系结构，都是以两个可编程处理器为基础的，一个是 DSP 处理器，一个是 MCU 处理器。在时分多址(TDMA)模式中，DSP 芯片负责实现数据流的调制/解调、纠错编码、加密/解密、语音数据的压缩/解压缩；在码分多址(CDMA)模式中，DSP 芯片负责实现符号级功能，如前向纠错、加密、语音解压缩，对扩频信号进行调制/

解调及后续处理。MCU 负责支持手机的用户界面，并处理通信协议栈中的上层协议，MCU 采用了 32 位 RISC 内核，ARM7TDMI 就是此类 MCU 的典型代表。

早期的 2G 手机中，这些功能由 C54x 实现，工作频率约 40MHz；在 2.5G 手机中，这些功能由 C55x 实现，工作频率在 100MHz 以上。

3G 手机将实时通信功能与用户交互式应用分开，实现多媒体通信。开放式多媒体应用平台(OMAP)包含多个 DSP 和 MCU 芯片，应用环境是动态的，可不断将新的应用软件下载到 DSP 和 MCU 内。

1.3.3 TMS320C6000 系列简介

TMS320C6000 系列是 TI 公司从 1997 年开始推出的最新的 DSP 系列。采用 TI 的专利技术 VeloiTI 和新的超长指令字结构，使该系列 DSP 的性能达到很高的水平。

该系列的第一款芯片 C6201，在 200MHz 钟频时，达到 1600MIPS。而 2000 年以后推出的 C64x，在钟频 1.1GHz 时，可以达到 8800MIPS 以上，即每秒执行近 90 亿条指令。在钟频提高的同时，VeloiTI 充分利用结构上的并行性，可以在每个周期内完成更多的工作。CPU 的高速运行，还需要提高 I/O 带宽，即增大数据的吞吐量。C64x 的片内 DMA 引擎和 64 个独立的通道，使其 I/O 带宽可以达到 2GB/s。

C6000 所采用的类似于 RISC 的指令集，以及流水技术的使用，可以使许多指令得以并行运行。C6000 系列现在已经推出了 C62x/C67x/C64x 等 3 个子系列。

C62x 是 TI 公司于 1997 年开发的一种新型定点 DSP 芯片。该芯片的内部结构与以前的 DSP 不同，内部集成了多个功能单元，可同时执行 8 条指令，其运算能力可达 2400MIPS。

C67x 是 TI 公司继定点 DSP 芯片 TMS320C62x 系列后开发的一种新型浮点 DSP 芯片。该芯片的内部结构在 C62x 的基础上加以改进，内部结构大体一致。同样集成了多个功能单元，可同时执行 8 条指令，其运算能力可达 1G FLOPS。

C64x 是 C6000 系列中最新的高性能定点 DSP 芯片，其软件与 C62x 完全兼容。C64x 采用 VelociTI1.2 结构的 DSP 核，增强的并行机制可以在单个周期内完成 4 个 16×16 位或 8 个 8×8 位的乘积加操作。采用两级缓冲(cache)机制，第一级中程序和数据各有 16KB，而第二级中程序和数据共用 128KB。增强的 32 通道 DMA 控制器具有高效的数据传输引擎，可以提供超过 2GB/s 的持续带宽。与 C62x 相比，C64x 的总性能提高了 10 倍。

TMS320C6000 系列主要应用在以下方面。

1) 数字通信

例如 ADSL(非对称数字用户线)，在现有的电话双绞线上，可以达到上行 800kbit/s，而 C6000 则成为许多 ADSL 实现方案的首选处理引擎。适合于 FFT/IFFT, Reed-Solomon 编解码，循环回声综合滤波器，星座编解码，卷积编码，Viterbi 解码等信号处理算法的实时实现。

线缆调制解调器(cable modem)是另一类重要应用。随着有线电视及其网络的日益普及，极大地促进了利用电缆网来进行数字通信。C6000 系列 DSP 非常适合于 cable modem 的实现方案。除上面提到的 Reed-Solomon 编解码等算法外，其特性还适用于采样率变换，以及最小均方(LMS)均衡等重要算法。

移动通信是 C6000 系列 DSP 的重要应用领域。日益普及的移动电话，对其基本设施提出了越来越高的要求。基站必须在越来越宽的范围内，处理越来越多的呼叫，在现有的移动电话基站、3G 基站里的收发器、智能天线、无线本地环(WLL)以及无线局域网(wireless LAN)等移动通信领域里，C6000 系列 DSP 已经得到了广泛的应用。以基站的收发器为例，载波频率为 2.4GHz，下变频到 6~12MHz。对于每个突发周期，要处理 4 个信道。DSP 的主要功能是完成 FFT、信道和噪声估计、信道纠错、干扰估计和检测等。

2) 图像处理

C6000 系列 DSP 广泛地应用在图像处理领域。例如，数字电视、数字照相机与摄像机、打印机、数字扫描仪、雷达/声呐及医用图像处理等，在这些应用中，DSP 用来做图像压缩、图像传输、模式及光学特性识别、加密/解密及图像增强等。

1.4 DSP 系统设计概要

本节简要介绍 DSP 系统设计的全过程，探讨 DSP 芯片选择的原则，初步了解 DSP 应用系统的开发工具，包括代码生成工具、系统集成与调试工具、集成开发环境 CCS，使读者在学习具体内容前，对 DSP 技术先有一个全面、概括的认识。

1.4.1 DSP 系统设计过程

与其他系统设计工作一样，在进行 DSP 系统设计之前，设计者首先要明确自己所设计的系统主要用于什么目的，应具有什么样的技术指标。当具体进行 DSP 系统设计时，一般设计流程图如图 1.4 所示，设计过程可大致分为如下几个阶段：

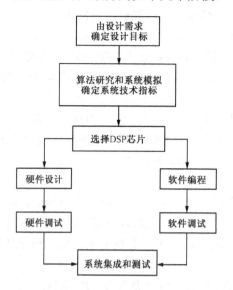

图 1.4　DSP 系统设计流程图

1. 算法研究与优化

这一阶段主要是根据设计任务确定系统的技术指标。首先应根据系统需求进行算法仿真和高级语言(如 MATLAB) 模拟实现，通过仿真验证算法的正确性、精度和效率，以确定最佳算法，并初步确定相应的参数。其次核算算法需要的 DSP 处理能力，一方面这是选择 DSP 的重要因素，另一方面也影响目标板的 DSP 结构，如采用单 DSP 还是多 DSP，并行结构还是串行结构等。最后算法还要反复进行优化，一方面提高算法的效率，另一方面使算法更加适合 DSP 的体系结构，如对算法进行并行处理的分解或流水处理的分解等，以便获得运算量最小和使用资源最少的算法。

2. DSP 芯片及外围芯片的确定

根据算法的运算速度、运算精度和存储要求等参数选择 DSP 芯片及外围芯片(详见 1.4.2 节)。每种 DSP 芯片都有它特别适合处理的领域，例如，TMS320C54x 系列就特别适合通信领域的应用，C54x 良好的性能价格比和硬件结构对 Vertbi 译码、FFT 等算法的支持，都保证了通信信号处理算法的实现效率。又例如，TMS320C24xx 系列特别适合家电产品领域，不论是对算法的支持，存储器配置，还是外设支持，都能充分保证应用的效率。

3. 软硬件设计阶段

软硬件设计一般可以分为以下几个步骤：

(1) 按照选定的算法和 DSP 芯片对系统的各项功能是用软件实现还是硬件实现进行初步分工，例如 FFT、数字上/下变频器、RAKE 分集接收是否需要专门芯片或 FPGA 芯片实现，译码判决算法是用软件判决还是硬件判决，等等。

(2) 根据系统技术指标要求着手进行硬件设计，完成 DSP 芯片外围电路和其他电路(如转换、控制、存储、输出输入等电路)的设计。

(3) 根据系统技术指标要求和所确定的硬件编写相应的 DSP 汇编程序，完成软件设计。当然，软件设计也可采用高级语言进行，如 TI 公司提供了最佳的 ANSI C 语言编译软件，该编译器可将 C 语言编写的信号处理软件变换成 TMS320 系列的汇编语言。由于现有的高级语言编译器的效率还比不上手工编写汇编语言的效率，因此在实际应用系统中常常采用高级语言和汇编语言的混合编程方法，即在算法运算量大的地方，用手工编写的方法编写汇编语言，而运算量不大的地方则采用高级语言。采用这种方法，既可缩短软件开发的周期，提高程序的可读性和可移植性，又能满足系统实时运算的要求。

4. 硬件和软件调试阶段

硬件调试一般采用硬件仿真器进行，软件调试一般借助 DSP 开发工具(如软件模拟器、DSP 开发系统或仿真器)进行。通过比较在 DSP 上执行的实时程序和模拟程序执行情况来判断软件设计是否正确。

5. 系统集成与测试阶段

系统的软件和硬件分别调试完成后，就可以将软件脱离开发系统而直接在应用系统上运行，评估是否完成设计目标。当然，DSP 应用系统的开发，特别是软件开发是一个需要反复进行的过程，虽然通过算法模拟基本上可以知道实时系统的性能，但实际上模拟环境不可能做到与实时系统环境完全一致，而且将模拟算法移植到实时系统时必须考虑算法是否能够实时运行的问题。如果算法运算量太大而不能在硬件上实时运行，则必须重新修改或简化算法。

1.4.2 DSP 芯片的选择

在设计 DSP 应用系统时，选择 DSP 芯片是非常重要的一个环节。只有选定了 DSP 芯片才能进一步设计其外围电路及系统的其他电路。总的来说，DSP 芯片的选择应根据实际的应用系统需要而确定。随应用场合和设计目标的不同，DSP 选择的依据重点也不同，通常需要考虑以下因素：

1. DSP 芯片的运算速度

运算速度是 DSP 芯片一个最重要的性能指标，也是选择 DSP 芯片时所需要考虑的一个主要因素。设计者先由输入信号的频率范围确定系统的最高采样频率，再根据算法的运算量和实时处理限定的完成时间确定 DSP 运算速度的下限。DSP 芯片的运算速度可以用以下几种指标来衡量。

(1) 指令周期：即执行一条指令所需的时间，通常以纳秒(ns)为单位。如 TMS320VC5402-100 在主频为 100MHz 时的指令周期为 10ns。

(2) MAC 时间：即一次乘法加上一次加法的时间。大部分 DSP 芯片可在一个指令周期内完成一次乘法和加法操作，如 TMS320VC5402-100 的 MAC 时间就是 10ns。

(3) FFT 执行时间：即运行一个 N 点 FFT 程序所需的时间。由于 FFT 涉及的运算在数字信号处理中很有代表性，因此 FFT 运算时间常作为衡量 DSP 芯片运算能力的一个指标。

(4) MIPS：即每秒执行百万条指令。如 TMS320VC5402-100 的处理能力为 100MIPS，即每秒可执行 1 亿条指令。

(5) MOPS：即每秒执行百万次操作。如 TMS320C40 的运算能力为 275MOPS。

(6) MFLOPS：即每秒执行百万次浮点操作。如 TMS320C31 在主频为 40MHz 时的处理能力为 40MFLOPS。

(7) BOPS：即每秒执行十亿次操作。如 TMS320C80 的处理能力为 2BOPS。

2. DSP 芯片的运算精度

由系统所需要的精度确定是采用定点运算还是浮点运算。

参加运算的数据字长越长精度越高，目前，除少数 DSP 处理器采用 20 位、24 位或 32 位的格式外，绝大多数定点 DSP 都采用 16 位数据格式。由于其功耗小和价格低廉，实际应用的 DSP 处理器绝大多数是定点处理器。

为了保证底数的精度，浮点 DSP 的数据格式基本上都做成 32 位，其数据总线、寄存器、存储器等的宽度也相应是 32 位。在实时性要求很高的场合，往往考虑使用浮点 DSP 处理器。与定点 DSP 处理器相比，浮点 DSP 处理器的速度更快，但价格比较高，开发难度也更大一些。

3. 片内硬件资源

由系统数据量的大小确定所使用的片内 RAM 及需要扩展的 RAM 的大小；根据系统是作计算用还是控制用来确定 I/O 端口的需求。

不同的 DSP 芯片所提供的硬件资源是不相同的，如片内 RAM、ROM 的数量，外部可扩展的程序和数据空间，总线接口、I/O 接口等。即使是同一系列的 DSP 芯片(如 TI 的

TMS320C54x 系列),系列中不同 DSP 芯片也具有不同的内部硬件资源,以适应不同的需要。在一些特殊的控制场合有一些专门的芯片可供选用,如 TMS320C2xx 系列自身带有 2 路 A/D 输入和 6 路 PWM 输出及强大的人机接口,特别适合于电动机控制场合。

4. DSP 芯片的功耗

在某些 DSP 应用场合,功耗也是一个很重要的问题。功耗的大小意味着发热的大小和能耗的多少。如便携式的 DSP 设备、手持设备(手机)和野外应用的 DSP 设备,对功耗都有特殊的要求。

5. DSP 芯片的开发工具

快捷、方便的开发工具和完善的软件支持是开发大型复杂 DSP 系统必备的条件,有强大的开发工具支持,就会大大缩短系统开发时间。现在的 DSP 芯片都有较完善的软件和硬件开发工具,其中包括 Simulator 软件仿真器、Emulator 在线仿真器和 C 编译器等。如 TI 公司的 CCS 集成开发环境、XDSP 实时软件技术等,为用户快速开发实时高效的应用系统提供了巨大帮助。

6. DSP 芯片的价格

在选择 DSP 芯片时一定要考虑其性能价格比。如价格过高,即使其性能较高,在应用中也会受到一定的限制,如应用于民用品或批量生产的产品中就需要较低廉的价格。另外,DSP 芯片发展迅速,价格下降也很快。因此在开发阶段可选性能高、价格稍贵的 DSP 芯片,等开发完成后,会具有较高的性价比。

7. 其他因素

除了上述因素外,选择 DSP 芯片还应考虑到封装的形式、质量标准、供货情况、生命周期等。有的 DSP 芯片可能有 DIP、PGA、PLCC、PQFP 等多种封装形式。有些 DSP 系统可能最终要求的是工业级或军用级标准,在选择时就需要注意到所选的芯片是否有工业级或军用级的同类产品。如果所设计的 DSP 系统不仅仅是一个实验系统,而是需要批量生产并可能有几年甚至十几年的生命周期,那么需要考虑所选的 DSP 芯片供货情况如何,是否也有同样甚至更长的生命周期等。

上述各因素中,确定 DSP 应用系统的运算量是非常重要的,它是选用处理能力多大的 DSP 芯片的基础,运算量小则可以选用处理能力不是很强的 DSP 芯片,从而可以降低系统成本。相反,运算量大的 DSP 系统则必须选用处理能力强的 DSP 芯片,如果 DSP 芯片的处理能力达不到系统要求,则必须用多个 DSP 芯片并行处理。如何确定 DSP 系统的运算量并选择 DSP 芯片,主要考虑以下两种情况。

1) 按样点处理

所谓按样点处理,就是 DSP 算法对每一个输入样点循环一次。数字滤波就是这种情况,在数字滤波器中,通常需要对每一个输入样点计算一次。

例如,一个采用 LMS 算法的 256 抽头的自适应 FIR 滤波器,假定每个抽头的计算需要 3 个 MAC 周期,则 256 抽头计算需要

$$256 \times 3 = 768 \text{ 个 MAC 周期}$$

如果采样频率为 8kHz，即样点之间的间隔为 125μs，DSP 芯片的 MAC 周期为 200ns，则 768 个 MAC 周期需要

$$768 \times 200\text{ns} = 153.6\mu\text{s}$$

由于计算 1 个样点所需的时间 153.6μs 大于样点之间的间隔 125μs，显然无法实时处理，需要选用速度更高的 DSP 芯片。

若选 DSP 芯片的 MAC 周期为 100ns，则 768 个 MAC 周期需要

$$768 \times 100\text{ns} = 76.8\mu\text{s}$$

由于计算 1 个样点所需的时间 76.8μs 小于样点之间的间隔 125μs，可实现实时处理。

2) 按帧处理

有些数字信号处理算法不是每个输入样点循环一次，而是每隔一定的时间间隔(通常称为帧)循环一次。中低速语音编码算法通常以 10ms 或 20ms 为一帧，每隔 10ms 或 20ms 语音编码算法循环一次。所以，选择 DSP 芯片时应该比较一帧内 DSP 芯片的处理能力和 DSP 算法的运算量。

例如，假设 DSP 芯片的指令周期为 p(ns)，一帧的时间为 Δt(ns)，则该 DSP 芯片在一帧内所能提供的最大运算量为

$$\text{最大运算量} = \Delta t / p \text{ 条指令}$$

例如 TMS320VC5402-100 的指令周期为 10ns，设帧长为 20ms，则一帧内 TMS320VC5402-100 所能提供的最大运算量为

$$\text{最大运算量} = 20\text{ms} / 10\text{ns} = 200\text{万条指令}$$

因此，只要语音编码算法的运算量不超过 200 万条指令(单周期指令)，就可以在 TMS320VC5402-100 上实时运行。

1.4.3　DSP 应用系统的开发工具

对于 DSP 工程师来说，除必须了解和熟悉 DSP 本身的结构和技术指标外，大量的时间和精力要花费在熟悉和掌握其开发工具和环境上。此外，通常情况下开发一个嵌入式系统，80%的复杂程度取决于软件。所以，设计人员在为实时系统选择处理器时，都极为看重先进的、易于使用的开发环境与工具。

因此，各 DSP 生产厂商以及许多第三方公司作了极大的努力，为 DSP 系统集成和硬软件的开发提供了大量有用的工具，使其成为 DSP 发展过程中最为活跃的领域之一，随着 DSP 技术本身的发展而不断地发展与完善。

DSP 软件可以使用汇编语言或 C 语言编写源程序，通过编译、连接工具产生 DSP 的执行代码。在调试阶段，可以利用软仿真(simulator)在计算机上仿真运行；也可以利用硬件调试工具(如 XDS510)将代码下载到 DSP 中，并通过计算机监控、调试运行该程序。当调试完成后，可以将该程序代码固化到 EPROM 中，以便 DSP 目标系统脱离计算机单独运行。

下面简要介绍几种常用的开发工具。

1. 代码生成工具

代码生成工具包括编译器、连接器、优化 C 编译器、转换工具等。可以使用汇编语言或 C 语言(最新版的 CCS 中带的代码生成工具可以支持 C++)编写的源程序代码。编写完成

后，使用代码生成工具进行编译、连接，最终形成机器代码。

2. 软仿真器(simulator)

软仿真器是一个软件程序，使用主机的处理器和存储器来仿真 TMS320 DSP 的微处理器和微计算机模式，从而进行软件开发和非实时的程序验证。可以在没有目标硬件的情况下作 DSP 软件的开发和调试。在 PC 上，典型的软仿真速度是每秒几百条指令。早期的软仿真器软件与其他开发工具(如代码生成工具)是分离的，使用起来不太方便。现在，软仿真器作为 CCS 的一个标准插件已经被广泛应用于 DSP 的开发中。

3. 硬仿真器(emulator)

硬仿真器由插在 PC 内 PCI 卡或接在 USB 口上的仿真器和目标板组成。C54x 硬件扫描仿真口通过仿真头(JTAG)将 PC 中的用户程序代码下载到目标板的存储器中，并在目标板内实时运行。

TMS320 扩展开发系统 XDS(eXtended Development System)是功能强大的全速仿真器，用于系统级的集成与调试。扫描式仿真(Scan-Based Emulator)是一种独特的、非插入式的系统仿真与集成调试方法。程序可以从片外或片内的目标存储器实时执行，在任何时钟速度下都不会引入额外的等待状态。

XDS510/XDS510WS 仿真器是用户界面友好，以 PC 或 SUN 工作站为基础的开发系统，可以对 C2000、C5000、C6000、C8x 系列的各片种实施全速扫描式仿真。因此，可以用来开发软件和硬件，并将它们集成到目标系统中。XDS510 适用于 PC，XDS510WS 适用于 SPARC 工作站。

4. 集成开发环境 CCS(Code Composer Studio)

CCS 是一个完整的 DSP 集成开发环境，包括了编辑、编译、汇编、链接、软件模拟、调试等几乎所有需要的软件，是目前使用最为广泛的 DSP 开发软件之一。它有两种工作模式，一是软件仿真器，即脱离 DSP 芯片，在 PC 上模拟 DSP 指令集与工作机制，主要用于前期算法和调试；二是硬件开发板相结合在线编程，即实时运行在 DSP 芯片上，可以在线编制和调试应用程序。CCS 的详细内容见第 5 章。

5. DSK 系列评估工具及标准评估模块(EVM)

DSP 入门套件 DSK(DSP Starter Kit)、评估模块 EVM(Evaluation Module)是 TI 或 TI 的第三方为 TMS320 DSP 的使用者设计和生产的一种评估平台，目前可以为 C2000、C3x、C5000、C6000 等系列片种提供该平台。DSK 或 EVM 除了提供一个完整的 DSP 硬件系统外(包括 A/D&D/A、外部程序/数据存储器、外部接口等)，还提供有完整的代码生成工具及调试工具。用户可以使用 DSK 或 EVM 来做 DSP 的实验，进行诸如控制系统、语音处理等应用；也可以用来编写和运行实时源代码，并对其进行评估；还可以用来调试用户自己的系统。

在 DSP 应用系统开发过程中，需要开发工具支持的情况如表 1-2 所示。

表 1-2　DSP 应用系统开发工具支持

开发步骤	开发内容	开发工具支持	
		硬件支持	软件支持
1	算法模拟	计算机	C 语言、MATLAB 语言等
2	DSP 软件编程	计算机	编辑器(如 Edit 等)
3	DSP 软件调试	计算机、DSP 仿真器等	DSP 代码生成工具(包括 C 编译器、汇编器、链接器等)、DSP 代码调试工具(软仿真器 Simulator、CCS 等)
4	DSP 硬件设计	计算机	电路设计软件(如 Protel、DXP 等)、其他相关软件(如 EDA 软件等)
5	DSP 硬件调试	计算机、DSP 仿真器、信号发生器、逻辑分析仪等	相关支持软件
6	系统集成	计算机、DSP 仿真器、示波器、信号发生器、逻辑分析仪等	相关支持软件

1.5　习题与思考题

1. 什么是 DSP 技术？
2. DSP 芯片的结构特点有哪些？
3. 简述 DSP 系统设计的一般步骤。
4. 简述 TI 公司 C2000/C5000/C6000 系列 DSP 的特点及主要用途。
5. 简述 TMS320C55x 的设计目标和应用目标。
6. 试述 TMS320C54x 的主要优点及基本特征。
7. 设计 DSP 应用系统时，如何选择合适的 DSP 芯片？
8. 开发 DSP 应用系统，一般需要哪些软件、硬件开发工具？

第 2 章 TMS320C54x 的硬件结构

教学提示：TMS320C54x 系列 DSP 是 TI 公司推出的 16 位定点数字信号处理器。该系列产品包括所有以 TMS320C54 开头的产品，如早期的 C541、C542、C543、C545、C546、C548、C549，以及近年来开发的新产品 C5402、C5410 和 C5420 等。本章将以 C5402 为主，详细介绍其总线结构、中央处理单元、存储器和 I/O 空间以及中断系统。片内外设与专用硬件电路将在第 6 章介绍。

教学要求：要求学生了解 TMS320C54x 的内部结构和特点，掌握总线结构、中央处理单元的组成，重点掌握存储器空间的分配及中断系统的工作原理。

2.1 TMS320C54x 硬件结构框图

2.1.1 TMS320C54x 内部结构

TMS320C54x DSP 采用先进的修正哈佛结构和 8 总线结构，使处理器的性能大大提高。其独立的程序和数据总线，提供了高度的并行操作，允许同时访问程序存储器和数据存储器。例如，可以在一条指令中，同时执行 3 次读操作和 1 次写操作。此外，还可以在数据总线与程序总线之间相互传送数据，从而使处理器具有在单个周期内同时执行算术运算、逻辑运算、移位操作、乘法累加运算及访问程序和数据存储器的强大功能。

TMS320C54x 系列 DSP 芯片虽然产品很多，但其体系结构基本上是相同的，特别是核心 CPU 部分，各个型号间的差别主要是片内存储器和片内外设的配置。图 2.1 给出了 TMS320C54x DSP 的典型内部硬件组成框图，C54x 的硬件结构基本上可分为 3 大块：

(1) CPU　包括算术逻辑运算单元(ALU)、乘法器、累加器、移位寄存器、各种专门用途的寄存器、地址生成器及内部总线。

(2) 存储器系统　包括片内的程序 ROM、片内单访问的数据 RAM 和双访问的数据 RAM、外接存储器接口。

(3) 片内外设与专用硬件电路　包括片内的定时器、各种类型的串口、主机接口、片内的锁相环(PLL)时钟发生器及各种控制电路。

此外，在芯片中还包含有仿真功能及其 IEEE 1149.1 标准接口，用于芯片开发应用时的仿真。

2.1.2 TMS320C54x 主要特性

C54x 是一款低功耗、高性能的定点 DSP 芯片，其主要特性体现在以下几方面。

1. CPU 部分

(1) 先进的多总线结构(1 条程序总线、3 条数据总线和 4 条地址总线)。

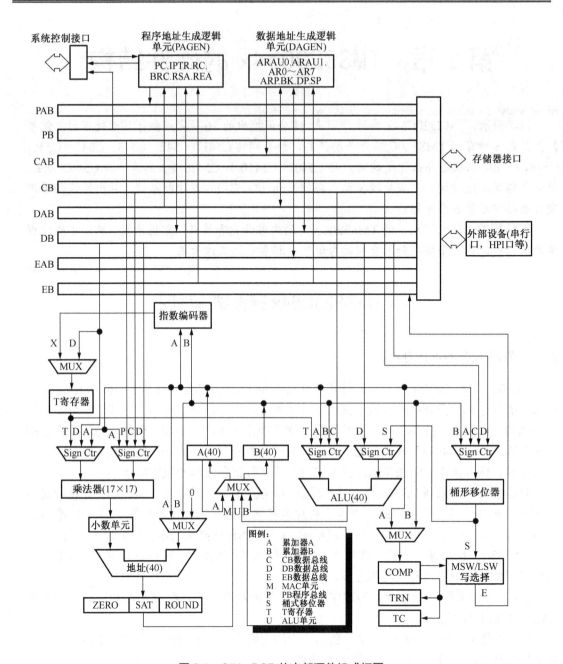

图 2.1　C54x DSP 的内部硬件组成框图

(2) 40 位算术逻辑运算单元(ALU)，包括 1 个 40 位桶形移位寄存器和 2 个独立的 40 位累加器。

(3) 17×17 位并行乘法器，与 40 位专用加法器相连，用于非流水线式单周期乘法/累加(MAC)运算。

(4) 比较、选择、存储单元(CSSU)，用于加法/比较选择。

(5) 指数编码器，可以在单个周期内计算 40 位累加器中数值的指数。

(6) 双地址生成器，包括 8 个辅助寄存器和 2 个辅助寄存器算术运算单元(ARAU)。

2. 存储器系统

(1) 具有 192 K 字可寻址存储空间：64 K 字程序存储空间、64 K 字数据存储空间及 64 K 字 I/O 空间，对于 C548、C549、C5402、C5410 和 C5416 等可将其程序空间扩展至 8M。

(2) 片内双寻址 RAM(DARAM)。C54x 中的 DARAM 被分成若干块。在每个机器周期内，CPU 可以对同一个 DARAM 块寻址(访问)2 次，即 CPU 可以在一个机器周期内对同一个 DARAM 块读出 1 次和写入 1 次。DARAM 可以映射到程序空间和数据空间。但一般情况下，DARAM 总是映射到数据存储器空间，用于存放数据。

(3) 片内单寻址 RAM(SARAM)。如 C548、C549、C5402、C5410 和 C5416 等。

3. 片内外设

(1) 软件可编程等待状态发生器。

(2) 可编程分区转换逻辑电路。

(3) 带有内部振荡器或用外部时钟源的片内锁相环(PLL)时钟发生器。

(4) 串口。一般 TI 公司的 DSP 都有串行口，C54x 系列 DSP 集成在芯片内部的串口分为 4 种：标准同步串口(SP)、带缓冲的串行接口(BSP)、时分复用(TDM)串行口和多通道带缓冲串行接口(McBSP)。芯片不同串口配置也不尽相同。

(5) 8 位或 16 位主机接口(HPI)。大部分 C54x DSP 都配置有 HPI 接口，具体配置情况如表 2-1 所示。

表 2-1 C54x DSP 主机接口(HPI)配置

芯　　片	标准 8 位 HPI	增强型 8 位 HPI	增强型 16 位 HPI
C541	0	0	0
C542	1	0	0
C543	0	0	0
C545	1	0	0
C546	0	0	0
C548	1	0	0
C549	1	0	0
C5402	0	1	0
C5410	0	1	0
C5420	0	0	1

(6) 外部总线关断控制，以断开外部的数据总线、地址总线和控制信号。

(7) 数据总线具有总线保持特性。

(8) 可编程的定时器。

4. 指令系统

(1) 单指令重复和块指令重复操作。

(2) 用于程序和数据管理的块存储器传送指令。

(3) 32 位长操作数指令。

(4) 同时读入 2 或 3 个操作数的指令。

(5) 可以并行存储和并行加载的算术指令。

(6) 条件存储指令。

(7) 从中断快速返回的指令。

5. 在片仿真接口

具有符合 IEEE 1149.1 的标准在片仿真接口。

6. 速度

C54x DSP 单周期定点指令的执行时间分别为 25ns、20ns、15ns、12.5ns、10ns。

7. 电源和功耗

(1) 可采用 5V、3.3V、3V、1.8V 或 2.5V 的超低电压供电。

(2) 可用 IDLE1、IDLE2 和 IDLE3 指令控制功耗，以工作在省电方式。

2.2 总线结构

C54x DSP 片内有 8 条 16 位的总线，即 4 条程序/数据总线和 4 条地址总线。这些总线的功能如下：

(1) 程序总线(PB)。传送取自程序存储器的指令代码和立即操作数。

(2) 数据总线(CB、DB 和 EB)。将内部各单元(如 CPU、数据地址生成电路、程序地址生成电路、在片外围电路及数据存储器)连接在一起。其中，CB 和 DB 传送读自数据存储器的操作数，EB 传送写到存储器的数据。

(3) 4 个地址总线(PAB、CAB、DAB 和 EAB)传送执行指令所需的地址。

C54x DSP 可以利用两个辅助寄存器算术运算单元(ARAU0 和 ARAU1)，在每个周期内产生两个数据存储器的地址。

PB 能够将存放在程序空间(如系数表)中的操作数传送到乘法器和加法器，以便执行乘法/累加操作，或通过数据传送指令(MVPD 和 READA 指令)传送到数据空间的目的地址。这种功能，连同双操作数的特性，支持在一个周期内执行 3 操作数指令(如 FIRS 指令)。

C54x DSP 还有一条在片双向总线，用于寻址片内外设。这条总线通过 CPU 接口中的总线交换器连到 DB 和 EB。利用这个总线读/写，需要 2 个或 2 个以上周期，具体时间取决于外围电路的结构。

表 2-2 列出了各种寻址方式用到的总线。

表 2-2 各种寻址方式所用到的总线

读/写方式	地址总线				程序总线	数据总线		
	PAB	CAB	DAB	EAB	PB	CB	DB	EB
程序读	√				√			
程序写	√							√
单数据读			√				√	
双数据读		√	√			√	√	
长数据(32位)读		√①	√②			√①	√②	
单数据写				√				√
数据读/数据写			√	√			√	√
双数据读/系数读	√	√	√		√	√	√	
外设读			√				√	
外设写				√				√

① HW=高 16 位字。

② LW=低 16 位字。

2.3 中央处理单元(CPU)

C54x DSP 的并行结构设计特点，使其能在一条指令周期内，高速地完成算术运算。其 CPU 的基本组成如下：

(1) 40 位算术逻辑运算单元(ALU)；

(2) 2 个 40 位累加器；

(3) −16～30 位的桶形移位寄存器；

(4) 乘法器/加法器单元；

(5) 16 位暂存器(T)；

(6) CPU 状态和控制寄存器；

(7) 比较、选择和存储单元(CSSU)；

(8) 指数编码器。

C54x DSP 的 CPU 寄存器都是存储器映射的，可以快速保存和读取。

2.3.1 CPU 状态和控制寄存器

C54x DSP 有三个状态和控制寄存器：

(1) 状态寄存器 0(ST0)；

(2) 状态寄存器 1(ST1)；

(3) 处理器工作模式状态寄存器(PMST)。

ST0 和 ST1 中包含各种工作条件和工作方式的状态，PMST 中包含存储器的设置状态及其他控制信息。由于这些寄存器都是存储器映像寄存器，所以都可以快速的存放到数据存储器，或者由数据存储器对它们加载，或者用子程序或中断服务程序保存和恢复处理器的状态。

1. 状态寄存器 ST0 和 ST1

ST0 和 ST1 寄存器的各位可以使用 SSBX 和 RSBX 指令来设置和清除。ARP、DP 和 ASM 位可以使用带短立即数的 LD 指令来加载。

1) 状态寄存器 ST0

ST0 的结构如图 2.2 所示。

15～13	12	11	10	9	8～0
ARP	TC	C	OVA	OVB	DP

图 2.2　ST0 结构图

状态寄存器 ST0 各状态位的解释如表 2-3 所示。

表 2-3　ST0 各位的含义

位	名称	复位值	功　　能
15～13	ARP	0	辅助寄存器指针。这 3 位字段是在间接寻址单操作数时，用来选择辅助寄存器的。当 DSP 处在标准方式(CMPT=0)时，ARP 总是置成 0
12	TC	1	测试/控制标志位。TC 保存 ALU 测试位操作的结果。TC 受 BIT、BITF、BITT、CMPM、CMPS 及 SFTC 指令的影响。可以由 TC 的状态门(1 或 0)决定条件分支转移指令、子程序调用及返回指令是否执行 如果下列条件为真，则 TC＝1 (1) 由 BIT 或 BITT 指令所测试的位等于 1 (2) 当执行 CMPM、CMPR 或 CMPS 比较指令时，比较一个数据存储单元中的值与一个立即操作数、AR0 与另一个辅助寄存器或者一个累加器的高字与低字的条件成立 (3) 用 SFTC 指令测试某个累加器的第 31 位和第 30 位彼此不相同
11	C	1	进位位。如果执行加法产生进位，则置 1；如果执行减法产生借位则清 0。否则，加法后它被复位，减法后被置位，带 16 位移位的加法或减法除外。在后一种情况下，加法只能对进位位置位，减法对其复位，它们都不能影响进位位。所谓进位和借位都只是 ALU 上的运算结果，且定义在第 32 位的位置上。移位和循环指令(ROR、ROL、SFTA 和 SFTL)及 MIN、MAX 和 NEG 指令也影响进位位
10	OVA	0	累加器 A 的溢出标志位。当 ALU 或者乘法器后面的加法器发生溢出且运算结果在累加器 A 中时，OVA 位置 1。一旦发生溢出，OVA 一直保持置位状态，直到复位或者利用 AOV 和 ANOV 条件执行 BC[D]、CC[D]、RC[D]、XC 指令为止。RSBX 指令也能清 OVA 位

位	名称	复位值	功 能
9	OVB	0	累加器 B 的溢出标志位。当 ALU 或者乘法器后面的加法器发生溢出且运算结果在累加器 B 中时，OVB 位置 1。一但发生溢出，OVB 一直保持置位状态，直到复位或者利用 AOV 和 ANOV 条件执行 BC[D]、CC[D]、RC[D]、XC 指令为止。RSBX 指令也能清 OVB 位
8~0	DP	0	数据存储器页指针。这 9 位字段与指令字中的低 7 位结合在一起，形成一个 16 位直接寻址存储器的地址，对数据存储器的一个操作数寻址。如果 ST1 中的编辑方式位 CPL=0，上述操作就可执行。DP 字段可用 LD 指令加载一个短立即数或者从数据存储器对它加载

2) 状态寄存器 ST1

ST1 的结构如图 2.3 所示。

15	14	13	12	11	10	9	8	7	6	5	4~0
BRAF	CPL	XF	HM	INTM	0	OVM	SXM	C16	FRCT	CMPT	ASM

图 2.3 ST1 结构图

状态寄存器 ST1 各状态位的解释如表 2-4 所示。

表 2-4 ST1 各位的含义

位	名 称	复位值	功 能
15	BRAF	0	块重复操作标志位。BRAF 指示当前是否在执行块重复操作 (1) BRAF=0：表示当前不在进行块重复操作。当块重复计数器(BRC)减到低于 0 时，BRAF 被清 0 (2) BRAP=1：表示当前正在进行块重复操作。当执行 RPTB 指令时，BRAP 被自动地置 1
14	CPL	0	直接寻址编辑方式位。CPL 指示直接寻址时采用何种指针 (1) CPL=0：选用数据页指针(DP)的直接寻址方式 (2) CPL=1：选用堆栈指针(SP)的直接寻址方式
13	XF	1	XF 引脚状态位。以 XF 表示外部标志(XF)引脚的状态。XF 引脚是一个通用输出引脚。用 RSBX 或 SSBX 指令对 XF 复位或置位。
12	HM	0	保持方式位。当处理响应 $\overline{HOLD}$ 信号时，HM 指示处理器是否继续执行内部操作。(1) HM=0：处理器从内部程序存储器取指，继续执行内部操作，而将外部接口置成高阻状态 (2) HM=1：处理器暂停内部操作

续表

位	名 称	复位值	功 能
11	INTM	1	中断方式位。INTM 从整体上屏蔽或开放中断 (1) INTM=0：开放全部可屏蔽中断 (2) INTM=1：关闭所有可屏蔽中断 SSBX 指令可以置 INTM 为 1，RSBX 指令可以将 INTM 清 0。当复位或者执行可屏蔽中断(INR 指令或外部中断)时，INTM 置 1。当执行一条 RETE 或 RETF 指令(从中断返回)时，INTM 清 0。INTM 不影响不可屏蔽的中断($\overline{RS}$ 和 $\overline{NMI}$)。INTM 位不能用存储器写操作来设置
10		0	此位总是读为 0
9	OVM	0	溢出方式位。OVM 确定发生溢出时以什么样的数加载目的累加器 (1) OVM=0：乘法器后面的加法器中的溢出结果值，像正常情况一样加到目的累加器 (2) OVM=1：当发生溢出时，目的累加器置成正的最大值(00 7FFFFFFFh)或负的最大值(FF80000000h) OVM 分别由 SSBX 和 RSBX 指令置位和复位
8	SXM	1	符号位扩展方式位。SXM 确定符号位是否扩展 (1) SXM=0：禁止符号位扩展 (2) SXM=1：数据进入 ALU 之前进行符号位扩展 SXM 不影响某些指令的定义：ADD、LDU 和 SUBS 指令不管 SXM 的值，都禁止符号位扩展 SXM 可分别由 SSBX 和 RSBX 指令置位和复位
7	C16	0	双 16 位/双精度算术运算方式位。C16 决定 ALU 的算术运算方式 (1) C16=0：ALU 工作在双精度算术运算方式 (2) C16=1：ALU 工作在双 16 位算术运算方式
6	FRCT	0	小数方式位。当 FRCT=1，乘法器中输出左移 1 位，以消去多余的符号位
5	CMPT	0	修正方式位。CMPT 决定 ARP 是否可以修正 (1) CMPT=0：在间接寻址单个数据存储器操作数时，不能修正 ARP。DSP 工作在这种方式时，ARP 必须置 0 (2) CMPT=1：在间接寻址单个数据存储器操作数时，可修正 ARP，当指令正在选择辅助存储器 0(AR0)时除外
4～0	ASM	0	累加器移位方式位。5 位字段的 ASM 规定一个从-16～15 的移位值(2 的补码值)。凡带并行存储的指令及 STH、STL、ADD、SUB、LD 指令都能利用这种移位功能。可以从数据存储器或者用 LD 指令(短立即数)对 ASM 加载

2. 处理器工作模式状态寄存器(PMST)

PMST 寄存器由存储器映射寄存器指令进行加载，例如 STM 指令。PMST 寄存器的结构如图 2.4 所示。

15~7	6	5	4	3	2	1	0
IPTR	MP/$\overline{\text{MC}}$	OVLY	AVIS	DROM	CLKOFF①	SMUL①	SST①

① 这些位置在 C54x DSP 的 A 版本及更新版本才有，或者在 C548 及更高的系列器件才有。

图 2.4 PMST 结构图

PMST 寄存器各状态位的解释如表 2-5 所示。

表 2-5 处理器工作方式状态寄存器 PMST 各状态位的功能

位	名 称	复位值	功 能
15~7	IPTR	1FFh	中断向量指针。9 位字段的 IPTR 指示中断向量所驻留的 128 字程序存储器的位置。在自举加载操作情况下，用户可以将中断向量重新映像到 RAM。复位时，这 9 位全都置 1；复位向量总是驻留在程序存储器空间的地址 FF80h。RESET 指令不影响这个字段
6	MP/$\overline{\text{MC}}$	MP/$\overline{\text{MC}}$ 引脚状态	微处理器/微型计算机工作方式位 (1) MP/$\overline{\text{MC}}$=0：允许使能并寻址片内 ROM (2) MP/$\overline{\text{MC}}$=1：不能利用片内 ROM 复位时，采样 MP/$\overline{\text{MC}}$ 引脚上的逻辑电平，并且将 MP/$\overline{\text{MC}}$ 位置成此值。直到下一次复位，不再对 MP/$\overline{\text{MC}}$ 引脚再采样。RESET 指令不影响此位。MP/$\overline{\text{MC}}$ 位也可以用软件的办法置位或复位
5	OVLY	0	RAM 重复占位位。OVLY 可以允许片内双寻址数据 RAM 块映射到程序空间。OVLY 位的值为 (1) OVLY=0：只能在数据空间而不能在程序空间寻址在片 RAM (2) OVLY=1：片内 RAM 可以映像到程序空间和数据空间，但是数据页 0(00h~7Fh)不能映像到程序空间
4	AVIS	0	地址可见位。AVIS 允许/禁止在地址引脚上看到内部程序空间的地址线 (1) AVIS=0：外部地址线不能随内部程序地址一起变化。控制线和数据不受影响，地址总线受总线上的最后一个地址驱动 (2) AVIS=1：让内部程序存储空间地址线出现在 C54x 的引脚上，从而可以跟踪内部程序地址。而且，当中断向量驻留在片内存储器时，可以连同 $\overline{\text{IACK}}$ 一起对中断向量译码
3	DROM	0	数据 ROM 位。DROM 可以让片内 ROM 映像到数据空间。DROM 位的值为 (1) DROM=0：片内 ROM 不能映像到数据空间 (2) DROM=1：片内 ROM 的一部分映像到数据空间
2	CLKOFF	0	CLKOUT 时钟输出关断位。当 CLKOFF=1 时，CLKOUT 的输出被禁止，且保持为高电平
1	SMUL*	N/A	乘法饱和方式位。当 SMUL=1 时，在用 MAC 或 MAS 指令进行累加以前，对乘法结果作饱和处理。仅当 OVM=1 和 FRCT=1 时，SMUL 位才起作用
0	SST*	N/A	存储饱和位。当 SST=1 时，对存储前的累加器值进行饱和处理，饱和操作是在移位操作执行完之后进行的

*仅 LP 器件有此状态位，所有其他器件上此位均为保留位。

2.3.2 算术逻辑单元(ALU)

ALU 执行算术和逻辑操作功能,其结构如图 2.5 所示。大多数算术逻辑运算指令都是单周期指令。一个运算操作在 ALU 执行之后,运算所得结果一般被送到目的累加器(A 或 B)中,执行存储操作指令(ADDM、ANDM、ORM 和 XORM)例外。

1. ALU 的输入

ALU 的 X 输入端的数据为以下 2 个数据中的任何一个:
(1) 移位器的输出(32 位或 16 位数据存储器操作数或者经过移位后累加器的值);
(2) 来自数据总线(DB)的数据存储器操作数。

ALU 的 Y 输入端的数据是以下 3 个数据中的任何一个:
(1) 累加器(A)或(B)的数据;
(2) 来自数据总线(CB)的数据存储器操作数;
(3) T 寄存器的数据。

当一个 16 位数据存储器操作数加到 40 位 ALU 的输入端时,若状态寄存器 ST1 的 SXM=0,则高位添 0;若 SXM=1,则符号位扩展。

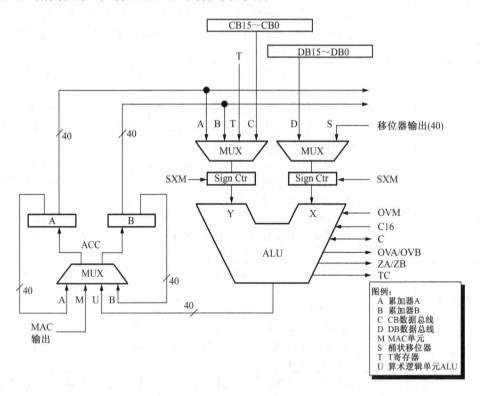

图 2.5 ALU 的结构

2. ALU 的输出

ALU 的输出为 40 位,被送到累加器 A 或 B。

3. 溢出处理

ALU 的饱和逻辑可以处理溢出。当发生溢出且状态寄存器 ST1 的 OVM=1 时,则用 32 位最大正数 007FFFFFFFh(正向溢出)或最大负数 FF80000000h(负向溢出)加载累加器。当发生溢出后,相应的溢出标志位(OVA 或 OVB)置 1,直到复位或执行溢出条件指令。注意,用户可以用 SAT 指令对累加器进行饱和处理,而不必考虑 OVM 的值。

4. 进位位

ALU 的进位位受大多数算术 ALU 指令(包括循环和移位操作)的影响,可以用来支持扩展精度的算术运算。利用两个条件操作数 C 和 NC,可以根据进位位的状态,进行分支转移、调用与返回操作。RSBX 和 SSBX 指令可用来加载进位位。硬件复位时,进位位置 1。

5. 双 16 位算术运算

用户只要置位状态寄存器 ST1 的 C16 状态位,就可以让 ALU 在单个周期内进行特殊的双 16 位算术运算,即进行两次 16 位加法或两次 16 位减法。

2.3.3 累加器 A 和 B

累加器 A 和 B 都可以配置成乘法器/加法器或 ALU 的目的寄存器。此外在执行 MIN 和 MAX 指令或者并行指令 LD ‖ MAC 都要用到它们。这时一个累加器加载数据,另一个累加器完成运算。

累加器 A 和 B 都可分为 3 部分,如图 2.6 所示。

累加器 A:	39~32	31~16	15~0
	AG(保护位)	AH(高阶位)	AL(低阶位)

累加器 B:	39~32	31~16	15~0
	BG(保护位)	BH(高阶位)	BL(低阶位)

图 2.6 累加器的组成

其中,保护位用作计算时的数据位余量,以防止诸如自相关那样的迭代运算时溢出。AG、BG、AH、BH、AL 和 BL 都是存储器映射寄存器。在保存和恢复文本时,可用 PSHM 或 POPM 指令将它们压入堆栈或从堆栈中弹出。用户可以通过其他的指令,寻址 0 页数据存储器(存储器映像寄存器),访问累加器的这些寄存器。累加器 A 和 B 的差别仅在于累加器 A 的 31~16 位可以作为乘法器的一个输入。

1. 保存累加器的内容

用户可以利用 STH、STL、STLM 和 SACCD 等指令或者用并行存储指令,将累加器中的内容进行移位操作。右移时,AG 和 BG 中的各数据位分别移至 AH 和 BH;左移时,AL 和 BL 中的各数据位分别移至 AH 和 BH,低位添 0。

2. 累加器移位和循环移位

下列指令可以通过进位位对累加器内容进行移位或循环移位：

(1) SFTA(算术移位)；
(2) SFTL(逻辑移位)；
(3) SFTC(条件移位)；
(4) ROL(累加器循环左移)；
(5) ROR(累加器循环右移)；
(6) ROLTC(累加器带 TC 位循环左移)。

在执行 SFTA 和 SFTL 指令时，移位数定义为 $-16<\text{SHIFT}<15$。SFTA 指令受 SXM 位(符号位扩展方式位)影响。当 SXM=1 且 SHIFT 为负值时，SFTA 进行算术右移，并保持累加器的符号位；当 SXM=0 时，累加器的最高位添 0。SFTL 指令不受 SXM 位影响，它对累加器的 31~0 位进行移位操作，移位时将 0 移到最高有效位 MSB 或最低有效位 LSB(取决于移位的方向)。

SFTC 是一条条件移位指令，当累加器的第 31 位和第 30 位都为 1 或者都为 0 时，累加器左移一位。这条指令可以用来对累加器的 32 位数归一化，以消去多余的符号位。

ROL 是一条经过进位位 C 的循环左移 1 位指令，进位位 C 移到累加器的 LSB，累加器的 MSB 移到进位位，累加器保护位清零。

ROR 是一条经过进位位 C 的循环右移 1 位指令，进位位 C 移到累加器的 MSB，累加器的 LSB 移到进位位，累加器保护位清零。

ROLTC 是一条带测试控制位 TC 的累加器循环左移指令。累加器的 30~0 位左移 1 位，累加器的 MSB 移到进位位 C，测试控制位 TC 移到累加器的 LSB，累加器的保护位清 0。

3. 饱和处理累加器内容

PMST 寄存器的 SST 位决定了是否对存储当前累加器的值进行饱和处理。饱和操作是在移位操作执行完之后进行的。执行下列指令时可以进行存储前的饱和处理：STH、STL、STLM、ST‖ADD、ST‖LD、ST‖MACR[R]、ST‖MAS[R]、ST‖MPY 和 ST‖SUB。

当存储前使用饱和处理时，应按如下步骤进行操作。

(1) 根据指令要求对累加器的 40 位数据进行移位(左移或右移)。

(2) 将 40 位数据饱和处理为 32 位的值，饱和操作与 SXM 位有关(饱和处理时，数值总假设为正数)。

当 SXM=0，生成以下 32 位数：如果数值大于 7FFFFFFFh，则生成 7FFFFFFFh。

当 SXM=1，生成以下 32 位数：如果数值大于 7FFFFFFFh，则生成 7FFFFFFFh；如果数值小于 80000000h，则生成 80000000h。

(3) 按指令要求存放数据(存放低 16 位或高 16 位或者 32 位数)。

(4) 在整个操作期间，累加器的内容保持不变。

4. 专用指令

C54x DSP 有一些专用的并行操作指令，有了它们，累加器可以实现一些特殊的运算。其中包括利用 FIRS 指令，实现对称有限冲激响应(FIR)滤波器算法；利用 LMS 指令实现自适应滤波器算法；利用 SQDST 指令计算欧几里德距离及其他的并行操作。

2.3.4 桶形移位器

桶形移位器用来为输入的数据定标,可以进行如下的操作:
(1) 在 ALU 运算前,对来自数据存储器的操作数或者累加器的值进行预定标;
(2) 执行累加器的值的一个逻辑或算术运算;
(3) 对累加器的值进行归一化处理;
(4) 对存储到数据存储器之前的累加器的值进行定标。

图 2.7 是桶形移位器的功能框图。

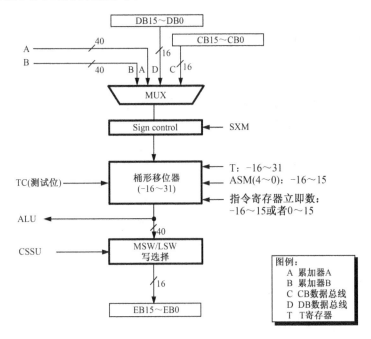

图 2.7 桶形移位器的功能框图

(1) 40 位桶形移位器的输入端接至:
① DB,取得 16 位输入数据;
② DB 和 CB,取得 32 位输入数据;
③ 40 位累加器 A 或 B。
(2) 其输出端接至:
① ALU 的一个输入端;
② 经过 MSW/LSW(最高有效字/最低有效字)写选择单元至 EB 总线。

SXM 位控制操作数进行带符号位/不带符号位扩展。当 SXM=1 时,执行符号位扩展。有些指令(如 LDU、ADDS 和 SUBS)认为存储器中的操作数是无符号数,不执行符号位扩展,也就可以不考虑 SXM 状态位的数值。

指令中的移位数就是移位的位数。移位数都是用 2 的补码表示,正值表示左移,负值表示右移。移位数可以用以下方式定义。

- 用一个立即数(-16~15)表示。
- 用状态寄存器 ST1 的累加器移位方式(ASM)位表示,共 5 位,移位数为-16~15。

- 用 T 寄存器中最低 6 位的数值(移位数为-16～31)表示。

例如：

```
ADD    A,-4,B      ;累加器 A 右移 4 位后加到累加器 B
ADD    A,ASM,B     ;累加器 A 按 ASM 规定的移位数移位后加到累加器 B
NORM   A           ;按 T 寄存器中的数值对累加器归一化
```

最后一条指令对累加器中的数归一化是很有用的。

2.3.5 乘法器/加法器单元

C54x DSP 的 CPU 有一个 17×17 位硬件乘法器，它与一个 40 位专用加法器相连。乘法器/加法器单元可以在一个流水线状态周期内完成一次乘法累加(MAC)运算。图 2.8 是其功能框图。

乘法器能够执行无符号数乘法和带符号数乘法，按如下约束来实现乘法运算：
(1) 带符号数乘法，使每个 16 位操作数扩展成 17 位带符号数；
(2) 无符号数乘法，使每个 16 位操作数前面加一个 0；
(3) 带符号/无符号乘法，使一个 16 位操作数前面加一个 0；另一个 16 位操作数扩展成 17 位带符号数，以完成相乘运算。

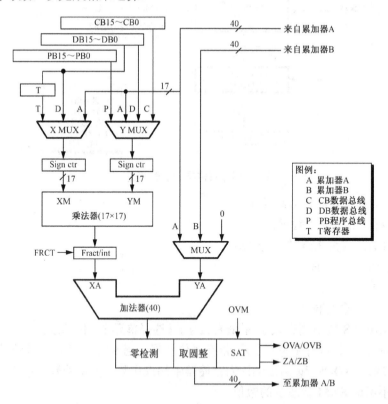

图 2.8 乘法器/加法器单元功能框图

当两个 16 位的数在小数模式下(FRCT 位为 1)相乘时，会产生多余的符号位，乘法器的输出可以左移 1 位，以消去多余的符号位。

在乘法器/加法器单元中的加法器包含一个零检查器(Zero Detector)、一个舍入器(2 的补码)和溢出/饱和逻辑电路。舍入处理即加 2^{15} 到结果中，然后清除目的累加器的低 16 位。当指令中包含后缀 R 时，会执行舍入处理，如乘法、乘法/累加(MAC)和乘法/减(MAS)等指令，LMS 指令也会进行舍入操作，并最小化更新系数的量化误差。

加法器的输入来自乘法器的输出和另一个加法器。任何乘法操作在乘法器/加法器单元中执行时，结果会传送到一个目的累加器(A 或 B)。

2.3.6 比较、选择和存储单元

在数据通信、模式识别等领域，经常要用到 Viterbi(维特比)算法。C54x DSP 的 CPU 的比较、选择和存储单元(CSSU)就是专门为 Viterbi 算法设计的进行加法/比较/选择(ACS) 运算的硬件单元。图 2.9 所示为 CSSU 的结构图，它和 ALU 一起执行快速 ACS 运算。

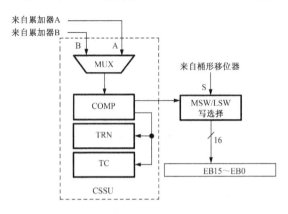

图 2.9 CSSU 的结构图

CSSU 允许 C54x DSP 支持均衡器和通道译码器所用的各种 Viterbi 算法。图 2.10 给出了 Viterbi 算法的示意图。

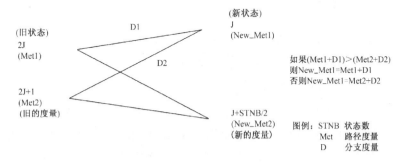

图 2.10 Viterbi 算法示意图

Viterbi 算法包括加法、比较和选择三部分操作。其加法运算由 ALU 完成，该功能包括两次加法运算(Met1+D1 和 Met2+D2)。如果 ALU 配置为双 16 位模式(设置 ST1 寄存器的 C16 位为 1)，则两次加法可在一个机器周期内完成，此时，所有长字(32 位)指令均变成了双 16 位指令。T 寄存器被连接到 ALU 的输入(作为双 16 位操作数)，并且被用作局部存储器，以便最小化存储器的访问。

CSSU 通过 CMPS 指令、一个比较器和 16 位的传送寄存器(TRN)来执行比较和选择操作。该操作比较指定累加器的两个 16 位部分，并且将结果移入 TRN 的第 0 位。该结果也保存在 ST0 寄存器的 TC 位。基于该结果，累加器的相应 16 位被保存在数据存储器中。

2.3.7 指数编码器

指数编码器也是一个专用硬件，如图 2.11 所示。它可以在单个周期内执行 EXP 指令，求得累加器中数的指数值，并以 2 的补码形式(-8～31)存放到 T 寄存器中。累加器的指数值=冗余符号位-8，也就是为消去多余符号位而将累加器中的数值左移的位数。当累加器数值超过 32 位时，指数是个负值。

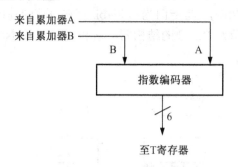

图 2.11 指数编码器的结构图

有了指数编码器，就可以用 EXP 和 NORM 指令对累加器的内容归一化了。例如：

```
EXP     A                 ;(冗余符号位-8)→T 寄存器
ST      T, EXPONET        ;将指数值存放到数据存储器中
NORM    A                 ;对累加器归一化(累加器按 T 中值移位)
```

假设 40 位累加器 A 中的定点数为 FF FFFF F001。先用 EXP A 指令，求得它的指数为 13h，存放在 T 寄存器中，再执行 NORM A 指令就可以在单个周期内将原来的定点数分成尾数 FF 80080000 和指数两部分。

2.4 存储器和 I/O 空间

通常，C54x 的总存储空间为 192K 字。这些空间可分为 3 个可选择的存储空间：64K 字的程序存储空间、64K 字的数据存储空间和 64K 字的 I/O 空间。所有的 C54x DSP 片内都有随机存储器(RAM)和只读存储器(ROM)。RAM 有两种类型：单寻址 RAM(SARAM)和双寻址 RAM(DARAM)。

表 2-6 列出了各种 C54x DSP 片内存储器的容量。C54x DSP 片内还有 26 个映像到数据存储空间的 CPU 寄存器(地址 0h～1Fh)和外围电路寄存器(地址 20h～5Fh)。C54 DSP 结构上的并行性及在片 RAM 的双寻址能力，使它能够在任何一个给定的机器周期内同时执行 4 次存储器操作，即 1 次取指、读 2 个操作数和写 1 个操作数。

表 2-6 C54x DSP 片内程序和数据存储器(单位：K 字)

存储器类型	C541	C542	C543	C545	C546	C548	C549	C5402	C5410	C5420
ROM	28K	2K	2K	48K	48K	2K	16K	4 K	16 K	0
程序 ROM	20K	2K	2K	32K	32K	2K	16K	4 K	16 K	0
程序/数据	8K	0	0	16K	16K	0	16K	4 K	0	0
DARAM	5K	10K	10K	6K	6K	8K	8K	16 K	8 K	32 K
SARAM	0	0	0	0	0	24K	24K	0	56 K	168 K

用户可以将双寻址 RAM(DARAM)和单寻址 RAM(SARAM)配置为数据存储器或程序/数据存储器。

与片外存储器相比，片内存储器具有不需插入等待状态、成本和功耗低等优点。当然，片外存储器具有能寻址较大存储空间的能力，这是片内存储器无法比拟的。

2.4.1　存储空间的分配

C54x DSP 的存储器空间可以分成 3 个可单独选择的空间，即程序、数据和 I/O 空间。在任何一个存储空间内，RAM、ROM、EPROM、EEPROM 或存储器映像外设都可以驻留在片内或者片外。这 3 个空间的总地址范围为 192 K 字(C548 除外)。

程序存储器空间存放要执行的指令和执行中所用的系数表，数据存储器存放执行指令所要用的数据，I/O 存储空间与存储器映像外围设备相接口也可以作为附加的数据存储空间。

在 C54x 中，片内存储器的形式有 DARAM、SARAM 和 ROM 3 种，取决于芯片的型号。RAM 总是安排到数据存储空间，但也可以构成程序存储空间，ROM 一般构成程序存储空间，也可以部分地安排到数据存储空间。C54x 通过 3 个状态位，可以很方便地"使能"和"禁止"程序和数据空间中的片内存储器。

1) MP/$\overline{MC}$ 位

若 MP/$\overline{MC}$=0，则片内 ROM 安排到程序空间；

若 MP/$\overline{MC}$=1，则片内 ROM 不安排到程序空间。

2) OVLY 位

若 OVLY=1，则片内 RAM 安排到程序和数据空间；

若 OVLY=0，则片内 RAM 只安排到数据存储空间。

3) DROM 位

当 DROM=1，则部分片内 ROM 安排到数据空间；

当 DROM=0，则片内 ROM 不安排到数据空间。

DROM 的用法与 MP/$\overline{MC}$ 的用法无关。

上述 3 个状态位包含在处理器工作方式状态寄存器(PMST)中。

图 2.12 以 C5402 为例给出了数据和程序存储区图，并说明了与 MP/$\overline{MC}$、OVLY 及 DROM 3 个状态位的关系。C54x 其他型号的存储区图可参阅相关芯片手册。

C5402 可以扩展程序存储器空间。采用分页扩展方法，使其程序空间可扩展到 1024K 字。为此，设有 20 根地址线，增加了一个额外的存储器映像寄存器——程序计数器扩展寄存器(XPC)，以及 6 条寻址扩展程序空间的指令。C5402 中的程序空间分为 16 页，每页 64K 字，如图 2.13 所示。

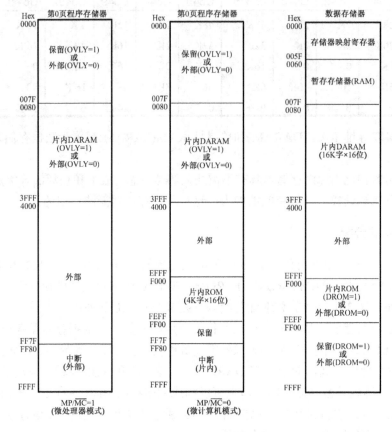

图 2.12　C5402 存储器图

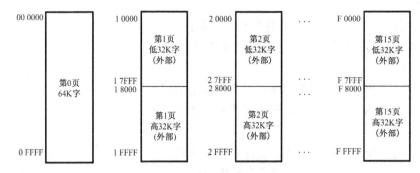

注：1. 当 OVLY = 0 时，1～15 页的低 32K 字是可以获得的。
　　2. 当 OVLY = 1 时，则片内 RAM 映射到所有程序空间页的低 32K 字。

图 2.13　C5402 扩展程序存储器图

2.4.2　程序存储器

多数 C54x DSP 的外部程序存储器可寻址 64 K 字的存储空间。它们的片内 ROM、双寻址 RAM(DARAM)以及单寻址 RAM(SARAM)，都可以通过软件映像到程序空间。当存储单元映像到程序空间时，处理器就能自动地对它们所处的地址范围寻址。如果程序地址生成器(PAGEN)发出的地址处在片内存储器地址范围以外，处理器就能自动地对外部寻址。表 2-7 列出了 C54x DSP 可用的片内程序存储器的容量。由表可见，这些片内存储器是否作为程序存储器，取决于软件对处理器工作方式状态寄存器(PMST)的状态位 MP/$\overline{\text{MC}}$ 和 OVLY 的编程。

表 2-7 C54x DSP 的片内程序存储器

器 件	ROM(MP/$\overline{\text{MC}}$=0)	DARAM(OVLY=1)	SARAM(OVLY=0)
C541	28K	5K	—
C542	2K	10K	—
C543	2K	10K	—
C545	48K	6K	—
C546	48K	6K	—
C548	2K	8K	24K
C549	16K	8K	24K
C5402	4K	16K	—
C5410	16K	8K	56K
C5420	—	32K	168K

为了增强处理器的性能，对片内 ROM 再细分为若干块，如图 2.14 所示。这样，就可以在片内 ROM 的一个块内取指的同时，又在别的块中读取数据。

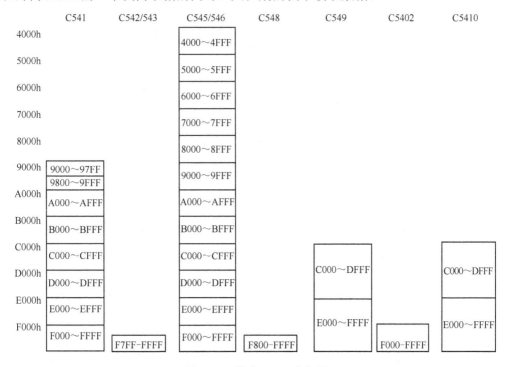

图 2.14 片内 ROM 分布图

当处理器复位时，复位和中断向量都映像到程序空间的 FF80h。复位后，这些向量可以被重新映像到程序空间中任何一个 128 字页的开头。这就很容易将中断向量表从引导 ROM 中移出来，然后再根据存储器图安排。

C54x DSP 的片内 ROM 容量有大(28K 或 48K 字)有小(2K 字)，容量大的片内 ROM 可以把用户的程序代码编写进去，然而片内高 2K 字 ROM 中的内容是由 TI 公司定义的，这 2K 字程序空间(F800h～FFFFh)中包含如下内容：

(1) 自举加载程序。从串行口、外部存储器、I/O 接口或者主机接口(如果存在的话)自举加载。

(2) 256 字 A 律压扩表。

(3) 256 字 μ 律压扩表。

(4) 256 字正弦函数值查找表。

(5) 中断向量表。

图 2.15 所示为 C54x DSP 片内高 2K 字 ROM 中的内容及其地址范围。如果 MP/$\overline{\text{MC}}$ = 0，则用于代码的地址范围 F800h～FFFFh 被映射到片内 ROM。

图 2.15 片内 ROM 程序存储器映射(高 2K 字的地址)

C548、C549、C5402、C5410 和 C5420 可以在程序存储器空间使用分页的扩展存储器，允许访问最高达 8192K 字的程序存储器。为了扩展程序存储器，上述芯片应该包括以下的附加特征：

(1) 23 位地址线代替 16 位的地址线(C5402 为 20 位的地址总线，C5420 为 18 位)；

(2) 一个特别的存储器映射寄存器，即程序计数器扩展寄存器(XPC)；

(3) 6 个特别的指令，用于寻址扩展程序空间。

扩展程序存储器的页号由 XPC 寄存器设定。XPC 映像到数据存储单元 001Eh，在硬件复位时，XPC 初始化为 0。

C548、C549、C5402、C5410 和 C5420 的程序存储空间被组织为 128 页(C5402 的程序存储空间为 16 页，而 C5420 的程序存储空间为 4 页)，每页长度为 64K 字长。图 2.16 显示了扩展为 128 页的程序存储器，此时片内 RAM 不映射到程序空间(OVLY=0)。

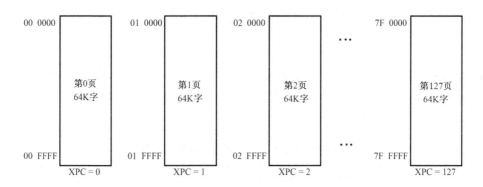

图 2.16 片内 RAM 不映射到程序空间(OVLY=0)的扩展程序存储器

当片内 RAM 安排到程序空间(OVLY=1)时,每页程序存储器分为两部分:一部分是公共的 32K 字,另一部分是各自独立的 32K 字。公共存储区为所有页共享,而每页独立的 32K 字存储区只能按指定的页号寻址,如图 2.17 所示。

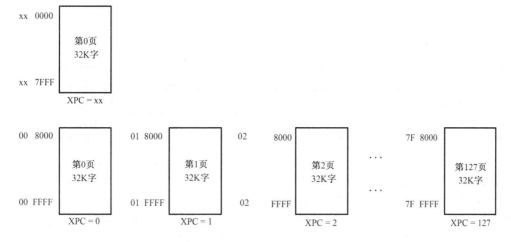

图 2.17 片内 RAM 映射到程序空间(OVLY=1)的扩展程序存储器

如果片内 ROM 被寻址(MP/$\overline{MC}$=0),它只能在 0 页,不能映像到程序存储器的其他页。为了通过软件切换程序存储器的页面,有 6 条专用的影响 XPC 值的指令。

(1) FB:远转移。
(2) FBACC:远转移到累加器 A 或 B 指定的位置。
(3) FCALA:远调用累加器 A 或 B 指定的位置的程序。
(4) FCALL:远调用。
(5) FRET:远返回。
(6) FRETE:带有被使能的中断的远返回。

以上指令都可以带有或不带有延时。

下面的 C54x DSP 指令是 C548、C549、C5402、C5410 和 C5420 的专用指令,用来使用 23 位地址总线(C5402 的指令为 20 位,C5420 的指令为 18 位):

(1) READA:读累加器 A 所指向的程序存储器位置的值,并保存在数据存储器。
(2) WRITA:写数据到累加器所指向的程序存储器位置。

所有其他指令不会修改 XPC，并且只能访问当前页面的存储器地址。

2.4.3 数据存储器

C54x DSP 的数据存储器容量最多达 64K 字。除了单寻址和双寻址 RAM(SARAM 和 DARAM)外，C54x 还可以通过软件将片内 ROM 映像到数据存储空间。表 2-8 列出了各种 C54x 可用的片内数据存储器的容量。

表 2-8 各种 C54x 可用的片内数据存储器的容量

器件	程序/数据 ROM(DROM=1)	DARAM	SARAM
C541	8K	5K	—
C542	—	10K	—
C543	—	10K	—
C545	16K	6K	—
C546	16K	6K	—
C548	—	8K	24K
C549	8K	8K	24K
C5402	4K	16K	—
C5410	16K	8K	56K
C5420	—	32K	168K

当处理器发出的地址处在片内存储器的范围内时，就对片内的 RAM 或数据 ROM(当 ROM 设为数据存储器时)寻址。当数据存储器地址产生器发出的地址不在片内存储器的范围内时，处理器就会自动地对外部数据存储器寻址。

数据存储器可以驻留在片内或者片外。片内 DARAM 都是数据存储空间。对于某些 C54x DSP，用户可以通过设置 PMST 寄存器的 DROM 位，将部分片内 ROM 映像到数据存储空间。这一部分片内 ROM 既可以在数据空间使能(DROM 位=1)，也可以在程序空间使能(MP/$\overline{\text{MC}}$ 位=0)。复位时，处理器将 DROM 位清 0。

对数据 ROM 的单操作数寻址，包括 32 位长字操作数寻址，单个周期就可完成。而在双操作数寻址时，如果操作数驻留在同一块内则要 2 个周期；若操作数驻留在不同块内则只需 1 个周期就可以了。

为了提高处理器的性能，片内 RAM 也细分为若干块。分块以后，用户可以在同一周期内从同一 DARAM 中取出两个操作数，将数据写入另一块 DARAM 中。图 2.18 中给出了 C5402/C5410/C5420 的片内 RAM 分块组织图。

C54x DSP 中 DARAM 前 1K 数据存储器包括存储器映像 CPU 寄存器(0000h～001Fh)和外围电路寄存器(0020h～005Fh)、32 字暂存器(0060h～007Fh)以及 896 字 DARAM(0080h～03FFh)。

寻址存储器映像 CPU 寄存器，不需要插入等待周期。外围电路寄存器用于对外围电路的控制和存放数据，对它们寻址，需要 2 个机器周期。表 2-9 列出了存储器映像 CPU 寄存器的名称及地址。

第 2 章 TMS320C54x 的硬件结构

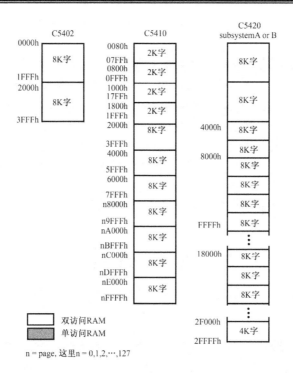

图 2.18　C5402/C5410/C5420 的 RAM 分块组织图

表 2-9　存储器映象 CPU 寄存器

地址	CPU 寄存器名称	地址	CPU 寄存器名称
0	IMR(中断屏蔽寄存器)	12	AR2(辅助寄存器 2)
1	IFR(中断标志寄存器)	13	AR3(辅助寄存器 3)
2～5	保留(用于测试)	14	AR4(辅助寄存器 4)
6	ST0(状态寄存器 0)	15	AR5(辅助寄存器 5)
7	ST1(状态寄存器 1)	16	AR6(辅助寄存器 6)
8	AL(累加器 A 低字，15～0 位)	17	AR7(辅助寄存器 7)
9	AH(累加器 A 高字，31～16 位)	18	SP(堆栈指针)
A	AG(累加器 A 保护位，39～32 位)	19	BK(循环缓冲区长度寄存器)
B	BL(累加器 B 低字，15～0 位)	1A	BRC(块重复寄存器)
C	BH(累加器 B 高字，31～16 位)	1B	RSA(块重复起始地址寄存器)
D	BG(累加器 B 保护位，39～32 位)	1C	REA(块重复结束地址寄存器)
E	T(暂时寄存器)	1D	PMST(处理器工作方式状态寄存器)
F	TRN(状态转移寄存器)	1E	XPC(程序计数器扩展寄存器，仅 C548 以上的型号)
10	AR0(辅助寄存器 0)		
11	AR1(辅助寄存器 1)	1E～1F	保留

2.4.4 I/O 空间

C54x DSP 除了程序和数据存储器空间外,还有一个 I/O 存储器空间。它是一个 64 K 的地址空间(0000h～FFFFh),并且都在片外。可以用两条指令(输入指令 PORTR 和输出指令 PORTW)对 I/O 空间寻址。程序存储器和数据存储器空间的读取时序与 I/O 空间的读取时序不同,访问 I/O 空间是对 I/O 映射的外部器件进行访问,而不是访问存储器。

所有 C54x DSP 只有两个通用 I/O,即 $\overline{\text{BIO}}$ 和 XF。为了访问更多的通用 I/O,可以对主机通信并行接口和同步串行接口进行配置,以用作通用 I/O。另外,还可以扩展外部 I/O,C54x DSP 可以访问 64K 字的 I/O,外部 I/O 必需使用缓冲或锁存电路,配合外部 I/O 读写控制时序构成外部 I/O 的控制电路。

2.5 中 断 系 统

2.5.1 中断系统概述

中断是由硬件驱动或者软件驱动的信号。中断信号使 C54x DSP 暂停正在执行的程序,并进入中断服务程序(ISR)。通常,当外部需要送一个数至 C54x DSP(如 A/D 转换),或者从 C54x DSP 取走一个数(如 D/A 转换),就通过硬件向 C54x DSP 发出中断请求信号。中断也可以是发出特殊事件的信号,如定时器已经完成计数。

C54x DSP 既支持软件中断,也支持硬件中断。

(1) 由程序指令(INTR、TRAP 或 RESET)要求的软件中断。

(2) 由外围设备信号要求的硬件中断。这种硬件中断有 2 种形式:

① 受外部中断口信号触发的外部硬件中断;

② 受片内外围电路信号触发的内部硬件中断。

当同时有多个硬件中断出现时,C54x DSP 按照中断优先级别的高低(1 表示优先级最高)对它们进行服务。

1. 中断分类

C54x DSP 的中断可以分成两大类:

(1) 第一类是可屏蔽中断。这些都是可以用软件来屏蔽或开放的中断。C54x 最多可以支持 16 个用户可屏蔽中断(SINT15～SINT0)。但有的处理器只用了其中的一部分,例如 C5402 只使用 14 个可屏蔽中断。对 C5402 来说,这 14 个中断的硬件名称为:

① $\overline{\text{INT3}}$～$\overline{\text{INT0}}$。

② BRINT0、BXINT0、BRINT1 和 BXINT1(串行口中断)。

③ TINT0、TINT1(定时器中断)。

④ HPINT(主机接口)和 DMAC0～DMAC5。

(2) 第二类是非屏蔽中断。这些中断是不能够屏蔽的，C54x 对这一类中断总是响应，并从主程序转移到中断服务程序。C54x DSP 的非屏蔽中断包括所有的软件中断，以及两个外部硬件中断：$\overline{RS}$(复位)和$\overline{NMI}$(也可以用软件进行$\overline{RS}$、$\overline{NMI}$中断)。$\overline{RS}$是一个对 C54x 所有操作方式产生影响的非屏蔽中断，而$\overline{NMI}$中断不会对 C54x 的任何操作方式发生影响。$\overline{NMI}$中断响应时，所有其他的中断将被禁止。

2. 中断处理步骤

C54x DSP 处理中断分如下 3 个步骤：

(1) 接受中断请求。通过软件(程序代码)或硬件(引脚或片内外设)请求挂起主程序。如果中断源正在请求一个可屏蔽中断，则当中断被接收到时，中断标志寄存器(IFR)的相应位被置 1。

(2) 应答中断。C54x DSP 必须应答中断请求。如果中断是可屏蔽的，则预定义条件的满足与否决定 C54x 如何应答中断。如果是非屏蔽硬件中断和软件中断，中断应答是立即的。

(3) 执行中断服务程序(ISR)。一旦中断被应答，C54x DSP 执行中断向量地址所指向的分支转移指令，并执行中断服务程序(ISR)。

2.5.2 中断标志寄存器(IFR)和中断屏蔽寄存器(IMR)

在讨论中断响应过程之前，先介绍一下 C54x DSP 内部的两个寄存器：中断标志寄存器(IFR)和中断屏蔽寄存器(IMR)。

图 2.19 所示的中断标志寄存器是一个存储器映像的 CPU 寄存器。当一个中断出现的时候，IFR 中相应的中断标志位置 1，直到中断得到处理为止。以下 4 种情况都会将中断标志清 0：

(1) C54x 复位($\overline{RS}$为低电平)；
(2) 中断得到处理；
(3) 将 1 写到 IFR 中的适当位，相应的尚未处理完的中断被清除；
(4) 利用适当的中断号执行 INTR 指令，相应的中断标志位清 0。

IFR 的任何位为 1 时，表示一个未处理的中断。为了清除一个中断，可以将 1 写到 IFR 相应的中断位。所有未处理的中断可以通过 IFR 的当前内容写回到 IFR 这种方法来清除。

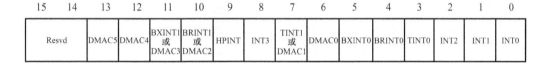

图 2.19 C5402 DSP 的中断标志寄存器(IFR)

图 2.20 所示的中断屏蔽寄存器(IMR)也是一个存储器映像的 CPU 寄存器，主要用来屏蔽外部和内部中断。如果状态寄存器 ST1 中的 INTM 位为 0 且 IMR 寄存器中的某一位为 1，就开放相应的中断。$\overline{RS}$和$\overline{NMI}$都不包括在 IMR 中，IMR 不能屏蔽这两个中断。用户可以对 IMR 寄存器进行读写操作。

图 2.20　C5402 DSP 的中断屏蔽寄存器(IMR)

2.5.3　接收、应答及处理中断

1. 接收中断请求

一个中断由硬件器件或软件指令请求。产生一个中断请求时，IFR 寄存器中相应的中断标志位被置位。不管中断是否被处理器应答，该标志位都会被置位。当相应的中断响应后，该标志位自动被清除。TMS320C5402 DSP 中断源说明如表 2-10 所示。

(1) 硬件中断请求。

硬件中断有外部和内部两种。以 C5402 为例，来自外部中断口的中断 $\overline{RS}$、$\overline{NMI}$、$\overline{INT0}$～$\overline{INT3}$ 等 6 个，来自片内外围电路的中断有串行口中断(RINT0、XINT0、RINT1 和 XINT1)及定时器中断(TINT)等。

(2) 软件中断请求。

软件中断都是由程序中的指令 INTR、TRAP 和 RESET 产生的。

软件中断指令 INTR K，可以用来执行任何一个中断服务程序。这条指令中的操作数 K 为中断号，表示 CPU 转移到那个中断向量地址。操作数 K 与中断向量地址的对应关系如表 2-10 所示。INTR 软件中断是不可屏蔽的中断，即不受状态寄存器 ST1 的中断屏蔽位 INTM 的影响。当 CPU 响应 INTR 中断时，INTM 位置 1，屏蔽其他可屏蔽中断。

表 2-10　TMS320C5402 DSP 中断源说明

中断号	中断名称	中断向量地址	功　能	优先级
0	$\overline{RS}$/SINTR	0	复位(硬件和软件复位)	1
1	$\overline{NMI}$/SINT16	4	非屏蔽中断	2
2	SINT17	8	软中断#17	—
3	SINT18	C	软中断#18	—
4	SINT19	10	软中断#19	—
5	SINT20	14	软中断#20	—
6	SINT21	18	软中断#21	—
7	SINT22	1C	软中断#22	—
8	SINT23	20	软中断#23	—
9	SINT24	24	软中断#24	—
10	SINT25	28	软中断#25	—
11	SINT26	2C	软中断#26	—
12	SINT27	30	软中断#27	—

续表

中断号	中断名称	中断向量地址	功 能	优先级
13	SINT28	34	软中断#28	—
14	SINT29	38	软中断#29	—
15	SINT30	3C	软中断#30	—
16	$\overline{INT0}$/SINT0	40	外部用户中断#0	3
17	$\overline{INT1}$/SINT1	44	外部用户中断#1	4
18	$\overline{INT2}$/SINT2	48	外部用户中断#2	5
19	TINT0/SINT3	4C	定时器0中断	6
20	BRINT0/SINT4	50	McBSP#0 接收中断	7
21	BXINT0/SINT5	54	McBSP#0 发送中断	8
22	DMAC0/SINT6	58	DMA 通道 0 中断	9
23	TINT1/DMAC1/SINT7	5C	定时器(默认)/DMA 通道 1 中断	10
24	$\overline{INT3}$/SINT8	60	外部用户中断#3	11
25	HPINT/SINT9	64	HPI 中断	12
26	BRINT1/DMAC2/SINT10	68	McBSP#1 接收中断/DMA 通道 2 中断	13
27	BXINT1/DMAC3/SINT11	6C	McBSP#1 发送中断/DMA 通道 3 中断	14
28	DMAC4/SINT12	70	DMA 通道 4 中断	15
29	DMAC5/SINT13	74	DMA 通道 5 中断	16
120~127	保留	78~7F	保留	—

软件中断指令 TRAP K,其功能与 INTR 指令相同,也是不可屏蔽的中断,两者的区别在于执行 TRAP 软件中断时,不影响 INTM 位。

软件复位指令 RESET 执行的是一种不可屏蔽的软件复位操作,它可以在任何时候将 C54x DSP 转到一个已知的状态(复位状态)。RESET 指令影响状态寄存器 ST0 和 ST1,但不影响处理器工作方式状态寄存器 PMST,因此,RESET 指令复位与硬件复位在对 IPTR 和外围电路初始化方面是有区别的。

2. 应答中断

硬件或软件中断发送了一个中断请求后,CPU 必须决定是否应答中断请求。软件中断和非屏蔽硬件中断会立刻被应答,但屏蔽中断仅仅在如下条件被满足后才被应答。

(1) 优先级别最高(当同时出现一个以上中断时)。
(2) 状态寄存器 ST1 中的 INTM 位为 0。
(3) 中断屏蔽寄存器 IMR 中的相应位为 1。

CPU 响应中断时,让 PC 转到适当的地址取出中断向量,并发出中断响应信号 $\overline{IACK}$,

清除相应的中断标志位。

3. 执行中断服务程序(ISR)

响应中断之后，CPU 会采取如下的操作：

(1) 将 PC 值(返回地址)存到数据存储器堆栈的栈顶；

(2) 将中断向量的地址加载到 PC；

(3) 在中断向量地址上取指(如果是延迟分支转移指令，则可以在它后面安排一条双字指令或者两条单字指令，CPU 也对这两个字取指)；

(4) 执行分支转移指令，转至中断服务程序(如果延迟分支转移，则在转移前先执行附加的指令)；

(5) 执行中断服务程序；

(6) 中断返回，从堆栈弹出返回地址加到 PC 中；

(7) 继续执行被中断了的程序。

4. 保存中断上下文

在执行中断服务程序前，必须将某些寄存器保存到堆栈(保护现场)。程序执行完毕准备返回时，应当以相反的次序恢复这些寄存器(恢复现场)。要注意的是 BRC 寄存器应该比 ST1 中 BRAF 位先恢复。如果不是按这样的次序恢复，那么若恢复前中断服务程序中的 BRC=0，则先恢复的 BRAF 位将被清 0。

2.5.4 中断操作流程

一旦将一个中断传给 CPU，CPU 会按如下的方式进行操作，如图 2.21 所示。

(1) 如果请求的是一个可屏蔽中断，则操作过程如下：

① 设置 IFR 的相应标志位。

② 测试应答条件(INTM=0 并且相应的 IMR=1)。如果条件为真，则 CPU 应答该中断，产生一个 $\overline{IACK}$ 信号(中断应答信号)；否则，忽略该中断并继续执行主程序。

③ 当中断已经被应答后，IFR 相应的标志位被清除，并且 INTM 位被置 1(屏蔽其他可屏蔽中断)。

④ PC 值保存到堆栈中。

⑤ CPU 分支转移到中断服务程序(ISR)并执行 ISR。

⑥ ISR 由返回指令结束，返回指令将返回的值从堆栈中弹出给 PC。

⑦ CPU 继续执行主程序。

(2) 如果请求的是一个不可屏蔽中断，则操作过程如下：

① CPU 立刻应答该中断，产生一个 $\overline{IACK}$ 信号(中断应答信号)；

② 如果中断是由 $\overline{RS}$、$\overline{NMI}$ 或 INTR 指令请求的，则 INTM 位被置 1(屏蔽其他可屏蔽中断)；

③ 如果 INTR 指令已经请求了一个可屏蔽中断，那么相应的标志位被清除为 0；

④ PC 值保存到堆栈中；

⑤ CPU 分支转移到中断服务程序(ISR)并执行 ISR；

⑥ ISR 由返回指令结束，返回指令将返回的值从堆栈中弹出给 PC；
⑦ CPU 继续执行主程序。

注意：INTR 指令通过设置中断模式位(INTM)来禁止可屏蔽中断，但 TRAP 指令不会影响 INTM。

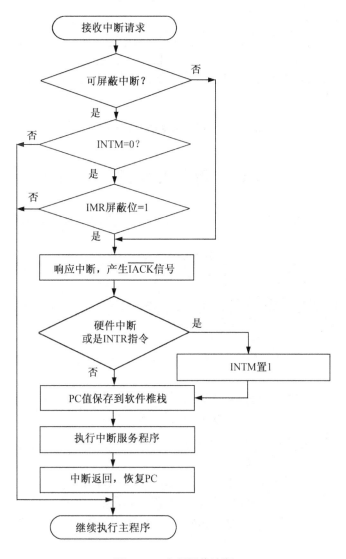

图 2.21 中断操作流程

2.5.5 重新安排中断向量地址

在 C54x DSP 中，中断向量地址是由 PMST 寄存器中的 IPTR(中断向量指针 9 位)和左移 2 位后的中断向量序号(中断向量序号为 0～31，左移 2 位后变成 7 位)所组成。

例如，如果 $\overline{INT0}$ 的中断向量号为 16(10h)，左移 2 位后变成 40h，若 IPTR=001h，那么中断向量地址为 00C0h，中断向量地址产生过程如图 2.22 所示。

复位时，IPTR 位全置 1(IPTR=1FFh)，并按此值将复位向量映像到程序存储器的 511 页空间。所以，硬件复位后总是从 0FF80h 开始执行程序。除硬件复位向量外，其他的中断向量，只要改变 IPTR 位的值，都可以重新安排它们的地址。例如，用 001h 加载 IPTR，那么中断向量就被移到从 0080h 单元开始的程序存储器空间。

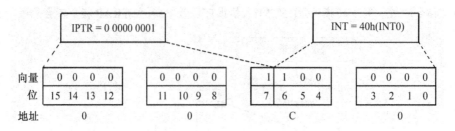

图 2.22 中断向量地址产生过程

2.6 习题与思考题

1. 简答题

(1) TMS320C54x 芯片的 CPU 主要由哪些部分构成？
(2) 简述 TMS320C54x 芯片的存储器分配方法。
(3) 简述 TMS320C54x 芯片的程序空间。
(4) 简述 TMS320C54x 芯片的数据空间。
(5) 简述 TMS320C54x 芯片的中断系统。

2. 填空题

(1) OVLY＝(   )，则片内 RAM 只安排到数据存储空间。
(2) DROM＝(   )，则部分片内 ROM 安排到数据空间。
(3) C54x DSP 具有两个(   )位累加器。
(4) 累加器 A 的(   )位是保护位。
(5) ST1 的 CPL＝(   )表示选用堆栈指针(SP)的直接寻址方式。
(6) ST1 的 C16＝(   )表示 ALU 工作在双精度算术运算方式。
(7) 执行复位操作后，下列寄存器的初始值分别为：ASM＝(   )、DP＝(   )、SXM＝(   )，XF＝(   )。
(8) 软件中断都是由(   )、(   )和(   )产生。

第3章 TMS320C54x 指令系统

教学提示：TMS320C54x 是 TMS320 系列中的一种定点数字信号处理器。由于 C54x 系列 DSP 的 CPU 内核结构均相同，所以其汇编语言程序向下兼容。因此，本章介绍的 C54x 指令系统适用于所有具有相同 CPU 内核的 C54x DSP，尽管这些 DSP 的型号可能不同。C54x DSP 汇编语言和单片机、微型计算机等一般汇编语言的组成和结构类似，但又有其特殊性，学习时要注意它们的不同点。C54x DSP 的指令系统包括汇编语言指令、汇编伪指令、宏指令，本章主要介绍汇编语言指令，其他指令在第 4 章介绍。

教学要求：了解汇编源程序的书写格式。掌握指令的 7 种寻址方式，尤其是间接寻址方式。掌握算术运算、逻辑运算、程序控制、存储和装入 4 种基本类型的汇编语言指令。

3.1 汇编源程序格式

汇编语言指令的书写形式有两种：助记符形式和代数式形式，本章以助记符指令系统为主介绍。汇编语言是 DSP 应用软件的基础，编写汇编语言必须要符合相应的格式，这样汇编器才能将源文件转换为机器语言的目标文件。TMS320C54x 汇编语言源程序由源说明语句组成，包括汇编语言指令、汇编伪指令(汇编命令)、宏指令(宏命令)和注释等，一般一句程序占据编辑器的一行。由于汇编器每行最多只能读 200 个字符，所以源语句的字符数不能超过 200 个。一旦长度超过 200 个字符，汇编器将自行截去行尾的多余字符并给出警告信息。

汇编语言语句格式可以包含 4 个部分：标号域、指令域、操作数域和注释域。格式如下：
[标号][:]　　指令 [操作数列表]　　[;注释]
其中[ ]内的部分是可选项。每个域必须由 1 个或多个空格分开，制表符等效于空格。
例如：
```
begin:   LD  #40, AR1      ;将立即数 40 传送给辅助寄存器 AR1
```

1. 标号域

标号供本程序的其他部分或其他程序调用。对于所有 C54x 汇编指令和大多数汇编伪指令，标号都是可选项，但伪指令.set 和.equ 除外，二者需要标号。标号值和它所指向的语句所在单元的值(地址或汇编时段程序计数器的值)是相同的。

使用标号时，必须从源语句的第一列开始。一个标号允许最多有 32 个字符：A～Z、a～z、0～9、_和$，第一个字符不能是数字。标号对大小写敏感，如果在启动汇编器时，用到了-c 选项，则标号对大小写不敏感。标号后可跟一个冒号"："，也可不跟。如果不用标号，则第一列上必须是空格、分号或星号。

2. 指令域

指令域不能从第一列开始，一旦从第一列开始，它将被认作标号。指令域包括以下指令码之一：

(1) 助记符指令 (如 STM，MAC，MPVD，STL)；
(2) 汇编伪指令(如.data, .list, .set)；
(3) 宏指令(如.macro, .var, .mexit)；
(4) 宏调用。

作为助记符指令，一般用大写；汇编伪指令和宏指令，以句点"."开始，且为小写。

3. 操作数域

操作数域是操作数列表。操作数可以是常量、符号，或是常量和符号的混合表达式。操作数之间用逗号分开。

汇编器允许在操作数前使用前缀来指定操作数(常数、符号或表达式)是地址还是立即数或间接地址。前缀的使用规则如下：

(1) 前缀#表示其后的操作数为立即数。若使用#符号作为前缀，则汇编器将操作数处理为立即数。即使操作数是寄存器或地址，也当立即数处理，汇编器将地址处理为一个值，而不使用地址的内容。以下是指令中使用前缀#的例子：

```
Label:   ADD  #123, A
```

表示操作数#123 为立即数，汇编器将 123(十进制)加到指定的累加器的内容上。

立即数符号#，一般用在汇编语言指令中，也可用在伪指令中，表示伪指令后的立即数，但一般很少用。如：

```
.byte   10
```

表示立即数的#号一般省略，汇编器也认为操作数是一个立即数 10，用来初始化一个字节。

(2) 前缀 *表示其后的操作数为间接地址。若使用*符号作为前缀，则汇编器将操作数处理为间接地址。也就是说，使用操作数的内容作为地址。以下是指令中使用前缀*的例子：

```
Label: LD  *AR4, A
```

操作数*AR4 指定为间接地址。汇编器找到寄存器 AR4 的内容指定的地址，然后将该地址的内容装进指定的累加器。

(3) 前缀 @表示其后的操作数是采用直接寻址或绝对寻址的地址。直接寻址产生的地址是@后操作数(地址)和数据页指针或堆栈指针的组合。如：

```
ADD   #10, @XYZ
```

4. 注释域

注释可以从一行的任一列开始直到行尾。任一 ASCII 码(包括空格)都可以组成注释。注释在汇编文件列表中显示，但不影响汇编。如果注释从第一列开始，就用";"号或"*"号开头，否则用";"号开头。"*"号在第一列出现时，仅仅表示此后内容为注释。

3.2 指令集符号与意义

为便于后续的学习和应用，首先列出 TMS320C54x 的指令系统符号和意义，如表 3-1 所示。

表 3-1 指令系统的符号与意义

符 号	意 义
A	累加器 A
ACC	累加器
ACCA	累加器 A
ACCB	累加器 B
ALU	算术逻辑运算单元
ARx	特指某个辅助寄存器($0 \leq x \leq 7$)
ARP	ST0 中的辅助寄存器指针位；这 3 位指向当前辅助寄存器(AR)
ASM	ST1 中的 5 位累加器移位方式位($-16 \leq ASM \leq 15$)
B	累加器 B
BRAF	ST1 中的块循环有效标志位
BRC	块循环计数器
BITC	是 4 位数($0 \leq BITC \leq 15$)，决定位测试指令对指定的数据存储单元中的哪一位进行测试
C16	ST1 中的双 16 位/双精度算术运算方式位
C	ST0 中的进位位
CC	2 位条件代码($0 \leq CC \leq 3$)
CMPT	ST1 中的 ARP 修正方式位
CPL	ST1 中的直接寻址编译方式位
Cond	表示一种条件的操作数，用于条件执行指令
[d],[D]	延时选项
DAB	D 地址总线
DAR	DAB 地址寄存器
dmad	16 位立即数表示的数据存储器地址($0 \leq dmad \leq 65535$)
Dmem	数据存储器操作数
DP	ST0 中的 9 位数据存储器页指针($0 \leq DP \leq 511$)
dst	目的累加器(A 或 B)
dst_	另一个目的累加器 if　　dst=A, then dst_=B 　　　　　　　　if　　dst=B, then dst_=A
EAB	E 地址总线

续表

符　号	意　义
EAR	EAB 地址寄存器
extpmad	23 位立即数表示的程序存储器地址
FRCT	ST1 中的小数方式位
hi(A)	累加器 A 的高 16 位(31～16 位)
HM	ST1 中的保持方式位
IFR	中断标志寄存器
INTM	ST1 中的中断屏蔽位
K	少于 9 位的短立即数
K3	3 位立即数($0 \leqslant K3 \leqslant 7$)
K5	5 位立即数($-16 \leqslant K5 \leqslant 15$)
K9	9 位立即数($0 \leqslant K9 \leqslant 511$)
1k	16 位长立即数
Lmem	使用长字寻址的 32 位单数据存储器操作数
mmr MMR	存储器映射寄存器
MMRx MMRy	存储器映射寄存器，AR0～AR7 或 SP
n	紧跟 XC 指令的字数，n=1 或 2
N	指定在 RSBX 和 SSBX 指令中修改的状态寄存器 N=0，状态寄存器 ST0；N=1，状态寄存器 ST1
OVA	ST0 中的累加器 A 的溢出标志
OVB	ST0 中的累加器 B 的溢出标志
OVdst	目的累加器(A 或 B)的溢出标志
OVdst_	另一个目的累加器(A 或 B)的溢出标志
OVsrc	源累加器(A 或 B)的溢出标志
OVM	ST1 中的溢出方式位
PA	16 位立即数表示的端口地址($0 \leqslant PA \leqslant 65535$)
PAR	程序存储器地址寄存器
PC	程序计数器
pmad	16 位立即数表示的程序存储器地址($0 \leqslant pmad \leqslant 65535$)
Pmem	程序存储器操作数
PMST	处理器工作方式状态寄存器
prog	程序存储器操作数

续表

符号	意义
[R]	凑整选项
rnd	凑整
RC	循环计数器
RTN	在指令 RETF[D] 中使用的快速返回寄存器
REA	块循环结束地址寄存器
RSA	块循环开始地址寄存器
SBIT	4 位数($0 \leq SBIT \leq 15$)，指明在指令 RSBX，SSBX 和 XC 中修改的状态寄存器位数
SHFT	4 位移位数($0 \leq SHFT \leq 15$)
SHIFT	5 位移位数($-16 \leq SHFT \leq 15$)
Sind	使用间接寻址的单数据存储器操作数
Smem	16 位单数据存储器操作数
SP	堆栈指针
src	源累加器(A 或 B)
ST0	状态寄存器 0
ST1	状态寄存器 1
SXM	ST1 中的符号扩展方式位
T	暂存器
TC	ST0 中的测试/控制标志位
TOS	堆栈栈项
TRN	状态转移寄存器
TS	T 寄存器的 5～0 位确定的移位数($-16 \leq TS \leq 31$)
uns	无符号的数
XF	ST1 中的外部标志状态位
XPC	程序计数器扩展寄存器
Xmem	在双操作数指令和一些单操作数指令中使用的 16 位双数据存储器操作数
Ymem	在双操作指令中使用的 16 位双数据存储器操作数

3.3 寻址方式

指令的寻址方式是指当 CPU 执行指令时，寻找指令所指定的参与运算的操作数的方法。不同的寻址方式为编程提供了极大的柔性编程操作空间，可以根据程序要求采用不同的寻址方式，以提高程序的速度和代码效率。C54x 共有 7 种有效的数据寻址方式，如表 3-2 所示。

表 3-2 TMS320C54x 的数据寻址方式

寻址方式	举 例	指 令 含 义	用 途
立即寻址	LD #10, A	将立即数 10 传送至累加器 A	主要用于初始化
绝对寻址	STL A, *(y)	将累加器的低 16 位存放到变量 y 所在的存储单元中	利用 16 位地址寻址存储单元
累加器寻址	READA x	将累加器 A 作为地址读程序存储器,并存入变量 x 所在的数据存储器单元	把累加器的内容作为地址
直接寻址	LD @x, A	(DP+x 的低 7 位地址)→A	利用数据页指针和堆栈指针寻址
间接寻址	LD *AR1, A	(AR1)→A	利用辅助寄存器作为地址指针
存储器映像寄存器寻址	LDM ST1, B	ST1→B	快速寻址存储器映像寄存器
堆栈寻址	PSHM AG	SP-1→SP, AG→TOS	压入/弹出数据存储器和 MMR

C54x 寻址存储器具有两种基本的数据形式：16 位数和 32 位数。大多数指令能够寻址 16 位数，只有双精度和长字指令才能寻址 32 位数。

在讨论寻址方式时，往往要用到一些缩写语。常用的有：Smem 表示 16 位单寻址操作数、Xmem 和 Ymem 表示 16 位双寻址操作数、dmad 表示数据存储器地址、pmad 表示程序存储器地址、PA 表示 I/O 端口地址、src 表示源累加器、dst 表示目的累加器、lk 表示 16 位长立即数等，上述缩写语的详细含义可参见表 3-1。

3.3.1 立即寻址

立即寻址，就是在指令中已经包含有执行指令所需要的操作数。主要用于寄存器或存储器的初始化。在立即寻址方式的指令中，数字前面加一个#号，表示一个立即数。例如：

```
LD  #10H, A      ;立即数 10→A 累加器
RPT #99          ;将紧跟在此条语句后面的语句重复执行 99+1 次
```

立即寻址方式中的立即数，有两种数值形式：3、5、8 或 9 位短立即数和 16 位长立即数。它们在指令中分别编码为单字和双字指令。

3.3.2 绝对寻址

绝对寻址，就是在指令中包含有所要寻址的存储单元的 16 位地址。可利用 16 位地址寻址存储器或 I/O 端口。在绝对寻址指令句法中，存储单元的 16 位地址，可以用其所在单元的地址标号或者 16 位符号常数来表示。绝对地址寻址有以下 4 种类型。

1. 数据存储器寻址

数据存储器(dmad)寻址是用一个符号或一个数来确定数据空间中的一个地址。例如：

```
MVKD, DATA, *AR5
```

将数据存储器 DATA 地址单元中的数据传送到由 AR5 寄存器所指向的数据存储器单元中。这里的 DATA 是一个符号常数，代表一个数据存储单元的地址。

2. 程序存储器寻址

程序存储器(pmad)寻址是用一个符号或一个数来确定程序存储器中的一个地址。例如：

```
MVPD, TABLE, *AR7-
```

将程序存储器标号为 TABLE 地址单元中的数据传送到由 AR7 寄存器所指向的数据存储器单元中，且 AR7 减 1。这里的 TABLE 是一个地址标号，代表一个程序存储单元的地址。程序存储器寻址基本上和数据存储器寻址一样，区别仅在于空间不同。

3. I/O 端口寻址

端口(PA)寻址是用一个符号或一个 16 位数来确定 I/O 空间存储器中的一个地址，实现对 I/O 设备的读和写。用于下面两条指令：

```
PORTR, FIFO, *AR5          ; 从端口 FIFO 读数据→(AR5)
PORTW, *AR2, BOFO          ; 将(AR2)→写入 BOFO 端口
```

第一条指令表示从 FIFO 端口读入一个数据，将其存放到由 AR5 寄存器所指向的数据存储单元中。这里的 FIFO 和 BOFO 是 I/O 端口地址的标号。

4. *(lk)寻址

*(lk)寻址是用一个符号或一个常数来确定数据存储器中的一个地址。适用于支持单数据存储器操作数的指令。lk 是一个 16 位数或一个符号，它代表数据存储器中的一个单元地址。例如：

```
LD  *(BUFFER), A
```

将 BUFFER 符号所指的数据存储单元中的数据传送到累加器 A，这里的 BUFFER 是一个 16 位符号常数。*(lk)寻址的语法允许所有使用单数据存储器(Smem)寻址的指令，访问数据空间的单元而不改变数据页(DP)的值，也不用对 AR 进行初始化。当采用绝对寻址方式时，指令长度将在原来的基础上增加一个字。值得注意的是，使用*(lk)寻址方式的指令不能与循环指令(RPT，RPTZ)一起使用。

3.3.3 累加器寻址

累加器寻址是用累加器中的数作为地址来读写程序存储器。这种方式可用来对存放数据的程序存储器寻址。仅有两条指令可以采用累加器寻址：

```
READA    Smem
WRITA    Smem
```

READA 指令是以累加器 A(bit15～0)中的数为地址，从程序存储器中读一个数，传送到单数据存储器(Smem)操作数所确定的数据存储单元中。WRITA 指令是把 Smem 操作数所确定的数据存储单元中的一个数，传送到累加器 A(bit5～0)确定的程序存储单元中去。

应该注意的是，在大部分 C54x 芯片中，程序存储器单元由累加器 A 的低 16 位确定，但 C548 以上的 C54x 芯片有 23 条地址线，它的程序存储器单元就由累加器的低 23 位确定。

3.3.4 直接寻址

直接寻址，就是在指令中包含有数据存储器地址(dmad)的低 7 位，由这 7 位作为偏移地址值，与基地址值(数据页指针 DP 或堆栈指针 SP)一道构成 16 位数据存储器地址。利用这种寻址方式，可以在不改变 DP 或 SP 的情况下，随机地寻址 128 个存储单元中的任何一个单元。直接寻址的优点是每条指令只需要一个字。图 3.1 给出了使用直接寻址的指令代码的格式。

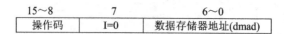

图 3.1 直接寻址的代码格式

其中，15～8 位为指令的操作码；第 7 位确定了寻址方式，若 I=0，表示指令使用直接寻址方式；6～0 位包含了指令的数据存储器的偏移地址。

直接寻址的语法是用一个符号或一个常数来确定偏移值。例如：

```
ADD    SAMPLE, B
```

表示要将地址为 SAMPLE 的存储器单元内容加到累加器 B 中，此时地址 SAMPLE 的低 7 位存放在指令代码(6～0 位)中，高 9 位由 DP 或 SP 提供，至于是选择 DP 还是 SP 作为基地址，则由状态寄存器 ST1 中的编译方式位(CPL)来决定。

(1) 当 ST1 中的 CPL 位为 0 时，由 ST0 中的 DP 值(9 位地址)与指令中的 7 位地址一道形成 16 位数据存储器地址。如图 3.2 所示。

| 9 位数据页指针 DP | 7 位 dmad |

图 3.2 CPL=0，16 位数据存储器地址的形成

(2) 当 ST1 中的 CPL 位为 1 时，将指令中的 7 位地址与 16 位堆栈指针 SP 相加，形成 16 位的数据存储器地址。如图 3.3 所示。

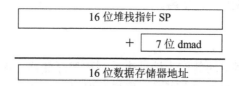

图 3.3 CPL=1，16 位数据存储器地址的形成

因为 DP 值的范围是从 0 到 511，所以以 DP 为基准的直接寻址方式把存储器分成 512 页。7 位的 dmad 值的变化范围为 0～127，每页有 128 个可访问的单元。换句话说，DP 指向 512 页中的一页，dmad 就指向了该页中的特定单元。访问第 1 页的单元 0 和访问第 2 页的单元 0 的唯一区别是 DP 值的变化。

DP 值可由 LD 指令装入。RESET 指令将 DP 赋为 0。注意，DP 不能用上电进行初始化，在上电后它处于不定状态。所以，没有初始化 DP 的程序可能工作不正常，所有的程序都必须对 DP 初始化。例如：

```
RSBX    CPL             ;CPL=0
LD      #2, DP          ;DP 指向第 2 页
LD      60H, 16, A;     ;将第 2 页的 60H 单元内容装入 A 高 16 位
```

3.3.5 间接寻址

按照辅助寄存器的内容寻址数据存储器。在间接寻址中，64K 字数据空间任何一个单元都可以通过一个辅助寄存器中的 16 位地址进行访问。C54x 有 8 个 16 位辅助寄存器(AR0～AR7)，两个辅助寄存器算术单元(ARAU0 和 ARAU1)，根据辅助寄存器 ARx 的内容进行操作，完成无符号的 16 位地址算术运算。

间接寻址主要用在需要存储器地址以步进方式连续变化的场合。当使用间接寻址方式时，辅助寄存器内容(地址)可以被修改(增加或减少)。特别是可以提供循环寻址和位倒序寻址。间接寻址方式很灵活，不仅能从存储器中读或写一个 16 位数据操作数，而且能在一条指令中访问两个数据存储单元，即从两个独立的存储器单元读数据，或读一个存储器单元的同时写另一个存储器单元，或者读写两个连续的存储器单元。

间接寻址有两种方式。
- 单操作数间接寻址：从存储器中读或写一个单 16 位数据操作数。
- 双操作数间接寻址：在一条指令中访问两个数据存储单元。

下面首先介绍单操作数寻址及 DSP 独有的循环寻址方式和位倒序寻址方式，然后介绍双操作数寻址。

1. 单操作数间接寻址

单操作数寻址是一条指令中只有一个存储器操作数(即从存储器中只存取一个操作数)，其指令的格式如图 3.4 所示。

15～8	7	6～3	2～0
操作码	I=1	MOD	ARF

图 3.4 单数据存储器操作数间接寻址指令的格式

其中，15～8 位是指令的操作码；第 7 位 I=1，表示指令的寻址方式为间接寻址；6～3 位为方式(MOD)，4 位的方式域定义了间接寻址的类型，表 3-3 中详细说明了 MOD 域的各种类型；2～0 位定义寻址所使用的辅助寄存器(如 AR0～AR7)。

使用间接寻址方式可以在指令执行存取操作前或后修改要存取操作数的地址，可以加 1、减 1 或加一个 16 位偏移量或用 AR0 中的值索引(indexing)寻址。这样结合在一起共有 16 种间接寻址的类型。表 3-3 列出了间接寻址方式中对单操作数的寻址类型。

表 3-3 单操作数间接寻址类型

MOD 域	操作码语法	功　能	说　明
0000	*ARx	Addr=ARx	ARx 包含了数据存储器地址
0001	*ARx−	Addr=ARx ARx=ARx−1	访问后，ARx 中的地址减 1

续表

MOD 域	操作码语法	功　　能	说　　明
0010	*ARx+	Addr=ARx ARx=ARx+1	访问后，ARx 中的地址加 1
0011	*+ARx	Addr=ARx+1 ARx=ARx+1	在寻址前，ARx 中的地址加 1
0100	*ARx−0B	Addr=ARx ARx=B(ARx−AR0)	访问后，从 ARx 中以位倒序进位的方式减去 AR0
0101	*ARx−0	Addr=ARx ARx=ARx−AR0	访问后，从 ARx 中减去 AR0
0110	*ARx+0	Addr=ARx ARx=ARx+AR0	访问后，把 AR0 加到 ARx 中去
0111	*ARx+0B	Addr=ARx ARx=B(ARx+AR0)	访问后，把 AR0 以位倒序进位的方式加到 ARx 中去
1000	*ARx−%	Addr=ARx ARx=circ(ARx−1)	访问后，ARx 中的地址以循环寻址的方式减 1
1001	*ARx−0%	Addr=ARx ARx=circ(ARx−AR0)	访问后，从 ARx 的地址以循环寻址的方式减去 AR0
1010	*ARx+%	Addr=ARx ARx=circ(ARx+1)	访问后，ARx 中的地址以循环寻址的方式加 1
1011	*ARx+0%	Addr=ARx ARx=circ(ARx+AR0)	访问后，把 AR0 以循环寻址的方式加到 ARx 中
1100	*ARx(lk)	Addr=ARx+lk ARx=ARx	ARx 和 16 位的长偏移(lk)的和用来作为数据存储器地址；ARx 本身不被修改
1101	*+ARx(lk)	Addr=ARx+lk ARx=ARx+lk	在寻址之前，把一个带符号的 16 位的长偏移(lk)加到 ARx 中，然后用新的 ARx 的值作为数据存储器的地址
1110	*+ARx(lk)%	Addr=circ(ARx+lk) ARx=circ(ARx+lk)	在寻址之前，把一个带符号的 16 位的长偏移以循环寻址的方式加到 ARx 中，然后再用新的 ARx 的值作为数据存储器的地址
1111	*(lk)	Addr=lk	一个无符号的 16 位的长偏移用来做数据存储器的绝对地址(也属于绝对寻址)

例如：

```
LD  *AR2+, A    ; (AR2)→A, AR2=AR2+1
```

表示将由 AR2 寄存器内容所指向的数据存储器单元中的数据传送到累加器 A 中，然后 AR2 中的地址加 1。

在表 3-3 中，*+ARx 间接寻址方式只用在写操作中。

ARx(lk)和+ARx(lk)是间接寻址中加固定偏移量的一种类型，这种类型中的一个 16 位偏移量被加到 ARx 寄存器中，该寻址方式在辅助寄存器 ARx 内容不修改(用*ARx(lk)寻址)，而存取数据阵列或结构中一个特殊单元时特别有用。当辅助寄存器被修改时(用*+ARx(lk)寻址)，特别适合于按固定步长寻址操作数的操作。这种类型指令不能用在单指令重复中(RPT、RPTZ)，另外指令的执行周期也多一个。

索引寻址是间接寻址的一种类型。在这种类型中，ARx 的内容在存取的前后被减去或加上 AR0 的内容，以达到修改 ARx 内容(修改地址)的目的。此种类型比 16 位偏移量方便，指令字短。*ARx-0 和*ARx+0 就是该种类型。

还有两种特殊的寻址类型，以%符号表示的为循环寻址，如*ARx+0%；以 B 符号表示的为位倒序寻址，如*ARx+0B。这两种是 DSP 独有的寻址方式，下面详细介绍。

1) 循环寻址

循环寻址用%表示，其辅助寄存器使用规则与其他寻址方式相同。在卷积、自相关和 FIR 滤波器等许多算法中，都需要在存储器中设置循环缓冲区。循环缓冲区是一个滑动窗口，包含着最近的数据。如果有新的数据到来，它将覆盖最早的数据。对一个需要 8 个循环缓冲的运算，循环指针在第一次的移动从 1，2，3，4，5，6，7→8；第二次是从 2，3，4，5，6，7→8→1；；第三次是从 3，4，5，6，7→8→1→2；依次下去，直到完成规定的循环次数。实现循环缓冲区的关键是循环寻址。

循环缓冲区的主要参数包括：

- 长度计数器(BK)：定义了循环缓冲区的大小 $R(R<2^N)$。
- 有效基地址(EFB)：定义了缓冲区的起始地址，即 ARx 低 N 位设为 0 后的值。
- 尾地址(EOB)：定义了缓冲区的尾部地址，通过用 BK 的低 N 位代替 ARx 的低 N 位得到。
- 缓冲区索引(index)：当前 ARx 的低 N 位。
- 步长(Step)：一次加到辅助寄存器或从辅助寄存器中减去的值。

要求缓冲区地址始于最低 N 位为零的地址，且 R 值满足 $R<2^N$，R 值必须要放入 BK。例如，一个长度为 31 个字的循环缓冲区必须开始于最低 5 位为零的地址(即 XXXX XXXX XXX0 0000b)，且赋值 BK=31。又如，一个长度为 32 个字的循环缓冲区必须开始于最低 6 位为零的地址(即 XXXX XXXX XX00 0000b)，且 BK=32。循环缓冲示意图如图 3.5 所示。

循环寻址的算法为：

```
If   0≤index+step<BK;
index =index+step;
Else  if  index+step ≥BK;
index =index+step-BK;
Else  if   index+step<0;
index =index+step+BK;
```

例如，对于指令

```
LD   *+AR1(8)%, A
STL  A,  *+AR1(8)%;
```

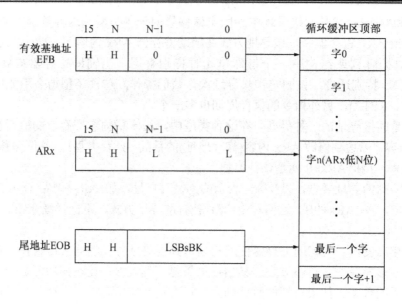

图 3.5　循环缓冲示意图

假定 BK=10，AR1=100H。由 R 值应满足 $R<2^N$ 得到 N=4，因为 AR1 的低 4 位为 0，得到 index = 0，循环寻址*+AR1(8) %的步长 Step =8。循环寻址过程如图 3.6 所示。

图 3.6　循环寻址过程

执行第一条指令时：index = index + step = 8，寻址 108h 单元。
执行第二条指令时：index = index+ step= 8+8=16 ＞BK，则
　　　　　　　　　index=index+step－BK=8+8－10=6，寻址 106h 单元。
　　　　　　……

使用循环寻址时，必须遵循以下 3 个原则：
(1) 循环缓冲区的长度 R 小于 2^N，且地址从一个低 N 位为 0 的地址开始；
(2) 步长小于或等于循环缓冲区的长度；
(3) 所使用的辅助寄存器必须指向缓冲区单元。

2) 位倒序寻址

表 3-3 中 ARx−0B 和 ARx+0B 是间接寻址的位倒序寻址类型。间接寻址的 ARx 中的内容与 AR0 中内容以位倒序的方式相加产生 ARx 中的新内容。

位倒序寻址主要应用于 FFT 运算,可以提高 FFT 算法的执行速度和使用存储器的效率。FFT 运算主要实现采样数据从时域到频域的转换,用于信号分析,FFT 要求采样点输入是倒序时,输出才是顺序;若输入是顺序,则输出就是倒序,采用位倒序寻址的方式正好符合 FFT 算法的要求。

使用时,AR0 存放的整数值为 FFT 点数的一半,另一个辅助寄存器 ARx 指向存放数据的单元。位倒序寻址将 AR0 加到辅助寄存器中,地址以位倒序方式产生。也就是说,两者相加时,进位是从左到右反向传播的,而不是通常加法中的从右到左。

以 16 点 FFT 为例,当输入序列是顺序时,其 FFT 变换结果的次序为 X(0)、X(8)、X(4)、⋯、X(15)的倒序方式,如表 3-4 所示。

表 3-4 位码倒序寻址

存储单元地址	变换结果	位码倒序	位码倒序寻址结果
0000	X(0)	0000	X(0)
0001	X(8)	1000	X(1)
0010	X(4)	0100	X(2)
0011	X(12)	1100	X(3)
0100	X(2)	0010	X(4)
0101	X(10)	1010	X(5)
0110	X(6)	0110	X(6)
0111	X(14)	1110	X(7)
1000	X(1)	0001	X(8)
1001	X(9)	1001	X(9)
1010	X(5)	0101	X(10)
1011	X(13)	1101	X(11)
1100	X(3)	0011	X(12)
1101	X(11)	1011	X(13)
1110	X(7)	0111	X(14)
1111	X(15)	1111	X(15)

由表 3-4 可见,如果按照位码倒序的方式寻址,就可以将乱序的结果整为顺序。要达到这一目的,在 C54x 中是非常方便的。

例如:假设辅助寄存器都是 8 位字长,AR2 中存放数据存储器的基地址(设为 0110 0000B),指向 X(0)的存储单元,设定 AR0 的值是 FFT 长度的一半。对 16 点 FFT

```
AR2=0110  0000B
AR0=0000  1000B
```

执行指令：

```
    RPT    #15              ;循环执行下一条语句15+1次
    PORTW  *AR2 +0B, PA     ;PA 为外设输出端口, AR0 以倒序方式加入
```

注：第 0 次循环　(0110 0000)　→　PA　→　X(0)
　　第 1 次循环　(0110 1000)　→　PA　→　X(1)
　　第 2 次循环　(0110 0100)　→　PA　→　X(2)
　　第 3 次循环　(0110 1100)　→　PA　→　X(3)
　　　　…　　　　　　　　　　　　　…

利用上述两条指令就可以向外设口(口地址为 PA)输出整序后的 FFT 变换结果了。

2. 双操作数间接寻址

双操作数寻址用在完成两个读或一个读且一个写的指令中。这些指令只有一个字长，只能以间接寻址的方式工作。其指令格式如图 3.7 所示。

15～8	7～6	5～4	3～2	1～0
操作码	Xmod	Xar	Ymod	Yar

图 3.7　双操作数间接寻址指令格式

其中，15～8 位包含了指令的操作码，7～6 位为 Xmod，定义了用于访问 Xmem 操作数间接寻址方式的类型，5～4 位为 Xar，确定了包含 Xmem 地址的辅助寄存器，3～2 位为 Ymod，定义了用于访问 Ymem 操作数的间接寻址方式的类型，1～0 位为 Yar，确定了含 Ymem 的辅助寄存器。

用 Xmem 和 Ymem 来代表这两个数据存储器操作数。Xmem 表示读操作数；Ymem 在读两个操作数时表示读操作数，在一个读并行一个写的指令中表示写操作数。如果源操作数和目的操作数指向了同一个单元，在并行存储指令中(例如 ST||LD)，读在写之前执行。如果是一个双操作数指令(如 ADD)指向了同一辅助寄存器，而这两个操作数的寻址方式不同，那么就用 Xmod 域所确定的方式来寻址。表 3-5 列出了双操作数间接寻址的类型。

表 3-5　双操作数间接寻址的类型

Xmod 或 Yomd	操作码语法	功　　能	说　　明
00	*ARx	Addr=ARx	ARx 是数据存储器地址
01	*ARx−	Addr=ARx Addr=ARx−1	访问后，ARx 中的地址减 1
10	*ARx+	Addr=ARx Addr=ARx+1	访问后，ARx 中的地址加 1
11	*ARx+0%	Addr=ARx ARx=circ(ARx+AR0)	访问后，AR0 以循环寻址的方式加到 ARx 中

3.3.6 存储器映射寄存器寻址

存储器映射寄存器(MMR)寻址用来修改存储器映射寄存器而不影响当前数据页指针(DP)或堆栈指针(SP)的值。因为 DP 和 SP 的值在这种模式下不需要改变，因此写一个寄存器的开销是最小的。存储器映射寄存器寻址既可以在直接寻址中使用，也可以在间接寻址中使用。

当采用直接寻址方式时，高 9 位数据存储器地址被置 0(不管当前的 DP 或 SP 为何值)，利用指令中的低 7 位地址访问 MMR。

当采用间接寻址方式时，高 9 位数据存储器地址被置 0，按照当前辅助寄存器中的低 7 位地址访问 MMR。(注意，用此种方式访问 MMR，寻址操作完成后辅助寄存器的高 9 位被强迫置 0。)

只有 8 条指令能使用存储器映射寄存器寻址

```
LDM    MMR, dst            ;将 MMR 内容装入累加器
MVDM   dmad, MMR           ;将数据存储器单元内容装入 MMR
MVMD   MMR, dmad           ;将 MMR 的内容录入数据存储器单元
MVMM   MMRx, MMRy          ;MMRx, MMRy 只能是 AR0～AR7
POPM   MMR                 ;将 SP 指定单元内容给 MMR，然后 SP=SP+1
PSHM   MMR                 ;将 MMR 内容给 SP 指定单元，然后 SP=SP-1
STLM   src, MMR            ;将累加器的低 16 位给 MMR
STM    #1k, MMR            ;将一个立即数给 MMR
```

3.3.7 堆栈寻址

当发生中断或子程序调用时，堆栈用来自动保存程序计数器(PC)中的数值，它也可以用来保护现场或传送参数。C54x 的堆栈是从高地址向低地址方向生长，并用一个 16 位存储器映射寄存器——堆栈指针(SP)来管理堆栈。

所谓堆栈寻址，就是利用堆栈指针来寻址。堆栈遵循先进后出的原则，SP 始终指向堆栈中所存放的最后一个数据。在压入操作时，先减小 SP 后将数据压入堆栈；在弹出操作时，先从堆栈弹出数据后增加 SP 值。

有 4 条指令采用堆栈寻址方式：

```
PSHD   将数据存储器中的一个数压入堆栈；
PSHM   将一个 MMR 中的值压入堆栈；
POPD   从堆栈弹出一个数至数据存储单元；
POPM   从堆栈弹出一个数至 MMR。
```

3.4 指令系统

TMS320C54x 可以使用助记符方式和表达式方式两套指令系统，本节介绍助记符指令。
TMS320C54x 指令按功能分为 4 大类：
(1) 算术运算指令；
(2) 逻辑运算指令；

(3) 程序控制指令；

(4) 存储和装入指令。

每一大类指令又可细分为若干小类。以下各表中给出了指令的助记符方式、表达式、注释、指令的字数和执行周期数。其中的指令字数和执行周期数均假定采用片内 DARAM 做为数据存储器。

3.4.1 算术运算指令

算术运算指令分为 6 小类，它们是：
- 加法指令(ADD)；
- 减法指令(SUB)；
- 乘法指令(MPY)；
- 乘加指令(MAC)和乘减指令(MAS)；
- 双数/双精度指令(DADD、DSUB)；
- 特殊操作指令(ABDST、SQDST)。

其中大部分指令都只需要一个指令周期，只有个别指令需要 2～3 个指令周期。

1. 加法指令

TMS320C54x 中提供了多条用于加法的指令，共有 13 条，不同的加法指令用途不同，如表 3-6 所示。

表 3-6 加法指令

语 法	表 达 式	注 释	字/周期
ADD Smem, src	src=src+Smem	操作数与 ACC 相加	1/1
ADD Smem, TS, src	src=src+Smem<<TS	操作数移位后加到 ACC 中	1/1
ADD Smem, 16, src[,dst]	dst=src+Smem<<16	把左移 16 位的操作数加到 ACC 中	1/1
ADD Smem, [,SHIFT], src[,dst]	dst=src+Smem<<SHIFT	把移位后的操作数加到 ACC 中	2/2
ADD Xmem, SHFT, src	src=src+Xmem<<SHFT	把移位后的操作数加到 ACC 中	1/1
ADD Xmem, Ymem, dst	dst=Xmem<<16+Ymem<<16	两个操作数分别左移 16 位，然后相加	1/1
ADD #1k [,SHFT], src[,dst]	dst=src+ #1k<<SHFT	长立即数移位后加到 ACC 中	2/2
ADD #1k, 16, src[,dst]	dst=src+ # 1k<<16	把左移 16 位的长立即数加到 ACC 中	2/2
ADD src, [,SHIFT][,dst]	dst=dst+src<<SHIFT	移位再相加	1/1
ADD src, ASM[,dst]	dst=dst+src<<ASM	移位再相加，移动位数为 ASM 的值	1/1
ADDC Smem, src	src=src+Smem+C	带有进位位的加法	1/1
ADDM # 1k, Smem	Smem=Smem+ # 1k	把长立即数加到存储器中	2/2
ADDS Smem, src	src=src+uns(Smem)	无符号位扩展的加法	1/1

其中，ADD 为不带进位加法，ADDC 用于带进位的加法运算(如 32 位扩展精度加法)，ADDS 用于无符号数的加法运算，而 ADDM 专用于立即数的加法。前 10 条指令说明，将一个 16 位的数加到选定的累加器中，这 16 位数可以为下列情况之一。

- 单访问的数据存储器操作数 Smem；
- 双访问的数据存储器操作数 Xmem、Ymem；
- 立即数#1k；
- 累加器 src 移位后的值。

若定义了 dst，加法结果存入 dst，否则存入 src 中。操作数左移时低位加 0，右移时，若 SXM=1，则高位进行符号扩展；若 SXM=0，则高位加 0。指令受 OVM 和 SXM 状态标志位的影响，执行结果影响 C 和 OVdst(若未指定 dst，则为 OVsrc)。

【例 3.1】 ADD *AR3+, 14, A；将 AR3 所指的数据存储单元内容，左移 14 位与 A 相加，结果放 A 中，AR3 加 1。

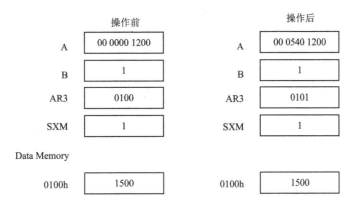

2. 减法指令

减法指令共有 13 条，如表 3-7 所示。

表 3-7 减法指令

语 法	表 达 式	注 释	字/周期
SUB Smem, src	src=src−Smem	从累加器中减去一个操作数	1/1
SUB Smem, TS, src	src=src−Smem<<TS	移动由 T 寄存器的 0～5 位所确定的位数，再与 ACC 相减	1/1
SUB Smem, 16, src[,dst]	dst=src−Smem<<16	移位 16 位再与 ACC 相减	1/1
SUB Smem[,SHIFT], src[,dst]	dst=src−Smem<<SHIFT	操作数移位后再与 src 相减	2/2
SUB Xmem, SHFT, src	src=src−Xmem<<SHFT	操作数移位后再与 src 相减	1/1
SUB Xmem, Ymem, dst	dst=Xmem<<16−Ymem<<16	两个操作数分别左移 16 位，再相减	1/1
SUB #1k [,SHFT], src[,dst]	dst=src−#1k<<SHFT	长立即数移位后与 ACC 做减法	2/2
SUB #1k, 16, src[, dst]	dst=src−#1k<<16	长立即数左移 16 位后再与 ACC 相减	2/2

续表

语　法	表 达 式	注　释	字/周期
SUB src[,SHIFT][,dst]	dst=dst−src<<SHIFT	移位后的 src 与 dst 相减	1/1
SUB src, ASM[,dst]	dst=dst−src<<ASM	src 移动由 ASM 决定的位数再与 dst 相减	1/1
SUBB Smem, src	src=src−Smem−C	做带借位的减法	1/1
SUBC Smem, src	If(src−Smem<<15)>0 src=(src−Smem<<15)<<1+1 Else src=src<<1	条件减法	1/1
SUBS Smem, src	src=src−uns(Smem)	与 ACC 做无符号的扩展减法	1/1

TMS320C54x 中提供了多条用于减法的指令，其中 SUBS 用于无符号数的减法运算，SUBB 用于带借位的减法运算(如 32 位扩展精度的减法)，而 SUBC 为条件减法，src 减去 Smem 左移 15 位后的值，若结果大于 0，则结果左移 1 位再加 1，最终结果存放到 src 中；否则 src 左移 1 位并存入 src 中。

通用 DSP 一般不提供单周期的除法指令。二进制除法是乘法的逆运算，乘法包括一系列的移位和加法，而除法可分解为一系列的减法和移位。使用 SUBC 重复 16 次减法，就可以完成除法功能。

下面这几条指令就是利用 SUBC 来完成整数除法(TEMP1/TEMP2)的：

```
LD    TEMP1, B        ;将被除数 TEMP1 装入 B 累加器的低 16 位
RPT   #15             ;重复 SUBC 指令 16 次
SUBC  TEMP2, B        ;使用 SUBC 指令完成除法
STL   B, TEMP3        ;将商(B 累加器的低 16 位)存入变量 TEMP3
STH   B, TEMP4        ;将余数(B 累加器的高 16 位)存入变量 TEMP4
```

在 TMS320C54x 中实现 16 位的小数除法与前面的整数除法基本一样，也是使用 SUBC 指令来完成的。但有两点需要注意：第一，小数除法的结果一定是小数(小于 1)，所以被除数一定小于除数。在执行 SUBC 指令前，应将被除数装入 A 或 B 累加器的高 16 位，而不是低 16 位。其结果的格式与整数除法一样。第二，应当考虑符号位对结果小数点的影响，所以应将商右移一位，得到正确的有符号数。

3. 乘法指令

乘法指令共有 10 条，如表 3-8 所示。

表 3-8　乘法指令

语　法	表 达 式	注　释	字/周期
MPY Smem, dst	dst=T*Smem	T 寄存器与单数据存储器操作数相乘	1/1
MPYR Smem, dst	dst=rnd(T*Smem)	T 寄存器与单数据存储器操作数相乘，并凑整	1/1

续表

语　法	表　达　式	注　释	字/周期
MPY Xmem, Ymem, dst	dst=Xmem*Ymem, T=Xmem	两个数据存储器操作数相乘	1/1
MPY Smem, #1k, dst	dst=Smem*#1k, T=Smem	长立即数与单数据存储器操作数相乘	2/2
MPYA dst	dst=T*A(32~16)	ACCA 的高端与 T 寄存器的值相乘	1/1
MPYA Smem	B=Smem*A(32~16), T= Smem	单数据存储器操作数与 ACCA 的高端相乘	1/1
MPYU Smem, dst	dst= T*uns(Smem)	T 寄存器的值与无符号数相乘	1/1
SQUR Smem, dst	dst=Smem*Smem, T=Smem	单数据存储器操作数的平方	1/1
SQUR A, dst	dst=A(32~16)*A(32~16)	ACCA 的高端的平方值	1/1

在 TMS320C54x 中提供大量的乘法运算指令，其结果都是 32 位的，放在 A 或 B 累加器中。乘数在 TMS320C54x 的乘法指令中很灵活，可以是 T 寄存器、立即数、存储单元和 A 或 B 累加器的高 16 位。若是无符号数乘，使用 MPYU 指令，这是一条专用于无符号数乘法运算的指令，而其他指令都是有符号数的乘法。

在 TMS320C54x 中，小数的乘法与整数乘法基本相同，只是由于两个有符号的小数相乘，其结果的小数点的位置在次高的后面，所以必须左移一次，才能得到正确的结果。TMS320C54x 中提供一个状态位 FRCT，将其设置为 1 时，系统自动将乘积结果左移 1 位。

MPY 指令受 OVM 和 FRCT 状态标志位的影响，执行结果影响 OVdst。

【例3.2】 MPY　13，A；　T*Smem →A, Smem 所在的单数据存储器地址为 13(0Dh)

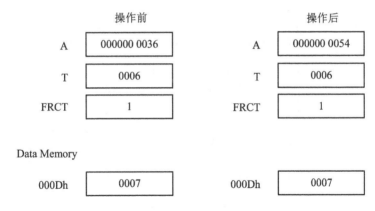

4. 乘加和乘减指令

乘加和乘减指令共有 15 条，如表 3-9 所示。

表 3-9 乘加和乘减指令

语　法	表　达　式	注　释	字/周期
MAC[R] Smem, src	src= rnd (src+T * Smem)	与T寄存器相乘再加到ACC中，[R]为[凑整]选项	1/1
MAC[R] Xmem, Ymem, src[,dst]	dst=rnd(src+Xmem*Ymem) T=Xmem	双操作数相乘再加到 ACC 中，[凑整]	1/1
MAC # 1k, src[,dst]	dst=src+T * # 1k	T寄存器与长立即数相乘，再加到ACC中	2/2
MAC Smem, # 1k, src[,dst]	dst =src+ Smem* # 1k T=Smem	与长立即数相乘，再加到 ACC 中	2/2
MACA[R] Smem, [,B]	B=rnd(B+Smem*A(32～16)) T=Smem	与 ACCA 的高端相乘，加到 ACCB 中，[凑整]	1/1
MACA[R] T, src[,dst]	dst=rnd(src+T*A(32～16))	T寄存器与ACCA高端相乘，加到 ACC 中，[凑整]	1/1
MACD Smem, pmad, src	src=src+Smem * pmad T=Smem,(Smem+1)=Smem	与程序存储器值相乘再累加并延时	2/3
MACP Smem, pmad, src	src=src+Smem * pmad T=Smem	与程序存储器值相乘再累加	2/3
MACSU Xmem, Ymem, src	src=src+uns(Xmem)*Ymem T=Xmem	带符号数与无符号数相乘再累加	1/1
MAS[R] Smem, src	src=rnd(src−T* Smem)	与T寄存器相乘再与ACC相减，[凑整]	1/1
MAS[R] Xmem, Ymem, src[,dst]	dst=rnd(src−Xmem*Ymem) T=Xmem	双操作数相乘再与 ACC 相减，[凑整]	1/1
MASA Smem [,B]	B=B−Smem *A(32～16)) T=Smem	从 ACCB 中减去单数据存储器操作数与 ACCA 的乘积	1/1
MASA[R] T, src[,dst]	dst=rnd(src−T*A(32～16))	从src中减去ACCA高端与T寄存器的乘积，[凑整]	1/1
SQURA Smem, src	src=src+Smem*Smem T=Smem	平方后累加	1/1
SQURS Smem, src	src=src−Smem*Smem T=Smem	平方后做减法	1/1

说明：[R]为可选项，表中指令如果使用了 R 后缀，则对乘累加值凑整。指令受 FRCT 和 SXM 状态标志位的影响，执行结果影响 OVdst。

【例 3.3】　MAC *AR5+，A　　　　；A+(AR5)*T→A, AR5= AR5+1

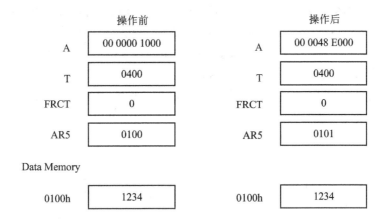

5. 长操作数指令

长操作数指令共有 6 条,如表 3-10 所示。

表 3-10 长操作数指令

语　　法	表　达　式	注　　释	字/周期
DADD Lmem, src[,dst]	If C16=0 dst=Lmem+src If C16=1 dst(39～16)=Lmem(31～16)+src(31～16) dst(15～0)=Lmem(15～0)+src(15～0)	双精度/双 16 位加法	1/1
DADST Lmem, dst	If C16=0 dst=Lmem+(T<<16+T) If C16=1 dst(39～16)=Lmem(31～16)+T dst(15～0)=Lmem(15～0)−T	T 寄存器和长立即数的双精度/双 16 位加法和减法	1/1
DRSUB Lmem, src	If C16=0 src=Lmem−src If C16=1 src(39～16)=Lmem(31～16)−src(31～16) src(15～0)=Lmem(15～0)−src(15～0)	长字的双 16 位减法	1/1
DSADT Lmem, dst	If C16=0 dst=Lmem−(T<<16+T) If C16=1 dst(39～16)=Lmem(31～16)−T dst(15～0)=Lmem(15～0)+T	T 寄存器和长操作数的双重减法	1/1
DSUB Lmem, src	If C16=0 src=src−Lmem If C16=1 src(39～16)=src(31～16)−Lmem(31～16) src(15～0)=src(15～0)−Lmem(15～0)	ACC 的双精度/双 16 位减法	1/1
DSUBT Lmem, dst	If C16=0 dst=Lmem−(T<<16+T) If C16=1 dst(39～16)=Lmem(31～16)−T dst(15～0)=Lmem(15～0)−T	T 寄存器和长操作数的双重减法	1/1

其中,Lmem 为 32 位长操作数,32 位操作数由两个连续地址的 16 位字构成,低地址必须为偶数,内容为 32 位操作数的高 16 位,高地址的内容则是 32 位操作数的低 16 位。

注意 ST1 中的 C16 位决定了指令的方式。以 DADD 指令为例，若 C16=0，指令以双精度方式执行，40 位的 src 与 Lmem 相加，饱和与溢出位根据计算结果设置。指令受 OVM 和 SXM 状态标志位的影响，执行结果影响 C 和 OVdst(若未指定 dst，则为 OVsrc)。

若 C16=1，指令以双 16 位方式执行，src 高端与 Lmem 的高 16 位相加；src 低端与 Lmem 的低 16 位相加。此时，饱和与溢出位不受影响。不管 OVM 位的状态如何，结果都不进行饱和运算。

【例 3.4】 DADD *AR3+, A, B

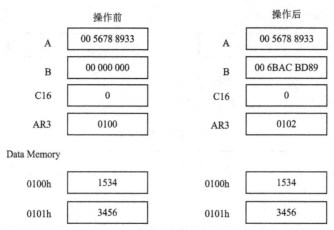

注：由于指令为长操作数指令，因此 AR3 执行后加 2。

6. 特殊应用指令

特殊应用指令共 15 条，如表 3-11 所示。

表 3-11 特殊应用指令

语 法	表 达 式	注 释	字/周期
ABDST Xmem,Ymem	$B=B+\|A(32\sim16)\|$ $A=(Xmem-Ymem)<<16$	求两点之间距离的绝对值	1/1
ABS src[,dst]	$dst=\|src\|$	ACC 的值取绝对值	1/1
CMPL src[,dst]	$dst=\overline{src}$	求累加器值的反码	1/1
DELAY Smem	(Smem+1)=Smem	存储器延迟	1/1
EXP src	T=符号所在的位数(src)-8	求累加器指数	1/1
FIRS Xmem,Ymem, pmad	$B=B+A*pmad$ $A=(Ymem+Xmem)<<16$	对称有限冲击响应滤波器	2/3
LMS Xmem,Ymem	$B=B+Xmem*Ymem$ $A=A+Xmem<<16+2^{15}$	求最小均方值	1/1
MAX dst	dst=max(A,B)	求累加器的最大值	1/1
MIN dst	dst=min(A,B)	求累加器的最小值	1/1
NEG src[,dst]	dst=-src	求累加器的反值	1/1

续表

语　法	表　达　式	注　释	字/周期
NORM src[,dst]	dst=src<<TS dst=norm(src,TS)	归一化	1/1
POLY Smem	B=Smem<<16 A=rnd(A(32～16)*T+B)	求多项式的值	1/1
RND src[,dst]	dst=src+2^{15}	求累加器的四舍五入值	1/1
SAT src	饱和计算(src)	对累加器的值做饱和计算	1/1
SQDST Xmem,Ymem	B=B+A(32～16)*A(32～16) A=(Xmem−Ymem)<<16	求两点之间距离的平方	1/1

表中 FIRS 指令实现一个对称的有限冲激响应(FIR)滤波器。首先 Xmem 和 Ymem 相加后的结果左移 16 位放入累加器 A 中。然后累加器 A 的高端(32～16 位)和由 pmad 寻址得到的 Pmem 相乘，乘法结果与累加器 B 相加并存放在累加器 B 中。在下一个循环中，pmad 加 1。一旦循环流水线启动，指令成为单周期指令。指令受 OVM，FRCT 和 SXM 状态标志位的影响，执行结果影响 C、OVC 和 OVB。

【例 3.5】 FIRS *AR3+，*AR4+，COEFFS

	操作前		操作后
A	00 0077 0000	A	00 00FF 0000
B	00 0000 0000	B	00 0008 762C
FRCT	0	FRCT	0
AR3	0100	AR3	0101
AR4	0200	AR4	0201

Data Memory

0100h	0055	0100h	0055
0200h	00AA	0200h	00AA

Program Memory

COEFFS	1234	COEFFS	1234

3.4.2　逻辑指令

逻辑指令分为 5 小类，根据操作数的不同，这些指令需要 1～2 个指令周期。它们是：
- 与指令(AND)；

- 或指令(OR);
- 异或指令(XOR);
- 移位指令(ROL);
- 测试指令(BITF)。

1. 与、或、异或指令

与、或、异或指令共 15 条，如表 3-12 所示。

表 3-12 与、或、异或指令

语 法	表 达 式	注 释	字/周期
AND Smem, src	src=src&Smem	单数据存储器操作数和 ACC 相与	1/1
AND #lk[,SHFT], src[,dst]	dst=src&#lk<<SHFT	长立即数移位后和 ACC 相与	2/2
AND #lk, 16, src[,dst]	dst=src&#lk<<16	长立即数左移 16 位后和 ACC 相与	2/2
AND src[,SHIFT][,dst]	dst= dst & src<<SHIFT	src 移位后与 dst 值相与	1/1
ANDM #lk, Smem	Smem=Smem & #lk	单数据存储器操作数和长立即数相与	2/2
OR Smem, src	src=src | Seme	单数据存储器操作数和 ACC 相或	1/1
OR # lk[,SHFT], src[,dst]	dst=src |#lk<<SHFT	长立即数移位后与 ACC 相或	2/2
OR # lk, 16, src[,dst]	dst=src |#lk<<16	长立即数左移 16 位后和 ACC 相或	2/2
OR sre[,SHFT][,dst]	dst=dst | src <<SHIFT	src 移位后与 dst 值相或	1/1
ORM #1k, Smem	Smem=Smem | #lk	单数据存储器操作数和长立即数相或	2/2
XOR Smem, sre	src=src∧Smem	单数据存储器操作数和 ACC 相异或	1/1
XOR #lk[,SHFT], src[,dst]	dst=src∧#lk<<SHFT	长立即数移位后与 ACC 相异或	2/2
XOR #lk, 16, src[,dst]	dst=src∧#lk<<16	长立即数左移 16 位后和 ACC 相异或	2/2
XOR sre[,SHIFT][,dst]	dst= dst∧src<<SHIFT	src 移位后与 dst 值相异或	1/1
XORM #1k, Smem	Smem=Smem∧#lk	单数据存储操作数和长立即数相异或	2/2

如果指令中有移位，则操作数移位后再进行与/或/异或操作。左移时低位清零，高位无符号扩展；右移时高位也不进行符号扩展。

【例3.6】 AND *AR3+, A

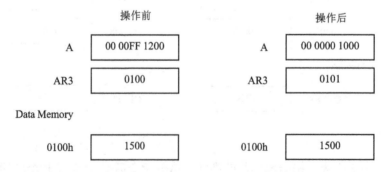

2. 移位指令和测试指令

移位指令有 6 条，分循环移位和算术移位，位测试指令有 5 条，如表 3-13 所示。

表3-13 移位指令和测试指令

语 法	表 达 式	注 释	字/周期
ROL src	带进位位循环左移	累加器值循环左移	1/1
ROL TC src	带TC位循环左移	累加器值带TC位循环左移	1/1
ROR src	带进位位循环右移	累加器值循环右移	1/1
SFTA src, SHIFT[,dst]	dst=src<<SHIFT(算术移位)	累加器值算术移位	1/1
SFTC src	if src(31)=src(30)then src=src<<1	累加器值条件移位	1/1
SFTL src, SHIFT[,dst]	dst=src<<SHIFT(逻辑移位)	累加器逻辑移位	1/1
BIT Xmem, BITC	TC=Xmem(15−BITC)	测试指定位	1/1
BITF Smem, #1k	TC=(Smem&#1k)	测试由立即数指定位	2/2
BITF Smem	TC=Smem(15−T(3−0))	测试由T寄存器指定位	1/1
CMPM Smem, #1k	TC=(Smem= =#1k)	比较单数据存储器操作数和立即数的值	2/2
CMPR CC, ARx	Compare ARx with AR0	辅助寄存器ARx和AR0相比较	1/1

表中第一条指令表示 src 循环左移 1 位,进位位 C 的值移入 src 的最低位,src 的最高位移入 C 中,保护位清零。CMPM 指令比较 Smem 与常数 1k 是否相等,若相等 TC=1,否则 TC=0。

【例 3.7】 ROL A

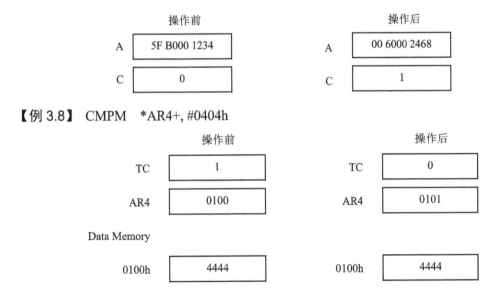

【例 3.8】 CMPM *AR4+, #0404h

3.4.3 程序控制指令

程序控制指令分为 7 小类,这些指令根据不同情况分别需要 1~6 个指令周期。它们是:
- 分支指令(B,BC);
- 调用指令(CALL);

- 返回指令(RET);
- 中断指令(INTR, TRAP);
- 重复指令(RPT);
- 堆栈操作指令(FRAME, POP);
- 其他程序控制指令(IDLE, NOP)。

1. 分支指令

分支指令共 6 条，如表 3-14 所示。

表 3-14 分支指令

语　法	表 达 式	注　释	字/周期
B[D] pmad	PC=pmad(15～0)	无条件转移	2/4 2/2
BACC[D] src	PC=src(15～0)	指针指向 ACC 所指向的地址	1/6 1/4
BANZ[D] pmad, Sind	if(Sind≠0) then PC=pmad(15～0)	当 AR 不为 0 时转移	2/4 2/2
BC[D] Pmad, cond[,cond[,cond]]	if(cond(s)) then PC=pmad(15～0)	条件转移	2/5 3/3
FB[D] extpmad	PC=pmad(15～0) XPC=pmad(22～16)	无条件远程转移	2/4 2/2
FBACC[D] src	PC=src(15～0) XPC=src(22～16)	远程转移到 ACC 所指向的地址	1/6 1/4

说明：语法中后缀[D]表示延时执行，为可选项。表中 6 条指令均为可选择延时指令。有后缀 D 时带延时。

从时序上看，当分支转移指令到达流水线的执行阶段，其后面两个指令字已经被"取指"了。这两个指令字如何处置，则部分地取决于此分支转移指令是带延时的还是不带延时的。如果是带延时分支转移，则紧跟在分支转移指令后面的一条双字指令或两条单字指令被执行后再进行分支转移；如果是不带延时分支转移，就先要将已被读入的一条双字指令或两条单字指令从流水线中清除(没有被执行)，然后再进行分支转移。因此，合理地设计好延时转移指令，可以提高程序的效率。

【例 3.9】 BANZ[D] pmad, Sind

若当前辅助寄存器 ARx 不为 0，则 pmad 值赋给 PC，否则 PC 值加 2。若为延迟方式，此时紧跟该指令的两条单字指令或一条双字指令先被取出执行，然后程序再跳转。该指令不能被循环执行。

如： BANZ 2000h, *AR3−

2. 调用和返回指令

调用指令共 5 条，返回指令共 6 条，如表 3-15 所示。

表 3-15 调用和返回指令

语　法	表　达　式	注　释	字/周期
CALA[D] src	−−SP, PC+1[3]=TOS PC=src(15～0)	调用 ACC 所指向的子程序	1/6 1/4
CALL[D] pmad	−−SP, PC+2[4]=TOS PC=pmad(15～0)	无条件调用	2/4 2/2
CC[D] pmad, cond[,cond[,cond]]	if(cond(s))then−−SP PC+2[4]=TOS PC=pmad(15～0)	条件调用	2/5 3/3
FCALA[D] src	−−SP, PC+1[3]=TOS PC=src(15～0) XPC=src(22～16)	远程调用 ACC 所指向的子程序	1/6 1/4
FCALL[D] extpmad	−−SP, PC+2[4]=TOS PC=pmad(15～0) XPC=pmad(22～16)	远程无条件调用	2/4 2/2
FRET[D]	XPC=TOS, ++SP PC=TOS, ++SP	远程返回	1/6 1/4
FRETE[D]	XPC=TOS, ++SP PC=TOS, ++SP, INTM=0	远程返回，且允许中断	1/6 1/4
RC[D] cond[,cond[,cond]]	if(cond(s)) thenPC=TOS, ++SP	条件返回	1/5 3/3
RET[D]	PC=TOS, ++SP	返回	1/5 1/3
RETE[D]	PC=TOS, ++SP, INTM=0	返回，且允许中断	1/5 1/3
RETF[D]	PC=RTN, ++SP, INTM=0	快速返回，且允许中断	1/3 1/1

说明：语法中后缀[D]表示延时执行，为可选项。表中 11 条指令均为可选择延时指令，有后缀 D 时带延时。

【例 3.10】 CALL[D]　pmad

首先将返回地址压入栈顶(TOS)保存，无延时时返回地址为 PC+2，有延时时返回地址为 PC+4(延时 2 字)，然后将 pmad 值赋给 PC 实现调用。如果是延时方式，紧接着 CALL 指令的两条单字指令或一条双字指令先被取出执行。该指令不能循环执行。

如：CALL 3333h

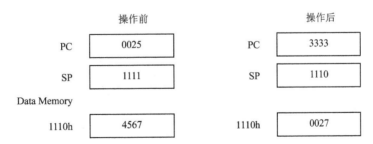

【例 3.11】 RET[D]

将栈顶的 16 位数据弹出到 PC 中，从这个地址继续执行，堆栈指针 SP 加 1。如果是延迟返回,则紧跟该指令的两条单字指令或一条双字指令先被取出执行,该指令不能循环执行。

如：RET

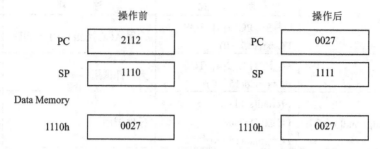

3. 重复指令

重复指令共 5 条,如表 3-16 所示。

表 3-16 重复指令

语 法	表 达 式	注 释	字/周期
RPT Smem	循环执行一条指令,RC=Smem	循环执行下一条指令,计数为单数据存储器操作数	1/1
RPT # K	循环执行一条指令,RC=# K	循环执行下一条指令,计数为短立即数	1/1
RPT #1k	循环执行一条指令,RC= #1k	循环执行下一条指令,计数为长立即数	1/1
RPTB[D] pmad	循环执行一段指令,RSA=PC+2[4] REA=pmad, BRAF=1	可以选择延迟的块循环	1/1
RPTZ dst, #1k	循环执行一条指令,RC= #1k, dst=0	循环执行下一条指令且对 ACC 清 0	1/1

【例 3.12】 RPTB[D]　pmad

块循环指令。循环次数由块循环计数器 BRC 确定,BRC 必须在指令执行前被装入。执行命令时,块循环起始寄存器 RSA 装入 PC+2(若有 D 后缀时为 PC+4),块循环尾地址寄存器 REA 中装入 pmad。块循环在执行过程中可以被中断,为了保证循环能够正确执行,中断时必须保存 BRC、RSA 和 REA 寄存器且正确设置块循环标志 BRAF。如果是延迟方式,则紧跟该指令的两条单字指令或一条双字指令先被取出执行。注意块循环可以通过将 BRAF 清零来终止,并且该指令不能循环执行。指令执行结果影响 BRAF。单指令循环(RPT)也属于块循环。例如

```
ST  #99, BRC        ;循环计数器赋值
RPTB end_block-1    ;end_block 为循环块的底部
```

	操作前		操作后
PC	1000	PC	1002
BRC	1234	BRC	0063
RSA	5678	RSA	1002
REA	9ABC	REA	end block-1

4. 中断指令

中断指令共 2 条, 如表 3-17 所示。

表 3-17 中断指令

语法	表达式	注释	字/周期
INTR K	--SP, ++PC=TOS PC=IPTR(15~7)+K<<2 INTM=1	非屏蔽的软件中断, K 所确定的中断向量赋给 PC, 执行该中断服务子程序, 且 INTM=1	1/3
TRAP K	--SP, ++PC=TOS PC=IPTR(15~7)+K<<2	非屏蔽的软件中断, 不影响 INTM 位	1/3

【例 3.13】 INTR K

首先将 PC 值压入栈顶, 然后将由 K 所确定的中断向量赋给 PC, 执行该中断服务子程序。中断标志寄存器(IFR)对应位清零且 INTM=1。该指令允许用户使用应用软件来执行任何中断服务子程序。注意中断屏蔽寄存器(IMR)不会影响 INTR 指令, 并且不管 INTM 取值如何, INTR 指令都能执行。该指令不能循环执行。例如:

```
INTR  3
```

5. 堆栈操作指令

堆栈操作指令共 5 条, 如表 3-18 所示。

表 3-18 堆栈操作指令

语法	表达式	注释	字/周期
FRAME K	SP=SP+K	堆栈指针偏移立即数值	1/1
POPD Smem	Smem=TOS, ++SP	把数据从栈顶弹入数据存储器	1/1
POPM MMR	MMR=TOS, ++SP	把数据从栈顶弹入存储器映射寄存器	1/1
PSHD Smem	--SP, Smem=TOS	把数据存储器值压入堆栈	1/1
PSHM MMR	--SP, MMR=TOS	把存储器映射寄存器值压入堆栈	1/1

6. 其他程序控制指令

其他程序控制指令共 7 条，如表 3-19 所示。

表 3-19 其他程序控制指令

语 法	表 达 式	注 释	字/周期
IDLE K	idle(K)	保持空闲状态直到有中断产生	1/4
MAR Smem	If CMPT=0, then modify ARx If CMPT=1 and ARx≠AR0, then modify ARx, ARP=x If CMPT=1 and ARx=AR0, then modify AR(ARP)	修改辅助寄存器	1/1
NOP	无	无任何操作	1/1
RESET	软件复位	软件复位	1/3
RSBX N, SBIT	SBIT=0 ST(N, SBIT)=0	状态寄存器复位	1/1
SSBX N, SBIT	SBIT=1 ST(N, SBIT)=1	状态寄存器置位	1/1
XC n,cond[,cond][,cond]	如果满足条件执行下面的 n 条指令，n=1 或 n=2	条件执行	1/1

【例 3.14】 RESET

该指令实现非屏蔽的 PMST、ST0 和 ST1 复位，重新赋予默认值。这些寄存器中各个状态位的赋值情况如下：

```
(IPTR)<<7→PC    0→OVM    0→OVB    1→C     1→TC
0→ARP           0→DP     1→SXM    0→ASM   0→BRAF
0→HM            0→XF     0→C16    0→FRCT  0→CMPT
0→CPL           1→INTM   0→IFR    0→OVM
```

该指令不受 INTM 指令的影响，但它对 INTM 置位以禁止中断。该指令不能循环执行。
例如：

```
RESET
```

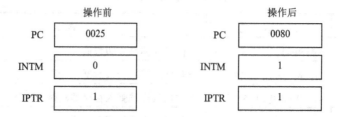

3.4.4 存储和装入指令

存储和装入指令有 8 小类，这些指令根据情况分别需要 1～5 个指令周期。它们是：

- 存储指令(ST)；
- 装入指令(LD)；
- 条件存储指令(CMPS)；
- 并行装入和存储指令(LD||ST)；
- 并行读取和乘法指令(LD||MAC)；
- 并行存储和乘法指令(ST||MAC)；
- 并行存储和加减指令(ST ||ADD，ST ||SUB)；
- 其他存储和装入指令(MVDD，PORTW，READA)。

1. 存储指令

存储指令共 14 条，如表 3-20 所示。

表 3-20 存储指令

语 法	表 达 式	注 释	字/周期
DST src, Lmem	Lmem=src	把累加器的值存放到32位长字中	1/2
ST T, Smem	Smem=T	存储 T 寄存器的值	1/1
ST TRN, Smem	Smem=TRN	存储 TRN 的值	1/1
ST #1k, Smem	Smem= #1k	存储长立即数	2/2
STH src, Smem	Smem=src(31~16)	累加器的高端存放到数据存储器	1/1
STH src, ASM, Smem	Smem=src(31~16)<<(ASM)	ACC 的高端移动由 ASM 决定的位数后，存放到数据存储器	1/1
STH src, SHFT, Xmem	Xmem=src(31~16)<<(SHFT)	ACC 的高端移位后存放到数据存储器中	1/1
STH src[，SHIFT], Smem	Smem=src(31~16)<<(SHIFT)	ACC 的高端移位后存放到数据存储器中	2/2
STL src, Smem	Smem=src(15~0)	累加器的低端存放到数据存储器中	1/1
STL src, ASM, Smem	Smem=src(15~0)<<ASM	累加器的低端移动 ASM 决定位数后，存放在数据存储器中	1/3
STL src, SHFT, Xmem	Xmem=src(15~0)<<SHFT	ACC 的低端移位后存放到数据存储器中	1/1
STL src [,SHIFT], Smem	Smem=src(15~0)<<SHIFT	ACC 的低端移位后存放到数据存储器中	2/2
STLM src, MMR	MMR=src(15~0)	累加器的低端存放到 MMR 中	1/1
STM #1k, MMR	MMR= #1k	长立即数存放到 MMR 中	2/2

2. 装入指令

装入指令共 21 条，如表 3-21 所示。

表 3-21 装入指令

语法	表达式	注释	字/周期
DLD Lmem, dst	dst=Lmem	把 32 位长字装入累加器	1/1
LD Smem, dst	dst=Smem	把操作数装入累加器	1/1
LD Smem, TS, dst	dst=Smem<<TS	操作数移动由 T 寄存器(5～0)决定的位数后装入 ACC	1/1
LD Smem, 16, dst	dst= Smem<<16	操作数左移 16 位后装入 ACC	1/1
LD Smem[,SHIFT], dst	dst= Smem<<SHFT	操作数移位后装入 ACC	2/2
LD Xmem,SHFT, dst	dst=Xmem<<SHFT	操作数移位后装入 ACC	1/1
LD #K, dst	dst= #K	短立即数装入 ACC	1/1
LD #1k[,SHFT], dst	dst= #1k<<SHFT	长立即数移位后装入 ACC	2/2
LD #1k, 16, dst	dst= #1k<<16	长立即数左移 16 位后装入 ACC	2/2
LD src, ASM[,dst]	dst=src<<ASM	源累加器移动由 ASM 决定的位数后装入目的累加器	1/1
LD sre[,SHIFT], dst	dst=src<<SHIFT	源累加器移位后装入目的累加器	1/1
LD Smem, T	T=Smem	操作数装入 T 寄存器	1/1
LD Smem, DP	DP=Smem(8～0)	9 位操作数装入 DP	1/3
LD #k9, DP	DP= #k9	9 位立即数装入 DP	1/1
LD #k5, ASM	ASM= #k5	5 位立即数装入累加器移位方式寄存器	1/1
LD #k3, ARP	ARP= #k3	3 位立即数装入 ARP	1/1
LD Smem, ASM	ASM=Smem(4～0)	5 位操作数装入 ASM	1/1
LDM MMR, dst	dst= MMR	把存储器映射寄存器值装入累加器	1/1
LDR Smem, dst	dst=rnd(Smem)	操作数凑整后装入累加器	1/1
LDU Smem, dst	dst=uns(Smem)	无符号操作数装入累加器	1/1
LTD Smem	T=Smem, (Smem+1)=Smem	单数据存储器值装入 T 寄存器，并延迟	1/1

3. 条件存储指令

条件存储指令共 4 条，如表 3-22 所示。

表 3-22 条件存储指令

语法	表达式	注释	字/周期
CMPS src, Smem	If src(31～16)>src(15～0) then Smem=src(31～16) If src(31～16)≤src(15～0) then Smem=src(15～0)	比较、选择并存储最大值	1/1

续表

语法	表达式	注释	字/周期
SACCD src, Xmem, cond	If (cond) Xmem=src<<(ASM－16)	条件存储累加器的值	1/1
SRCCD Xmem, cond	If(cond)Xmem=BRC	条件存储块循环计数器	1/1
STRCD Xmem, cond	If(cond)Xmem=T	条件存储T寄存器值	1/1

4. 并行指令

包括并行装入和存储指令(2条),并行装入和乘法指令(2条),并行存储和加减指令(2条),并行存储和乘法指令(3条),如表3-23所示。

表3-23 并行指令

语法	表达式	注释	字/周期
ST src, Ymem ‖ LD Xmem, dst	Ymem=src<<(ASM－16) ‖ dst=Xmem<<16	存储ACC和装入累加器并行执行	1/1
ST src, Ymem ‖ LD Xmem,T	Ymem=src<<(ASM－16) ‖ T=Xmem	存储ACC和装入T寄存器并行执行	1/1
LD Xmem, dst ‖ MAC[R] Ymem, dst_	dst=Xmem<<16 ‖ dst_=[rand](dst_+T*Ymem)	装入和乘/累加操作并行执行,可凑整	1/1
LD Xmem, dst ‖ MAS[R] Ymem, dst_	dst=Xmem<<16 ‖ dst_=[rand](dst_－T*Ymem)	装入和乘/减法并行执行,可凑整	1/1
ST src, Ymem ‖ ADD Xmem, dst	Ymem=src<<(ASM－16) ‖ dst=dst+Xmem<<16	存储ACC和加法并行执行	1/1
ST src, Ymem ‖ SUB Xmem, dst	Ymem=src<<(ASM－16) ‖ dst=(Xmem<<16)－dst	存储ACC和减法并行执行	1/1
ST src, Ymem ‖ MAC[R] Xmem, dst	Ymem=src<<(ASM－16) ‖ dst=[rand](dst+T*Xmem)	存储和乘/累加并行执行,可凑整	1/1
ST src, Ymem ‖ MAS[R] Xmem,dst	Ymem=src<<(ASM－16) ‖ dst=[rand](dst－T*Xmem)	存储和乘/减法并行执行,可凑整	1/1
ST src, Ymem ‖ MPY Xmem, dst	Ymem=src<<(ASM－16) ‖ dst=T*Xmem	存储和乘法并行执行	1/1

5. 其他装入和存储指令

其他装入和存储指令共12条,如表3-24所示。

最后简述单个循环指令。

TMS320C54x有单个循环指令,它们引起下一条指令被重复执行,重复执行的次数等于指令的操作数加1,该操作数被存储在一个16位的重复计数寄存器(RC)中,最大重复次数为65536。一旦重复指令被译码,所有中断(包括NMI,不包括RS)都被禁止,直到重复循环完成。

表 3-24　其他装入和存储指令

语　　法	表 达 式	注　　释	字/周期
MVDD Xmem, Ymem	Ymem =Xmem	在数据存储器内部传送数据	1/1
MVDK Smem, dmad	dmad =Smem	数据存储器目的地址寻址的数据传送	2/2
MVDM dmad, MMR	MMR= dmad	从数据存储器向 MMR 传送数据	2/2
MVDP Smem, pmad	pmad = Smem	从数据存储器向程序存储器传送数据	2/4
MVKD dmad, Smem	Smem=dmad	数据存储器源地址寻址的数据传送	2/2
MVMD MMR, dmad	dmad = MMR	从 MMR 向数据存储器传送数据	2/2
MVMM MMRx, MMRy	MMRy=MMRx	存储器映射寄存器内部传送数据	1/1
MVPD pmad, Smem	Smem=pmad	从程序存储器向数据存储器传送数据	2/3
PORTR PA, Smem	Smem=PA	从端口读入数据	2/2
PORTW Smem, PA	PA=Smem	向端口输出数据	2/2
READA Smem	Smem=(A)	把由 ACCA 寻址的程序存储器单元的值读到数据单元中	1/5
WRITA Smem	(A)=Smem	把数据单元中的值写到由 ACCA 寻址的程序存储器单元中	1/5

C54x 对乘/加、块传送等指令可以执行重复操作。重复操作的结果使这些多周期指令在第一次执行后变成单周期指令，这就增加了指令的执行速度，这样的单循环指令共有 11 条，它们是：

FIRS、MACD、MACP、MVDK、MVDM；
MVDP、MVKD、MVMD、MVPD、READA、WRITA。

当然，有些指令是不能重复的，在编程时需要注意。更为详细的信息可参阅 TMS320C54x 有关资料。

3.5　习题与思考题

1. TMS320C54x 有哪几种基本的数据寻址方式？
2. 以 DP 和 SP 为基地址的直接寻址方式，其实际地址是如何生成的？当 SP=2000h，DP=2，偏移地址为 25h 时，分别寻址的是哪个存储空间的哪个地址单元？
3. 使用循环寻址时，必须遵循的 3 个原则是什么？试举例说明循环寻址的用法。
4. 简述位码倒寻址的主要用途及实现方法，试举例说明位码倒寻址的实现过程。
5. TMS320C54x 的指令集包含了哪几种基本类型的操作？
6. 汇编语句格式包含哪几部分？编写汇编语句需要注意哪些问题？

7. 当采用*AR2+0B 寻址，若 AR0 为 00001000b，试写出位模式和位倒序模式与 AR2 低 4 位的关系。

8. 循环寻址和位倒序寻址是 DSP 数据寻址的特殊之处，试叙述这两种寻址的特点和它们在数字信号处理算法中的作用。

9. 堆栈寻址的作用是什么？压栈和弹出堆栈操作是如何实现的？

第 4 章 TMS320C54x 的软件开发

教学提示： 当系统的硬件和处理算法基本确定，并且选定 TMS320C54x 作为核心处理器时，下一步的工作重点就是软件系统的开发设计。它包含两个方面：一是选择适当的编程语言编写程序；二是选择合适的开发环境和工具。本章主要介绍 TMS320C54x 的软件开发过程，重点讲述汇编伪指令、COFF 格式(公共目标文件格式)、汇编源程序的汇编和链接过程。最后介绍 TMS320C54x 汇编语言程序设计的一些基本方法。

教学要求： 要求学生了解 TMS320C54x 的软件开发过程，了解汇编伪指令和宏指令，掌握常用的汇编伪指令、汇编源程序的汇编和链接过程，并重点掌握 COFF 格式。掌握程序的控制和转移、数据块传送、算术运算 3 类程序的基本设计方法。

4.1 TMS320C54x 软件开发过程

图 4.1 给出了 TMS320C54x DSP 软件开发流程图。图中阴影部分是最常用的软件开发路径，其余部分是任选的。框图简要说明如下：

C 编译器(C compiler)　将 C 语言源程序自动地编译为 C54x 的汇编语言源程序。

汇编器(assembler)　将汇编语言源文件汇编成机器语言 COFF 目标文件。源文件中包括汇编语言指令、汇编伪指令以及宏指令。

链接器(linker)　把汇编器生成的、可重新定位的 COFF 目标模块组合成一个可执行的 COFF 目标模块。当链接器生成可执行模块时，要调整对符号的引用，并解决外部引用的问题。它也可以接收来自文档管理器中的目标文件，以及链接以前运行时所生成的输出模块。

归档器(archiver)　将一组文件(源文件或目标文件)集中为一个文档文件库。如把若干个宏文件集中为一个宏文件库。汇编时，可以搜索宏文件库，并通过源文件中的宏指令来调用。也可以利用文档管理器，方便地替换、添加、删除和提取文件库文件。

助记符指令到代数式指令翻译器(mnemonic to algebraic translator utility)　将包含助记符的汇编语言源文件转换成包含代数指令的汇编语言源文件。

建库工具(library-build utility)　用来建立用户自己用 C 语言编写的支持运行库函数。链接时，用 rts.src 中的源文件代码和 rts.lib 中的目标代码提供标准的支持运行的库函数。

十六进制转换工具(hex conversion utility)　可以很方便地将 COFF 目标文件转换成 TI、Intel、Motorola 或 Tektronix 公司的目标文件格式，转化后生成的文件可以下载到 EPROM 进行编程。TMS320C54x DSP 接收 COFF 文件作为输入，但大多数 EPROM 编程器不接收 COFF 文件，需要借助转换工具。

绝对地址列表器(absolute lister)　将链接后的目标文件作为输入，生成.abs 输出文件，对.abs 文件汇编产生包含绝对地址(而不是相对地址)的清单。如果没有绝对地址列表器，所生成的清单可能是冗长的，并要求进行许多人工操作。

交叉引用列表器(cross-reference lister) 利用目标文件生成一个交叉引用清单，列出所链接的源文件中的符号以及它们的定义和引用情况。

图 4.1 所示的开发过程的目的是产生一个可以由 C54x 目标系统执行的模块。一个或多个汇编语言源程序经过汇编和链接，生成 COFF 格式(公共目标文件格式)的可执行文件，再通过软件仿真程序或硬件在线仿真器的调试，最后将程序加载到用户的应用系统。

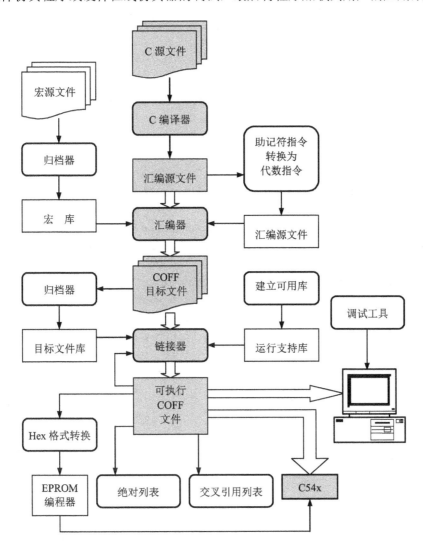

图 4.1 TMS320C54x DSP 软件开发流程图

4.2 汇编语言程序的编写方法

4.2.1 汇编语言源程序举例

汇编程序格式已在 3.1 节介绍过，一般包含标号区、指令区、操作数区和注释区 4 部分,其中指令区可以写助记符指令、汇编伪指令或宏指令。助记符指令一般用大写,汇编伪指令和宏指令,以"."号开始,且为小写。汇编语言程序编写方法如例4.1所示。

【例4.1】 汇编语言程序编写方法举例。

```
*******************************************
*    example.asm  y=a1* x1+a2 * x2+a3 * x3+a4 * x4        *
*******************************************
        .title   "example.asm"
        .mmregs
STACK   .usect   "STACK", 10H    ;allocate space for stack
        .bss     a, 4            ;allocate 9 word for variants
        .bss     x, 4
        .bss     y, 1
        .def     start
        .data
table:  .word    1, 2, 3, 4      ;data follows…
        .word    8, 6, 4, 2
        .text                    ;code follows…
start:  STM      #0, SWWSR       ;adds no wait states
        STM      #STACK+10H, SP  ;set stack pointer
        STM      #a, AR1         ;AR1 point to a
        RPT      #7              ;move 8 values
        MVPD     table, *AR1+    ;from program memory into data memory
        CALL     SUM             ;call SUM subroutine
end:    B        end
SUM:    STM      #a, AR3         ;The subroutine implement
        STM      #x, AR4         ;multiply—— accumulate
        RPTZ     A, #3
        MAC      *AR3+, *AR4+, A
        STL      A, @y
        RET
        .end
```

4.2.2 汇编语言常量

C54x汇编器支持7种类型的常量:二进制整数、八进制整数、十进制整数、十六进制整数、字符常量、汇编时常量和浮点数常量。

汇编器在内部把常量作为32位量。常量不能进行符号扩展。例如,常量FFh等同于00FFh(十六进制)或255(十进制),但不是-1。

1. 整数常量

二进制整数常量最多由16个二进制数字组成,其后缀为B(或b)。如果少于16位,汇编器将把数位向右对齐并在左面补零。下列二进制整数常量都是有效的:

00000000B、0100000b、01b、1111000B

八进制整数常量最多由 6 个八进制数字组成,其后缀为 Q(或 q)。下列八进制整数常量都是有效的:

  10Q、100000q、226Q

十进制整数常量由十进制数字串组成,范围从 −32768～32767 或 0～65535。下列十进制整数常量都是有效的。

  1000、−32768、25

十六进制整数常量最多由 4 个十六进制数字组成,其后缀为 H(或 h)。数字包括十进制数 0～9 和字符 A～F 及 a～f。它必须由十进制值 0～9 开始,也可以由前缀(0x)标明十六进制。如果少于 4 位,汇编器将把数位右对齐。下列十六进制整数常量都是有效的。

  78h、0Fh、37Ach、0x37AC

2. 浮点数常量

浮点数常量是由一串十进制数字及小数点、小数部分和指数部分组成,表示方法如下:

  +(−)nnn.nnnE(e)+(−)nnn
   整数 小数 指数

其中 nnn 表示十进制字符串,小数点一定要有,否则数据是无效的。如 3.e5 是有效的浮点数常量,而 3e5 是无效数字。指数部分是 10 的幂。下列浮点数常量都是有效的。

  3.0、3.14、−0.314e13、+314.59e−2

3. 字符常量

字符常量由单引号括住的一个或两个字符组成。它在机器内部由 8 位 ASCII 码来表示一个字符。两个连着的单引号用来表示带单引号的字符。只有两个单引号的字符也是有效的,被认作值为 0。如果只有一个字符,汇编器将把数位向右对齐。下列字符常量都是有效的:

  'a' (内部表示为 61h)
  'C' (内部表示为 43h)
  ' ' 'D' (内部表示为 2744h)

应注意字符常数与字符串的差别,字符常数代表单个整数值,而字符串是一串字符。

4. 汇编时常量

用 .set 伪指令给一个符号赋值,则这个符号等于一个常量。在表达式中,被赋的值固定不变。例如:

```
shift    .set   3              ;将常数值 3 赋给符号 shift
         LD  #shift, A         ;再将 3 赋给 A 累加器
```

4.2.3 汇编源程序中的字符串

字符串(character strings)是包括在双引号内的一串字符,若双引号为字符串的一部分,

则需要用两个连续的双引号。字符串的最大长度是变化的，由要求字符串的伪指令所规定。每个字符在内部用 8 位 ASCII 码表示。以下是字符串的例子：

"sample program"定义了一个长度为 14 的字符串：sample progran；

"PLAN"C""定义了一个长度为 7 的字符串：PLAN"C"。

字符串用于下述伪指令中：

```
.copy "filemame"            复制伪指令中的文件名(filename);
.sect "section name"        命名段伪指令中的段名(section name);
.byte "charstring"          数据初始化伪指令中变量名(charstring)。
```

4.2.4 汇编源程序中的符号

符号可用于标号、常量和替代其他字符。符号名最多可为 32 位字符数字串(A～Z、a～z、0～9、_和$)，第一位不能是数字，字符间不能有空格；符号对大小写敏感，如汇编器将 ABC、Abc、abc 认作不同的符号，用-c 选项可以使汇编器不区分大小写；符号只有在汇编程序中定义后才有效，除非使用.global 伪指令声明才是一个外部符号。

用做标号(lable)的符号在程序地址中作为符号地址和程序的位置有关。在一个文件中局部使用的标号必须是唯一的。助记符操作码和伪指令名前面不带"."都可以作为标号。标号还可作为.global，.ref，.def 或.bss 等伪指令的操作数。

符号也可被置成常数值，这样可用有意义的名称来代表一些重要的常数值。伪指令.set 和.struct/.tag/.endstruct 可用来将常数值赋给符号名。注意，符号常数(symbolic constants)不能重新定义。

DSP 内部的寄存器名和$等都是汇编器已预先定义的全局符号。

4.2.5 汇编源程序中的表达式

表达式是由运算符隔开的常量、符号或常量和符号序列。表达式值的有效范围从 -32768～32767。有 3 个主要因素影响表达式的运算顺序：圆括号、优先级、同级运算顺序。

圆括号( )：圆括号内的表达式先运算，不能用{}或[]来代替圆括号。如：8/(4/2)=4

优先级：C54x 汇编程序的优先级使用与 C 语言相似，优先级高的运算先执行，圆括号内的运算其优先级最高。

同级内的运算顺序：从左到右。例如：8/4*2=4，但 8/(4*2)=1。

1. 运算符及优先级

表 4-1 列出了表达式中可用的运算符及优先级。表中运算符的优先级是从上到下，同级内的运算顺序从左到右。

2. 表达式溢出

当算术运算在汇编中被执行时，汇编器将检查溢出状态。无论上溢还是下溢，它都会给出一个被截断的值的警告信息。但在作乘法时，不检查溢出状态。

表 4-1 表达式的运算符及其优先级

符　号	运算符含义
+，−，~	取正，取负，按位求补
*，/，%	乘，除，求模
<<，>>	左移，右移
+，−	加，减
<，<=	小于，小于等于
>，>=	大于，大于等于
!=，=	不等于，等于
&	按位与
^	按位异或
|	按位或

3. 表达式的合法性

表达式中使用符号时，汇编器对符号在表达式中的使用有一些限制，由于符号的属性不同(定义不同)，使表达式存在合法性问题。

符号的属性分为 3 种：外部的、可重定位的和绝对的。用伪指令.golbal 定义的符号是外部符号；在汇编阶段和执行阶段，符号值、符号地址不同的符号是可重定位符号，相同的是绝对符号。

含有乘、除法的表达式中只能使用绝对符号。表达式中不能使用未定义符号。

4.3　汇编伪指令和宏指令

汇编源文件中包括汇编语言指令(instruction)、汇编伪指令(assembler directives)以及宏指令(macro directives)。其中汇编伪指令是汇编语言程序的一个重要组成内容，其作用是给程序提供数据并且控制汇编过程。

4.3.1　汇编伪指令

在例 4.1 中，指令区以"."号开始且为小写的均为汇编伪指令(又称为汇编命令)。汇编伪指令用以形成常数和变量，当用它控制汇编和链接过程时，可以不占存储空间。

C54x 汇编器共有 64 条汇编伪指令，根据它们的功能，可以将汇编伪指令分成 8 类：
- 对各种段进行定义的伪指令；
- 对常数(数据和存储器)进行初始化的伪指令；
- 调整 SPC(段寄存器)的指令；
- 输出列表文件格式伪指令；
- 引用其他文件的伪指令；

- 控制条件汇编的伪指令；
- 在汇编时定义符号的伪指令；
- 执行其他功能的伪指令。

由于篇幅所限，在此仅介绍常用的汇编伪指令。其他可参考 TI 公司的《TMS320C54x 汇编语言工具用户指南》。

1. 段定义伪指令

段定义伪指令的作用是把汇编语言程序的各个部分划分在适当的段中，有以下 5 条：

.bss	为未初始化的变量保留空间；
.data	通常包含了初始化的数据；
.sect	已初始化的自定义段，将紧接着的代码或数据存入该段；
.text	该段包含了可执行的代码；
.usect	在一个未初始化的自定义段中为变量保留空间。

其中，.bss 和.usect 伪指令创建未初始化的段；.test、.data 和.sect 伪指令创建已初始化的段。

段是通过叠加方式来建立的。例如在汇编器第一次遇到.data 伪指令时，.data 段是空的，第一条.data 指令后面的语句都被汇编在.data 段中(直到汇编器遇到.text 和.sect 伪指令为止)。如果后来又在其他的段中遇到.data 指令，汇编器会将其后的语句继续加到.data 段中。这样虽然程序中是多个.data 段分散在各处，但汇编器只创建一个.data 段，它可以连续地被分配到内存中。

2. 常数初始化伪指令

常数初始化伪指令共有 24 条，这里仅介绍其中常用的和主要的伪指令。

.int 和.word 把一个或多个 16 位数存放到当前段的连续字中。.int 为无符号整型量，.word 为带符号整型量。

.byte 把一个或多个 8 位的值放入当前段的连续字中。该指令类似于.word，不同之处在于.word 中的每个值的宽度限制为 16 位。

.float 和.xfloat 计算以 IEEE 格式表示的单精度(32 位)浮点数，并存放在当前段的连续字中，高位先存。.float 能自动按域的边界排列，.xfloat 不能。

.bes 和.space 这两条指令的功能是，在当前段保留确定数目的位，汇编器给保留的位填 0。如果想保留一定数目的字，可以通过保留字数×16 个位得以实现。当在.space 段使用标号时，它指向保留位的第一个字；当在.bes 段使用标号时，它指向保留位的最后一个字。

.field 把一个数放入当前字的特定数目的位域中。使用.field 可以把多个域打包成一个字，汇编器不会增加 SPC 的值，直至填满一个字。

.long 和.xlong 把 32 位数存放到当前段连续的两个字中，高位字先存。.long 能自动按长字的边界排列，.xlong 却不能。

.string 和.pstring 把 8 位的字符从一个或多个字符串中传送到当前段中。.string 类似于.byte，把 8 位字符放入当前段的连续字中；.pstring 也有一个 8 位宽度，但是是把两个字符打包成一个字，对于.pstring，如果字符串没有占满最后一个字，剩下的位填 0。

【例 4.2】 比较.byte，.word，.int，.long，.xlong，string，.float 和.xfloat 的用法。

```
1 0000    00aa         .byte    0AAh, 0BBh
  0001    00bb
2 0002    0ccc         .word    0CCCh
3 0003    0eee         .xlong   0EEEEFFFFh
  0004    efff
4 0006    eeee         .long    0EEEEFFFFh
  0007    ffff
5 0008    dddd         .int     0DDDDh
6 0009    3fff         .xfloat  1.99999
  000a    ffac
7 000c    3fff         .float   1.99999
  000d    ffac
8 000e    0068         .string  "help"
  000f    0065
  0010    006c
  0011    0070
```

3. 段程序计数器(SPC)定位指令

.align 使 SPC 对准 1 字(16 位)~128 字的边界，这保证了紧接着该指令的代码从一个整字或页的边界开始。如果 SPC 已经定位于选定的边界，它就不会增加了。.align 伪指令的操作数必须等于 $2^0 \sim 2^{16}$ 之间的一个 2 的幂值(尽管超过 2^7 的值没有意义)。不同的操作数代表了不同的边界定位要求。操作数为 1 是让 SPC 对准字边界；操作数为 2 是让 SPC 对准长字(偶地址)边界；操作数为 128 是让 SPC 对准页边界；当.align 不带操作数时，其默认值为 128，即对准页边界。

4. 输出列表格式伪指令

.title 为汇编器提供一个打印在每一页顶部的标题。

.list/.nolist 打开/关闭列表文件。使用.nolist 可禁止汇编器列出列表文件中选定的源语句，使用.list 则允许列表。

.drlist/.drnolist 将汇编指令加入/不加入列表文件。

.fclist/.fcnolist 在源代码中包含着没有产生代码的假条件块的列表，这两条指令的功能是允许/禁止假条件块出现在列表中。可以使用.fclist 把假条件块放在列表中，就像在源代码中一样；使用.fcnolist 指令只列出实际被汇编的条件块。

.mlist/.mnolist 源代码中包含着宏扩展和循环块的列表。这两条指令用来打开/关闭列表。使用.mlist 把所有的宏扩展和循环块打印到列表中，用.mnolist 则禁止列入列表。

.sslist/.ssnolist 分别允许/禁止替换符号扩展到列表,在调试替换符号的扩展时很有用。

.page 在输出列表中产生新的一页。该指令在源列表中没有列出，但在汇编过程中碰到该指令时，汇编器会增加行计数器，把源列表按逻辑划分，以增加程序的可读性。

.length 控制列表文件的页长度，调整列表以适合各种不同的输出设备。

.width 控制列表文件的页宽度，调整列表以适合各种不同的输出设备。

.option 控制列表文件中的某些特性。下面是各指令操作数代表的意义。
B：把.byte 指令的列表限制在一行里。
L：把.long 指令的列表限制在一行里。
M：关掉列表中的宏扩展。
R：复位 B，M，T 和 W 选项。
T：把.string 指令的列表限制在一行里。
W：把.word 指令的列表限制在一行里。
X：产生一个符号交叉参照列表(也可以通过在汇编时引用-x 选项来获得)。
.tab 定义制表键(tab)的大小。

5. 引用其他文件的伪指令

.copy/.include 伪指令告诉汇编器开始从其他文件中读源语句。当汇编读完以后，继续从当前文件中读源语句。从.copy 文件中读的语句会打印在列表中，而从.include 文件中读的语句不会打印在列表中。

.def 确认一个在当前模块中定义的且能被其他模块使用的符号，汇编器把这个符号存入符号表中。

.ref 确认一个在当前模块中使用但在其他段中定义的符号。汇编器把这个符号标注成一个未定义的外部符号，且把它装入目标符号表中，以便链接器能还原它的定义。

.global 表明一个外部符号，使其他模块在连接时可以使用。如果在当前段定义了该符号，那么该符号就可以被其他模块使用，与.def 功能相同；如果在当前段没有定义该符号，则使用了其他模块定义的符号，与.ref 功能相同。一个未定义的全局符号只有当它在程序中使用的时候，链接器才对其进行处理。

.mlib 向汇编器提供一个包含了宏定义的文档库的名称。当汇编器见到一个在当前库中没有定义的宏，就在.mlib 确认的宏库中查找。

6. 控制条件汇编的伪指令

.if/.elseif/.else/.endif 这些指令告诉汇编器，根据表达式的值条件汇编一块代码。.if 表示一个条件块的开始，如果条件为真就汇编紧接着的代码；.elseif 是表示如果.if 的条件为假，而.elseif 的条件为真，就汇编紧接着的代码；.endif 结束该条件块。

.loop/.break/.endloop 告诉汇编器按照表达式的值循环汇编一块代码。.loop 标注一块循环代码的开始；.break 告诉汇编器当表达式为假时，继续循环汇编，当表达式为真时，立刻转到.endloop 后的代码去执行；.endloop 标注一个可循环块的末尾。

7. 在汇编时定义符号的伪指令

汇编时的定义符号指令是使有意义的符号名与常数值或字符串相等同。

.asg 规定一个字符串与一个替代符号相等，并将其存放在替代符号表中。当汇编器遇到一个替代符号，就用对应的字符串来代替这个符号。替代符号可以重新定义。

.eval 计算一个表达式的值并把结果传送到与一个替代符号等同的字符串中。该指令在处理计数器时非常有用。

.label 定义一个专门的符号以表示当前段内装入时的地址，而不是运行时的地址。大部分编译器创建的段都有可以重新定位的地址。编译器对每一段进行编译时,就好像段地址是从 0 开始的,然后链接器再把该段重定位在装入和运行的地址上。

.set/.equ　把一个常数值等效成一个符号,存放在符号表中,且不能被清除。

.struct/.endstruct 和.tag　前两条指令用来建立一个类似于 C 的结构定义,.tag 是给类似于 C 的结构特性分配一个标号。.struct/.endstruct 允许把信息组织成一个结构,将相似元素组织在一起。该指令不与存储器产生联系,它们只是创建一个能重复使用的符号模板。.tag 给一个结构分配一个标号,这就简化了符号表示,也提供了结构嵌套的能力。.tag 指令也不与存储器产生联系,在使用它之前必须定义结构名称。

8. 其他方面的汇编伪指令

.end　结束汇编。它是一个程序的最后一个源语句。

.mmregs　定义存储器映射寄存器的替代符号。对于所有的存储器映射寄存器,使用该指令和执行一个.set 是一样的。

.algebraic　告诉编译器程序包含了算术汇编源代码。如果没有使用-mg 编译器选项,该指令必须出现在文件的第一行。

.netblock　使局部标号复位。局部标号是$n 或 name?形式的符号。当它们出现在标号域中时,就对它们进行定义。局部标号是可以用来作为 jump 指令操作数的临时标号。.netblock 在局部标号使用后对其复位,从而限制它的范围。

.sblock　指定几段为一个模块。模块化是一种类似于分页的地址分配机制,但比分页弱。已模块化的段如果比一页小,就必须保证没有跨越页边界;如果大于一页,就必须从一页的边界开始。该指令只允许为已经初始化的段进行模块说明。

.version　决定指令所运行的处理器。每一种 C54x 芯片都有自己的值。

.emsg　把错误信息发送到标准输出设备中。产生错误信息的方式与汇编器相同,并增加错误计数,以及禁止编译器产生目标文件。

.wmsg　把警告信息发送到标准输出设备中。.wmsg 与.emsg 的功能是相同的,只是增加了警告计数,而不是错误计数,它不会影响目标文件的创建。

.mmsg　把编译时的信息发送到标准输出设备中。.mmsg 与.emsg、.wmsg 的功能是相同的,但它不设置错误计数或警告计数,且不会影响目标文件的创建。

在例 4.1 中使用的是最常用的汇编伪指令,其应用情况如表 4-2 所示。

表 4-2　例 4.1 中使用的汇编伪指令

汇编伪指令	作　　用	举　　例
.title	紧跟其后的是用双引号括起的源程序名	.title "example.asm"
.end	结束汇编,汇编器将忽略此后的任何源语句	放在汇编语言源程序的最后
.text	紧跟其后的是汇编语言程序正文	经汇编后,紧随.text 后的是可执行程序代码
.data	紧跟其后的是已初始化数据,通常含有数据表或预先初始化的数值	有两种数据形式:.int 和.word

续表

汇编伪指令	作　用	举　例
.int	.int 用来设置一个或多个 16 位无符号整型量常数	Table：.word 1，2，3，4 .word 8，6，4，2 表示在程序存储器标号为 table 开始的 8 个单元存放初始化数据 1，2，3，4，8，6，4 和 2
.word	.word 用来设置一个或多个 16 位带符号整型量常数	
.bss	.bss 为未初始化变量保留存储空间	.bss x,4 表示在数据存储器中空出 4 个存储单元存放变量 x1，x2，x3 和 x4.
.sect	建立包含代码和数据的自定义段	sect "vectors" 定义向量表，紧随其后的是复位向量和中断向量，名为 vectors
.usect	为未初始化变量保留存储空间的自定义段	.usect "STACK"，10H 在数据存储器中留出 16 个单元作为堆栈区，名为 STACK
.def	在此模块中定义，可为别的模块引用	.def　start

4.3.2　宏及宏的使用

程序中的子程序往往要多次使用，此时，可将该子程序定义为一个宏。在程序反复执行该子程序时就调用这个宏，从而避免多次重复使用该子程序的源语句。

编译器支持宏语言，允许用户利用宏来创建自己的指令。这在某程序多次执行一个特殊任务时相当有用。宏语言的功能包括：
- 定义自己的宏和重新定义已存在的宏；
- 简化较长的或复杂的汇编代码；
- 访问归档器创建的宏库；
- 处理一个宏中的字符串；
- 控制宏扩展列表。

如果想多次调用一个宏，而每次使用的是不同的参数，可以在宏里指定参数。这样，就可以每次把不同的参数传递到调用的宏中。宏的使用可分为 3 个过程：定义宏、调用宏和展开宏。

1. 定义宏

使用宏之前，必须首先对它进行定义。定义宏的方法有两种：
(1) 宏可以在源文件起始处或者在.include/.copy 文件中定义。其格式为

```
宏名　.macro[参数 1]，[…]，[参数 n]
　　　汇编语句或宏指令
　　　[.mexit]
　　　.endm
```

格式说明：

宏名——定义的宏名如果与某条指令或已有的宏定义重名，就将代替它们；

汇编语句——每次调用宏时执行的汇编语言指令或汇编伪指令；

宏指令——用来控制展开宏；

[.mexit]——功能类似于 goto .endm 语句，.mexit 在测试出错误，确认宏展开失败时相当有用，该项为可选项；

.endm——结束宏定义；

注释——注释前加一感叹号"！"，表示该注释包括在宏定义中，而又不出现在宏展开中；若注释前加星号或分号，表示让注释出现在宏展开中。

(2) 宏也可以在宏库中定义。宏库由归档器创建，是采用归档格式的文件集合。归档文件(宏库)里的每一个文件都包含着一个与文件名相对应的宏定义，宏名与文件名必须相同，宏库中的文件必须是未被汇编过的源文件，其扩展名是.asm。

可以使用.mlib 指令访问宏库。其语法为

```
.mlib   宏库文件名
```

2. 调用宏

定义了宏之后，就可以在源程序中通过把宏名作为操作数来调用宏。其格式为

```
宏名 [参数1], [⋯], [参数n]
```

3. 展开宏

当源程序调用宏时，编译器会将宏展开。在展开期间，编译器把自变量传递给宏参数，用宏定义来代替宏调用语句并对源代码进行编译。在默认状态下，宏展开会在指令列表文件中列出，可以使用.mnolist 指令关掉宏指令列表。

【例 4.3】 宏定义、宏调用和宏展开举例(部分程序)。

```
DAT0    .set     60h
DAT1    .set     61h
DAT2    .set     62h
DAT3    .set     63h
        .text
ADD3    .macro P1, P2, P3, ADDRP    ; 宏定义:三数相加 ADDRP = P1 + P2 + P3
        LD   P1, A
        ADD  P2, A
        ADD  P3, A
        STL  A,  ADDRP
        .endm
        ⋯
        ⋯
        ST   #0034h, DAT0           ; 参数赋值
        ST   #0243h, DAT1
        ST   #1230h, DAT2
        ADD3 DAT0, DAT1,DAT2,DAT3   ; 宏调用:DAT3 = DAT0 + DAT1 + DAT2
        NOP
        ⋯
        .end
```

4.4 公共目标文件格式——COFF

TI 公司的汇编器和链接器所创建的目标文件采用公共目标文件格式(Common Object File Format，COFF)。COFF 的核心概念是使用代码块和数据块编程，而不是指令或数据简单的顺序编写。

采用这种目标文件格式更利于模块化编程，并且为管理代码段和目标系统存储器提供更加灵活的方法。基于 COFF 格式编写汇编程序或高级语言程序时，不必为程序代码或变量指定目标地址，这为程序编写和程序移植提供了极大的方便。本节简要介绍这种文件格式，以帮助读者理解汇编语言程序的汇编和链接过程的实质。

4.4.1 COFF 文件中的段

段(Sections)是 COFF 文件中最重要的概念。所谓段，就是在编写汇编语言源程序时，采用的代码块或数据块，它占据存储器的某个连续空间。程序按段组织，每个目标文件都被分成若干个段，每行汇编语句都从属于一个段，且由段汇编伪指令标明该段的属性。一个目标文件中的每个段都是分开的和各不相同的。

所有的 COFF 目标文件都包含以下 3 种形式的段：

  .text 段 (此段通常包含可执行代码)；
  .data 段 (此段通常包含初始化数据)；
  .bss   段 (此段通常为未初始化变量保留存储空间)。

此外，汇编器和链接器可以建立、命名和链接自定义段。这种自定义段是程序员自己定义的段，使用起来与.data、.text 以及.bss 段类似。它的好处是在目标文件中与.data、.text 以及.bss 分开汇编，链接时作为一个单独的部分分配到存储器。有 2 种形式：

  .sect 建立的自定义段是已初始化段；
  .usect 建立的自定义段是未初始化段。

段也可按是否初始化分为 2 种基本的类型：初始化的段(.data\.text\.sect)和未初始化的段(.bss\.usect)。

汇编器在汇编的过程中，根据汇编伪指令用适当的段将各部分程序代码和数据连在一起，构成目标文件；链接器的一个任务就是分配存储单元，即把各个段重新定位到目标存储器中，如图 4.2 所示。

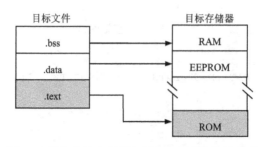

图 4.2 目标文件中的段与目标存储器之间的关系

由于大多数系统都有好几种形式的存储器，通过对各个段重新定位，可以使目标存储器得到更为有效的利用。

4.4.2 汇编器对段的处理

每个程序都是由几个段结合在一起形成的。汇编器对段的处理是通过段定义伪指令区分出各个段，且将段名相同的语句汇编在一起。汇编器有 5 个段定义伪指令支持该功能，这 5 个伪指令是：.bss、.usect、.text、.data、.sect。如果汇编语言程序中一个段伪指令都没有用，汇编器会把程序中的内容都汇编到.text 段。

1. 未初始化段

未初始化段(Uninitialized sections)由.bss 和.usect 伪指令建立。未初始化段就是 TMS320C54x 在目标存储器中的保留空间，以供程序运行过程中的变量作为临时存储空间使用。在目标文件中，这些段中没有确切的内容，通常它们定位到 RAM 区。未初始化段分为默认的和命名的 2 种，分别由汇编伪指令.bss 和.usect 产生，其句法如下

```
        .bss        符号，字数
符号    .usect      "段名"，字数
```

其中：

符号——对应于保留的存储空间第一个字的变量名称，这个符号可让其他段引用，也可以用.global 伪指令定义为全局符号；

字数——表示在.bss 段或标有名字的段中保留多少个存储单元；

段名——程序员为自定义未初始化段起的名字。

每调用.bss 伪指令一次，汇编器在相应的段保留预留字数的空间；每调用.usect 伪指令一次，汇编器在指定的命名段保留预留字数的空间。

2. 初始化段

初始化段(Initialized sections)由.text、.data 和.sect 伪指令建立，包含可执行代码或初始化数据。这些段中的内容都在目标文件中，当加载程序时再放到 TMS320C54x 的存储器中。每个初始化段都是可以重新定位的，并且可以引用其他段中所定义的符号。链接器在连接时自动处理段间的相互引用。3 种初始化伪指令的句法如下：

```
.text   [段起点]
.data   [段起点]
.sect   "段名"[，段起点]
```

其中，段起点是任选项。如果选用，它就是为段程序计数器(SPC)定义的一个起始值。SPC 值只能定义一次，而且必须在第一次遇到这个段时定义。如果省略，则 SPC 从 0 开始。

当汇编器遇到.text 或.data 或.sect 伪指令时，将停止对当前段的汇编(相当于一条结束当前段汇编的伪指令)，然后将紧跟着的程序代码或数据汇编到指定的段中，直到再遇到另一条.text 或.data 或.sect 伪指令为止。

而当汇编器遇到.bss 和.usect 伪指令时，并不结束当前段的汇编，只是暂时从当前段脱离出来，并开始对新的段进行汇编。.bss 和.usect 伪指令可以出现在一个已初始化段的任何位置上，而不会对它的内容发生影响。

3. 自定义段

段定义伪指令.usect 和.sect 可以创建自定义的段。自定义段是用户自己创建的，可以同默认的.text、.data、bss 段一样使用，但它们之间是单独汇编的。比如重复使用.test 指令在目标文件中建立一个.test 段，链接的时候，该段就作为一个单一的整块被分配到内存中。假如有一部分可执行代码，例如一个初始化子程序，若不想用.test 来分配，则将这部分代码汇编到一个自定义的段中，那么它将不在.test 段中汇编，并可以单独将它分配到内存中。自定义段也可以汇编已初始化的、不在.data 段中的数据,还可以为那些未初始化的、不在.bss 段的变量保留空间。

.usect 创建同.bss 段一样使用的自定义段，它在 RAM 中为变量保留空间。

.sect 创建像默认的.text 和.data 一样的段，可包含代码和数据，而且有可重定位的地址。

4. 段程序计数器(SPC)

汇编器为每个段都安排一个单独的段程序计数器(SPC)。SPC 表示一个程序代码段或数据段内的当前地址。一开始，汇编器将每个 SPC 置 0。当汇编器将程序代码段或数据加到一个段内时，相应的 SPC 就增加。如果继续对某个段汇编，则相应的 SPC 就在先前的数值上继续增加。链接器在链接时要对每个段进行重新定位。

5. 使用段伪指令的例子

下面举例说明利用段伪指令在不同的段之间来回交换并逐步建立 COFF 段的过程。对第一次，可用段伪指令开始汇编进一个段，以后再遇到，汇编器简单地将新代码附到段中已经存在的代码后面。

【例 4.4】 段伪指令应用举例。

```
1    0000                       .data                        ;汇编至.data 段
2    0000  0011    coeff       .word  011h, 022h, 033h
     0001  0022
     0002  0033
3    0000                       .bss   buffer, 10            ;在.bss 段为buffer 变量保留10
                                                             ;个字的空间
4    0003  0123    ptr         .word  0123h                  ;继续汇编至.data 段
5    0000                       .text                        ;汇编至.text 段
6    0000  100f    add:        LD  0Fh, A
7    0001  f010    aloop:      SUB #1, A
     0002  0001
8    0003  f842                BC aloop, AGEQ
     0004  0001
9    0004                       .data
10   0004  00aa    ivals       .word  0AAh,0BBh,0CCh         ;继续汇编至.data 段
     0005  00bb
     0006  00cc
11   0000           var2        .usect  "newvars",1          ;自定义数据段，保留8个字的空间
12   0001           inbuf       .usect  "newvars",7
13   0005                       .text                        ;继续汇编至.text 段
14   0005  110a    mpy:        LD  0Ah, B
15   0006  f166    mloop:      MPY #0Ah, B
     0007  000a
```

第 4 章 TMS320C54x 的软件开发

```
16    0008  f868           BC  mloop, BNOV
      0009  0006
17    0000                 .sect  "vectors"           ;自定义数据段,包含2个初始化字
18    0000  0011           .word  011h, 033h
19    0001  0033
 ↑      ↑     ↑              ↑
field1 field2 field3        field4
```

例 4.4 列出的是一个汇编语言程序经汇编后的.lst 文件(部分),.lst 文件由 4 部分组成,即

第 1 部分(field1):源程序的行号。

第 2 部分(field2):段程序计数器(SPC),每一个段使用分开的段程序计数器。有些伪指令不影响 SPC。

第 3 部分(field3):目标代码。包含汇编生成的十六进制的目标代码。

第 4 部分(field4):源程序。

在例 4.4 中,共建立了 5 个段:

.text 段内有 10 个字的程序代码;

.data 段内有 7 个字的数据;

.bss   在存储器中为变量 buffer 保留 10 个存储单元;

vectors 是一个用.sect 伪指令建立的自定义段,段内有 2 个字的已初始化数据;

newvars 是一个用.usect 伪指令建立的自定义段,它在存储器中为变量保留 8 个存储单元。

目标代码在 5 个段中的分配见图 4.3 所示。

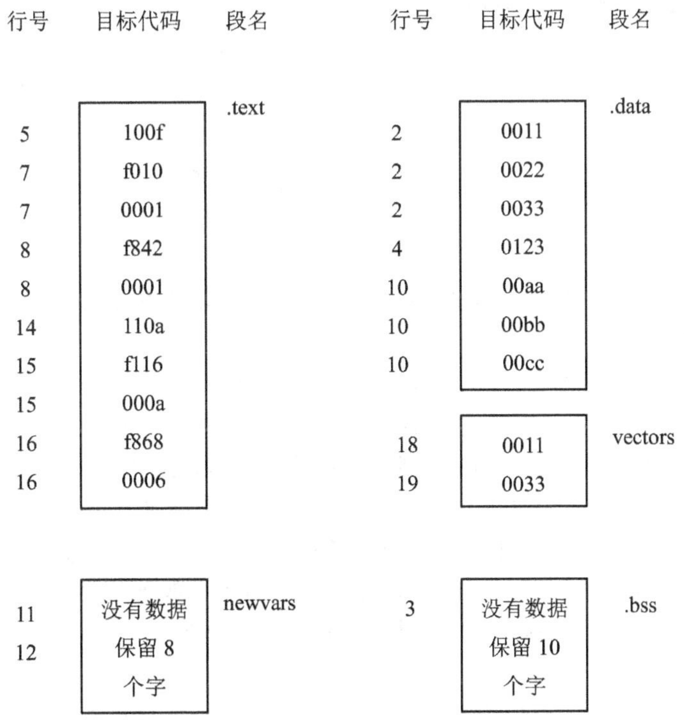

行号	目标代码	段名	行号	目标代码	段名
5	100f	.text	2	0011	.data
7	f010		2	0022	
7	0001		2	0033	
8	f842		4	0123	
8	0001		10	00aa	
14	110a		10	00bb	
15	f116		10	00cc	
15	000a				
16	f868		18	0011	vectors
16	0006		19	0033	
11	没有数据 保留 8 个字	newvars	3	没有数据 保留 10 个字	.bss
12					

图 4.3 例 4.4 中的目标代码图

4.4.3 链接器对段的处理

链接器在处理段的时候，有如下 2 个主要任务：
- 将由汇编器产生的 COFF 格式的一个或多个.obj 文件链接成一个可执行的.out 文件；
- 重新定位，将输出的段分配到相应的存储器空间。

链接器有 2 条命令支持上述任务：

(1) MEMORY 命令。定义目标系统的存储器配置图，包括对存储器各部分命名，以及规定它们的起始地址和长度；

(2) SECTIONS 命令。告诉链接器如何将输入段组合成输出段，以及将输出段放在存储器中的什么位置。

以上命令是链接命令文件(.cmd)的主要内容。并不是总需要使用链接器命令，若不使用它们，则链接器将使用目标处理器默认的分配方法。如果使用链接器命令，就必须在链接器命令文件中进行说明。

1. MEMORY 命令

链接器应当确定输出各段放在存储器的什么位置。要达到这个目的，首先要有一个目标存储器模型，MEMORY 命令就是用来规定目标存储器模型的。通过这条命令，可以定义系统中所包含的各种形式的存储器，以及它们占据的地址范围。

C54x DSP 芯片的型号不同或者所构成的系统的用处不同，其存储器的配置也可能是不相同的。通过 MEMORY 命令，可以进行各式各样的存储器配置。在此基础上再用 SECTIONS 命令将各输出段定位到所定义的存储器。

MEMORY 命令的一般句法如下：

```
MEMORY
{
PAGE0: name 1[(attr)]:        origin=constant,  length=constant;
PAGEn: name n[(attr)]:        origin=constant,  length=constant;
}
```

在链接器命令文件中，MEMORY 指令用大写字母，紧随其后用大括号括起的是一个定义存储器范围的清单。

PAGE——对一个存储空间加以标记，每一个 PAGE 代表一个完全独立的地址空间。页号 n 最多可规定 255，取决于目标存储器的配置。通常 PAGE 0 定为程序存储器，PAGE 1 定为数据存储器。如果没有规定 PAGE，则链接器就当做 PAGE 0。

Name——对一个存储区间取名。一个存储器名字可以包含 8 个字符(A～Z、a～z、$等)。对链接器来说，这个名字并没有什么特殊的含义，它们只不过是用来标记存储器的区间而已。对链接器来说，存储器区间名字都是内部记号，因此不需要保留在输出文件或者符号表中。不同 PAGE 上的存储器区间可以取相同的名字，但在同一个 PAGE 内的名字不能相同，且不许重叠配置。

Attr——这是一个任选项，为命名区规定 1～4 个属性。如果有选项，应写在括号内。当输出段定位到存储器时，可利用属性加以限制。属性选项一共有 4 项：

R：规定可以对存储器执行读操作；
W：规定可以对存储器执行写操作；
X：规定存储器可以装入可执行的程序代码；
I：规定可以对存储器进行初始化。

如果一项属性都没有选中，就可以将输出段不受限制的定位到任何一个存储器位置。任何一个没有规定属性的存储器(包括所有默认方式的存储器)都有上述 4 项属性。

Origin——规定一个存储区的起始地址。键入 Origin、Org 或 O 都可以。这个值是一个 16 位二进制常数，可以用十进制、八进制或十六进制数表示。

Length——规定一个存储区的长度。键入 Length、Len 或 L 都可以。这个值是一个 16 位二进制常数，可以用十进制、八进制或十六进制数表示。

【例 4.5】 MEMORY 命令的使用。

```
MEMORY
{
PAGE 0:    ROM:        origin=0c00h,    length=1000h;
PAGE 1:    SCRATCH:    origin=60h,      length=20h;
           ONCHIP:     origin=80h,      length=200h;
}
```

上述 MEMORY 命令所定义的系统的存储器配置如下：
PAGE 0 为程序存储器，取名为 ROM，起始地址为 0C00H，长度 4K 字。
PAGE 1 为数据存储器，取名为 SCRATCH，起始地址为 60H，长度 32 字。
PAGE1 为数据存储器，取名为 ONCHIP，起始地址为 80H，长度 512 字。

2. SECTIONS 命令

SECTIONS 命令说明如何将输入段组合成输出段；规定输出段在存储器中的存放位置；并允许重新命名输出段。

SECTIONS 命令的一般句法如下：

```
SECTIONS
{
name:[property, property, property, ……]
name:[property, property, property, ……]
name:[property, property, property, ……]
}
```

在链接器命令文件中，SECTIONS 命令用大写字母，紧随其后用大括号括起的是关于输出段的详细说明。每一个输出段的说明都从段名 name 开始。段名后面是一行说明段的内容和如何给段分配存储单元的性能参数。一个段可能的性能参数有。

(1) 装入存储器分配(Load allocation)。定义段装入时的存储器地址，语法为

```
Load=allocation(这里 allocation 指地址)
或 allocation
或>allocation
```

(2) 运行存储器分配(Run allocation)。定义段运行时的存储器地址，语法为

```
Run=allocation
run>allocation
```

链接器为每个输出段在目标存储器中分配两个地址：一个是加载的地址，另一个是执行程序的地址。通常，这两个地址是相同的，可以认为每个输出段只有一个地址。有时要想把程序的加载区和运行区分开(先将程序加载到 ROM，然后在 RAM 中以较快的速度运行)，只要用 SECTIONS 命令让链接器对这个段定位两次就行了：一次是设置加载地址，另一次是设置运行地址。如

```
.fir:    load=ROM, run=RAM
```

(3) 输入段(input sections)。定义组成输出段的输入段

```
{input-sections}
```

大多数情况下，在 SECTIONS 命令中不列出每个输入文件输入段的段名。

(4) 段的类型(section type)。定义特殊段的标志，语法为

```
     Type=COPY
或   type=DSECT
或   type=NOLOAD
```

(5) 填充值(fill value)。定义用来填充没有初始化的空洞的值，语法为

```
    fill=value
或  name: …{…}=value
```

最后需要说明的是，在实际编写链接命令文件时，许多参数是不一定要用的，因而可以大大简化。

【例 4.6】 SECTIONS 命令的使用。

```
file1.obj
file2.obj
-o prog.out
-m prog.map
-e start
SECTIONS
{
    .text:      load=ROM,   run=800h
    .bss:       load=RAM
    .vectors:   load=FF80h
    .data:      align=16
}
```

上述 SECTIONS 命令所规定的输出段在存储器中的存放位置如下：

.bss 段结合 file1.obj 和 file2.obj 的.bss 段且被装入 RAM 空间。

.data 段结合 file1.obj 和 file2.obj 的.data 段，链接器将它放在存储器可放下它的地方(此处为 RAM)，并且对准 16 位的边界。

.text 段结合 file1.obj 和 file2.obj 的.text 段，链接器将所有命名为.text 的段都结合进该

段，在程序运行时该段必须重新定位在地址 0800h。

.vectors 段定位在地址 FF80h。

3. MEMORY 和 SECTIONS 命令的缺省算法

如果没有利用 MEMORY 和 SECTIONS 命令，链接器就按缺省算法来定位输出段：

```
MEMORY
{
PAGE 0: PROG: origin=0x0080,    length=0xFF00
PAGE 1: DATA: origin=0x0080,    length=0xFF80
}
SECTIONS
{
    .text:  PAGE=0
    .data:  PAGE=0
    .cinit: PAGE=0
    .bss:   PAGE=1
}
```

在缺省 MEMORY 和 SECTIONS 命令情况下，链接器将所有的.text 输入段，链接成一个.text 输出段；所有的.data 输入段组合成.data 输出段。又将.text 和.data 段定位到配置为 PAGE 0 的存储器上，即程序存储空间。所有的.bss 输入段则组合成一个.bss 输出段，并由链接器定位到配置为 PAGE 1 的存储器上，即数据存储空间。

如果输入文件中包含有自定义已初始化段(如上面的.cinit 段)，则链接器将它们定位到程序存储器，紧随.data 段之后，如果输入文件中包括有自定义未初始段，则链接器将它们定位到数据存储器，并紧随.bss 段之后。

4.5 汇编源程序的编辑、汇编和链接过程

汇编语言源程序编好以后，必须经过汇编和链接才能运行。图 4.4 给出了汇编语言程序的编辑、汇编和链接过程。

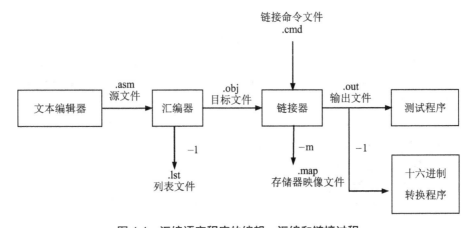

图 4.4 汇编语言程序的编辑、汇编和链接过程

4.5.1 编辑

利用诸如 Word、Edit、记事本等文本编辑器，编写汇编语言源程序，后缀为.asm。汇编语言源程序编写方法见例 4.1。

4.5.2 汇编器

TMS320 汇编器将汇编语言源文件翻译成机器语言目标文件。源文件可以包括汇编语言(instruction)、汇编伪指令(assembler directives)和宏指令(macro directives)。汇编伪指令控制着汇编过程的许多方面，比如源列表格式、符号定义和将源代码放入块的方式等。

1. 汇编器的功能

汇编器的输入文件为汇编语言源文件，其省缺的文件扩展名是.asm。汇编器包括以下功能：

(1) 处理汇编语言源文件中的源语句，产生一个可重新定位的目标文件(.obj)；
(2) 根据要求，产生一个列表文件(.lst)，并提供对该列表的控制；
(3) 根据要求，将交叉引用列表添加到源程序列表中；
(4) 将代码分段；
(5) 为每个目标代码块设置一个段程序记数器(SPC)；
(6) 定义和引用全局符号；
(7) 汇编条件块；
(8) 支持宏调用，并允许在程序内或在库中定义宏。

2. 汇编器的调用

命令格式如下

```
asm500[input file[object file[listing file]]][-options]
```

其中：
input file——汇编源文件名，缺省后缀为.asm；
object file——编译输出的目标文件名，缺省后缀为.obj；
listing file——产生的列表文件名，缺省后缀为.lst；
options——编译器使用的各种选项。

选项不分大小写，可出现在命令行中汇编器名称之后的任何地方，每个选项前面加有短横。不带参数的单字符选项可以结合使用，例如，-lc 等效于-l -c。常用选项有：

-a：产生一个绝对地址清单。-a 选项与绝对地址列表器(Absolute lister)联合使用。
-c：编译器忽略字母的大小写。如 abc 与 ABC 是一样的，系统缺省时区分大小写。
-d：为名字符号设置初置。格式为-d name[=value]，这与汇编文件开始处插入 name, set value 是等效的；如果 value 省略，则符号值设置为 1。
-hc：将选定的文件复制到汇编模块。格式为-hc filename，所选定的文件被插入到源文件语句的前面，复制的文件将出现在汇编列表文件中。
-hi：将选定的文件包含到汇编模块。格式为-hi filename，所选定的文件包含在源文件语句的前面，包含的文件不出现在汇编列表文件中。

-i：设置搜索路径。通知编译器在指定的搜索路径中去查找.copy，.include 中的文件。例如，-ic:\c54x。

-l：(小写的 L)在编译时产生列表文件，缺省后缀为.lst。

-mf：指定汇编调用扩展寻址方式。

-mg：指定源文件包含代数指令。

-pw：对某些汇编代码的流水线冲突发出警告。汇编器不能检测所有的流水线冲突，仅能对直线式代码检测流水线冲突。在检测到流水线冲突时，汇编器将打印一个警告，报告为解决流水线冲突需要填充 NOP 或其他指令的潜在位置。

-q：抑制汇编的标题以及所有的进展信息。

-s：将所有的符号都放入符号表。若不使用该选项，编译器仅将全局变量放入符号表。

-x：产生一个交叉汇编表，并把它附加到列表文件的最后。

例如：asm500 example.asm   -l   -s   -x

其中，example 为源文件名，该源程序经汇编后生成一个目标文件(example.obj)、列表文件(example.lst)、符号表(在目标文件中)以及交叉引用表(在列表文件中)。

3．列表文件

例 4.1 程序汇编后生成的列表文件 example.lst 显示如下，列表文件包括源程序的行号、段程序计数器(SPC)、目标代码和源程序 4 个部分。

【例 4.7】 列表文件举例。

```
TMS320C54x COFF Assembler Version 3.70   Fri Mar 31 09:36:41 2006
Copyright (c) 1996-2001   Texas Instruments Incorporated
example.asm                      PAGE    1

 2                              .mmregs
 3  000000            STACK     .usect   "STACK", 10h;allocate space for stack
 4  000000                      .bss     a,4         ;allocate 9 word for
                                                     ;variants
 5  000004                      .bss     x,4
 6  000008                      .bss     y,1
 7                              .def     start
 8  000000                      .data
 9  000000  0001      table:    .word    1,2,3,4     ;data follows…
    000001  0002
    000002  0003
    000003  0004
10  000004  0008                .word    8,6,4,2
    000005  0006
    000006  0004
    000007  0002
11  000000                      .text                ;code follows…
12  000000  7728      start:    STM      #0,SWWSR    ;adds no wait states
    000001  0000
13  000002  7718                STM      #STACK+10h,SP ;set stack pointer
```

```
           000003  0010-
        14 000004  7711           STM    #a,AR1        ;AR1 point to a
           000005  0000-
        15 000006  EC07            RPT    #7            ;move 8 values
        16 000007  7C91            MVPD   table, *AR1+
           000008  0000"
        17 000009  F074            CALL   SUM           ;Call SUM subroutine
           00000a  000D'
        18 00000b  F073    end:    B      end
           00000c  000B'
        19 00000d  7713    SUM:    STM    #a, AR3       ;The subroutine implement
           00000e  0000-
        20 00000f  7714            STM    #x, AR4       ;multiply-- accumulate
           000010  0004-
        21 000011  F071            RPTZ   A, #3
           000012  0003
        22 000013  B09A            MAC    *AR3+, *AR4+, A
        23 000014  8008-           STL    A,@y
        24 000015  FC00            RET
        25                         .end
No Assembly Errors, No Assembly Warnings
```

其中：

目标代码域可通过附加字符，在域的尾端指出重新定位的类型，即

'：可重新定位的文本段(.text relocation)；

"：可重新定位的数据段(.data relocation)；

-：可重新定位的未初始化段(.sect relocation)；

+：可重新定位的初始化命名段(.bss, .usect relocation)；

！：没定义的外部引用。

4.5.3 链接器

1. 链接器的功能

TMS320C54x 的链接器将扩展名为.obj 的一个或多个 COFF 目标文件链接起来，生成可执行的输出文件(.out)和存储器映像文件(.map)。

链接器有以下的功能：

(1) 将各个段配置到目标系统的存储器中；

(2) 对各个符号和段进行重新定位，并给它们制定一个确定的地址；

(3) 解决输入文件之间未定义的外部引用。

2. 链接器的调用

命令格式如下

```
    lnk500   filename1 …filename n  [-options]
```

filenames 为文件名,可以是目标文件、链接命令文件或文件库。所有输入文件的扩展名默认值为.obj,其他的扩展名必须明确制定。链接器自动确定输入的文件是目标文件或包含链接命令的 ASCII 文件。链接器默认的输出文件为.out。-options 为可选项,可以出现在命令行或链接命令文件的任何地方。lnk500 命令常用的选项有:

-a:生成一个绝对地址的、可执行的输出模块。所建立的绝对地址输出文件中不包含重新定位信息。如果既不用-a 选项也不用-r 选项,链接器就像规定-a 选项那样处理。

-ar:生成一个可重新定位、可执行的目标模块。这里采用了-a 选项和-r 两个选项,与-a 选项相比,-ar 选项还在输出文件中保留有重新定位的信息。

-e global_symbol:定义程序的进入点。global_symbol 必须在源程序中,用.global 伪指令说明。

-c:使用 C 编译器的 ROM 初始化模式。

-cr:使用 C 编译器的 RAM 初始化模式。

-i dir:指定库文件的路径。此选项必须出现在-1 选项之前。

-1 filename:指定连接时使用的库文件名。此选项必须出现在-i 选项之后。

-m filename:生成.map 文件。

-o filename:指定生成的.out 文件名。系统缺省为 a.out。

-r:生成一个可重新定位的可输出模块。当利用-r 选项而不用-a 选项时,链接器生成一个不可执行的文件。例如 lnk500 -r file1.obj file2.obj,此链接命令将两个目标文件链接起来,并建立一个名为 a.out 的可重新定位的输出模块。输出文件 a.out 可以与其他的目标文件重新链接,或者在加载时重新定位。

有如下 2 种方法调用链接器。

(1) 在命令行中制定选项和文件名。

例如,链接两个目标文件 file1.obj 和 file2.obj

```
lnk500  file1.obj  file2.obj  -m prog.map  -o prog.out
```

(2) 将文件名和选项书写成命令文件的形式,命令文件的扩展名为.cmd。

链接命令文件是将链接的信息放在一个文件中,这在多次使用同样的链接信息时,可以方便地调用。另外,在命令文件中可用两个十分有用的命令 MEMORY 和 SECTIONS,指定实际应用中的存储器结构和进行地址的映射。而在命令行调用时不能使用这两个命令。命令文件为 ASCII 文件,可包含以下内容:

① 输入文件名;

② 链接器选项;

③ MEMORY 和 SECTIONS 链接命令;

④ 赋值说明。

【例 4.8】 链接命令文件(file.cmd)的编写。

```
file1.obj  file2.obj  -m prog.map  -o prog.out
MEMORY
{
   PAGE 0:   EPROM:org=0E00h, len=100h
```

```
    PAGE 1:   SPRAM:org=0060h, len=0020h
              DARAM:org=0080h, len=100h
}
SECTIONS
{
    .text:>EPROM PAGE   0
    .data:>EPROM PAGE   0
    .bss:>SPRAM  PAGE   1
    STACK:>DARAM PAGE   1
}
```

3. 多个文件的链接

以例 4.1 中的 example.asm 源程序为例,将复位向量列为一个单独的文件,对两个目标文件进行链接。可分为以下 5 步进行。

(1) 编写复位向量文件 vectors.asm,如例 4.9 所示。

【例 4.9】 复位向量 vectors.asm。

```
        ****************************************
        *   Reset vectors for example.asm      *
        ****************************************
              .title    "vectors.asm"
              .ref      start
              .sect     ".vectors"
        rst:  B  start
              .end
```

vectors.asm 文件中引用了 example.asm 中的标号"start",这是在两个文件之间通过.ref 和.def 伪指令实现的。

(2) 编写 example.asm,见例 4.1。example.asm 文件中,.def start 是用来定义语句标号 start 的汇编伪指令,start 是源程序.text 段开头的标号,供其他文件引用。

(3) 分别对两个源文件 example.asm 和 vectors.asm 进行汇编,生成目标文件 example.obj 和 vectors.obj。

(4) 编写链接命令文件 example.cmd。此命令文件链接 example.obj 和 vectors.obj 两个目标文件(输入文件),并生成一个映像文件 example.map 以及一个可执行的输出文件 example.out,标号"start"是程序的入口。

假设目标存储器的配置如下:

程序存储器	EPROM	E000h~FFFFh(片内)
数据存储器	SPRAM	0060h~007Fh(片内)
	DARAM	0080h~017Fh(片内)

链接器命令文件如例 4.10 所示。

【例 4.10】 链接命令文件 example.cmd。

```
vectors.obj
example.obj
```

```
    -o example.out
    -m example.map
    -e start
    MEMORY
    {
    PAGE0:
        EPROM:     org=0E000h,    len=100h
        VECS:      org=0FF80h,    len=04h
    PAGE1:
        SPRAM:     org=0060h,     len=20h
        DARAM:     org=0080h,     len=100h
    }
    SECTIONS
    {
        .text:>EPROM      PAGE 0
        .data:>EPROM      PAGE 0
        .bss:>SPRAM       PAGE 1
        STACK:>DARAM      PAGE 1
        .vectors:>VECS    PAGE 0
    }
```

例 4.10 中，在程序存储器中配置了一个空间 VECS，它的起始地址为 0FF80h，再从 0FF80h 复位向量跳转到主程序。在 example.cmd 文件中，为了在软件仿真屏幕上从 start 语句标号起显示程序清单，且 PC 也指向 start(0e000h)，使用命令-e start，它是软件仿真器的入口地址命令。

(5) 链接。链接后生成一个可执行的输出文件 example.out 和映像文件 example.map。

将上述可执行输出文件 example.out 装入目标系统就可以运行了。系统复位后，PC 首先指向 0FF80h，这是复位向量地址。在这个地址上，有一条 B start 指令，程序马上跳转到 start 语句标号，从程序起始地址 0e000h 开始执行主程序。

以上所述 5 步是一个常用的简单引导文件范例。

链接后生成的.map 文件中给出了存储器的配置情况、程序文本段、数据段、堆栈段、向量段在存储器中的定位表，以及全局符号在存储器中的位置。

example.map 文件内容如下：

```
***********************************************************************
    TMS320C54x COFF Linker        PC Version 3.70
***********************************************************************
    >> Linked Mon Apr 03 10:31:37 2006
    OUTPUT FILE NAME:    <./Debug/example.out>
    ENTRY POINT SYMBOL: "_c_int00"  address: 0000e000

    MEMORY CONFIGURATION

            name      origin      length      used       attr      fill
            ------    --------    --------    --------   ----      --------
    PAGE 0: EPROM     0000e000    00000100    00000020   RWIX
            VECS      0000ff80    00000004    00000002   RWIX
    PAGE 1: SPRAM     00000060    00000020    00000009   RWIX
```

```
                DARAM    00000080      00001000      00000010      RWIX

       SECTION ALLOCATION MAP
       Output                                                attributes/
       section       page       origin        length         input sections
       --------      ----       ----------    ----------     ----------------
       .text         0          0000e000      00000018
                                0000e000      00000018       example.obj (.text)
                                0000e018      00000000       vectors.obj (.text)
       .data         0          0000e018      00000008
                                0000e018      00000008       example.obj (.data)
                                0000e020      00000000       vectors.obj (.data)
       .bss          1          00000060      00000009       UNINITIALIZED
                                00000060      00000009       example.obj (.bss)
                                00000069      00000000       vectors.obj (.bss)
       STACK         1          00000080      00000010       UNINITIALIZED
                                00000080      00000010       example.obj (STACK)
       .vectors      0          0000ff80      00000002
                                0000ff80      00000002       vectors.obj(.vectors)

       GLOBAL SYMBOLS: SORTED ALPHABETICALLY BY Name
       Address       name
       --------      ----
       00000060      .bss
       0000e018      .data
       0000e000      .text
       00000060      __bss__
       ffffffff      __cinit__
       0000e018      __data__
       0000e020      __edata__
       00000069      __end__
       0000e018      __etext__
       ffffffff      __pinit__
       0000e000      __text__
       00000000      __lflags
       0000e000      _c_int00
       ffffffff      cinit
       0000e020      edata
       00000069      end
       0000e018      etext
       ffffffff      pinit
       0000e002      start

       GLOBAL SYMBOLS: SORTED BY Symbol Address
       address       name
       --------      ----
       00000000      __lflags
       00000060      __bss__
       00000060      .bss
       00000069      __end__
```

```
00000069   end
0000e000   __text__
0000e000   .text
0000e000   _c_int00
0000e002   start
0000e018   etext
0000e018   __data__
0000e018   .data
0000e018   __etext__
0000e020   edata
0000e020   __edata__
ffffffff   pinit
ffffffff   __cinit__
ffffffff   __pinit__
ffffffff   cinit
[19 symbols]
```

4.6 汇编语言程序设计

本节主要介绍 TMS320C54x 汇编语言程序设计的一些基本方法，按汇编语言指令的分类，其基本程序设计也可分为 3 大类。

(1) 程序的控制与转移。
(2) 数据块传送程序。
(3) 算术运算类程序。

4.6.1 程序的控制与转移

TMS320C54x 具有丰富的程序控制与转移指令，利用这些指令可以执行分支转移、循环控制以及子程序操作。基本的程序控制指令见第 3 章。这些指令都将影响程序计数器(PC)，会造成把一个不是顺序增加的地址加载到 PC。程序计数器(PC)是一个 16 位计数器，PC 中保存的某个内部或外部程序存储器的地址，就是即将取指的某条指令、即将访问的某个 16 位立即操作数或系数表在程序存储器中的地址。表 4-3 列出了加载 PC 的几种途径。

表 4-3 加载地址到 PC 的几种途径

操 作	加载到 PC 的地址
复位	PC=FF80h
顺序执行指令	PC=PC+1
分支转移	用紧跟在分支转移指令后面的 16 位立即数加载 PC
由累加器分支转移	用累加器 A 或 B 的低 16 位加载 PC
块重复循环	假如 BRAF=1(块重复有效)，当 PC+1 等于重复结束地址(REA)+1 时，将块重复起始地址(RSA)加载 PC
子程序调用	将 PC+2 压入堆栈，并用紧跟在调用指令后面的 16 位立即数加载 PC。返回指令将栈顶弹出至 PC，回到原先的程序处继续执行

续表

操　作	加载到 PC 的地址
从累加器调用子程序	将 PC+1 压入堆栈，用累加器 A 或 B 的低 16 位加载 PC。返回指令将栈顶弹出至 PC，回到原先的程序处继续执行
硬件中断或软件中断	将 PC 压入堆栈，用适当的中断向量地址加载 PC。中断返回时，将栈顶弹出至 PC，继续执行被中断了的程序

　　C54x 有一些指令只有当一个条件或多个条件得到满足时才能执行。如条件分支转移或条件调用、条件返回指令都用条件来限制分支转移、调用和返回操作。表 4-4 列出了条件指令中的各种条件以及相应的操作数符号。

表 4-4　条件指令中的各种条件

操作数符号	条　件	说　明
AEQ	A=0	累加器 A 等于 0
BEQ	B=0	累加器 B 等于 0
ANEQ	A≠0	累加器 A 不等于 0
BNEQ	B≠0	累加器 B 不等于 0
ALT	A<0	累加器 A 小于 0
BLT	B<0	累加器 B 小于 0
ALEQ	A≤0	累加器 A 小于等于 0
BLEQ	B≤0	累加器 B 小于等于 0
AGT	A>0	累加器 A 大于 0
BGT	B>0	累加器 B 大于 0
AGEQ	A≥0	累加器 A 大于等于 0
BGEQ	B≥0	累加器 B 大于等于 0
AOV	AOV=1	累加器 A 溢出
BOV	BOV=1	累加器 B 溢出
ANOV	AOV=0	累加器 A 不溢出
BNOV	BOV=0	累加器 B 不溢出
C	C=1	ALU 进位位置 1
NC	C=0	ALU 进位位置 0
TC	TC=1	测试/控制标志置 1
NTC	TC=0	测试/控制标志清 0
BIO	$\overline{\text{BIO}}$ 低	$\overline{\text{BIO}}$ 信号为低电平
NBIO	$\overline{\text{BIO}}$ 高	$\overline{\text{BIO}}$ 信号为高电平
UNC	无	无条件操作

　　有时，条件指令中会出现多重条件，例如

```
BC  pmad, cond[,cond[,cond]]
```

当这条指令的所有条件得到满足时，程序才能转移到 pmad。不是所有条件都能构成多重条件，构成多重条件指令的某些条件的组合如表 4-5 所示。在表 4-5 中，条件运算符分成 2 组，每组组内又分成 2 类或 3 类，可以从第 1 组或第 2 组中选多重条件进行组合。

表 4-5 多重条件指令中的条件组合

第 1 组		第 2 组		
A 类	B 类	A 类	B 类	C 类
EQ	OV	TC	C	BIO
NEQ	NOV	NTC	NC	NBIO
LT				
LEQ				
GT				
GEQ				

第 1 组：可以从 A 类中选一个条件，同时可以从 B 类中选择一个条件。但是，不能从同一类中选择两个条件。另外，两种条件测试的累加器必须是同一个。例如，可以同时测试 AGT 和 AOV，但不能同时测试 AGT 和 BOV。

第 2 组：可以在 A、B、C 三类中各选择 1 个条件，但不能从同一类中选择 2 个条件。例如，能够同时测试 TC、C 和 BIO，但是不能同时测试 NTC、C 和 NC。

1. 分支程序

根据条件判断改写 PC 值，使程序发生分支转移。C54x 的分支转移操作有两种形式：有条件分支转移和无条件转移，两者都可以带延迟操作(助记符指令带后缀 D)和不带延迟操作。常用的分支转移指令有

```
B[D]、BACC[D] ；BC[D]、BANZ[D]
```

合理地设计延迟转移指令，可以提高程序的效率。应当注意，紧跟在延迟指令后面的两个字，不能是造成 PC 不连续的指令(如分支转移、调用、返回或软件中断指令)。

【例 4.11】 条件分支转移指令 BC 举例。

```
BC   new, AGT, AOV      ；若累加器 A>0 且溢出，则转至 new，否则往下执行
```

单条指令中的多个条件是"与"的关系。如果需要两个条件相"或"，只能写成两条指令。如上一条指令改为"若累加器 A 大于 0 或溢出，则转移至 new"，可以写成如下两条指令

```
BC   new, AGT
BC   new, AOV
```

在程序设计时，经常需要重复执行某一段程序。利用 BANZ(当辅助寄存器不为 0 时转移)指令执行循环计数和操作是十分方便的。

【例4.12】 计算 $y=\sum_{i=1}^{5}x_i$ 主要程序(部分)如下：

```
        .bss    x, 5            ; 为变量分配 6 个字的存储空间
        .bss    y, 1
        STM     #x, AR1         ; AR1 指向 x
        STM     #4, AR2         ; 设 AR2 初值为 4
        LD      #0, A
loop:   ADD     *AR1+, A
        BANZ    loop, *AR2-     ; 当 AR2 不为 0 时转移，AR2-1→AR2
        STL     A, @y
```

本例中用 AR2 作为循环计数器，设初值为 4，共执行 5 次加法。也就是说，应当用迭代次数减 1 后加载循环计数器。

2. 调用与返回程序

与分支转移类似，当调用子程序或函数时，DSP 就会中断原先的程序，转移到程序存储器的其他地址继续运行。调用时，下条指令的地址被压入堆栈，以便返回时将这个地址弹出至 PC，使中断的程序继续执行。C54x 的调用与返回都有两种形式：无条件调用与返回，有条件调用与返回。两者都可以带延迟和不带延迟操作。常用的调用与返回指令有：

CALL[D]、CALA[D]、RET[D]、CC[D]、RC[D]

下面先介绍堆栈的使用。C54x 提供一个用 16 位堆栈指针(SP)寻址的软件堆栈。堆栈是一个特殊的存储区域，遵循先进后出的原则，当向堆栈中压入数据时，堆栈从高地址向低地址增长，堆栈指针 SP 始终指向栈顶。堆栈用法如下。

压入操作：SP 先减 1，然后再将数据压入栈顶。

弹出操作：数据弹出后，再将 SP 加 1。

如果程序中要用到堆栈，必须先进行设置，方法如下

```
size    .set    100
stack   .usect  "STK", size
        STM     #stack+size, SP
```

上述语句是在数据 RAM 空间开辟的一个堆栈区。前 2 句是数据 RAM 中自定义一个名为 STK 的保留空间，共 100 个单元。第 3 句是将这个保留空间的高地址(#stack+size)赋给 SP，作为栈底，如图 4.5 所示。自定义未初始化段 STK 究竟定位在数据 RAM 中的什么位置，应当在链接器命令文件中规定。

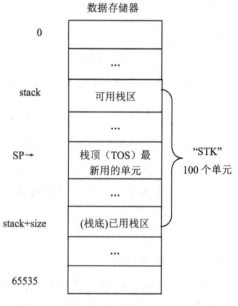

图 4.5 堆栈示意图

设置堆栈之后，就可以使用堆栈了。例如

```
CALL    pmad        ; (SP)-1→SP, (PC)+2→TOS, pmad→PC
RET                 ; (TOS)→PC, (SP)+1→SP
```

3. 重复操作

C54x 有 3 条重复操作指令：RPT(重复下条指令)、RPTZ(累加器清 0 并重复下条指令)以及 RPTB(块重复指令)。利用这些指令进行循环比用 BANZ 指令要快得多。

1) 重复执行单条指令

重复指令 RPT 或 RPTZ 允许重复执行紧随其后的那一条指令。如果要重复执行 n 次，则重复指令中应规定计数值为 n−1。由于要重复的指令只需要取指一次，与 BANZ 指令进行循环相比，效率要高得多。特别是对于那些乘法累加和数据传送的多周期指令(如 MAC、MVDK、MVDP 和 MVPD 等)，在执行一次之后就变成了单周期指令，大大提高了运行速度。

【例 4.13】 对数组进行初始化：x[5]={0, 0, 0, 0, 0}

主要程序(部分)如下：

```
    .bss    x, 5
    STM     #x, AR1
    LD      #0, A
    RPT     #4
    STL     A, *AR1+
```

或者

```
    .bss    x, 5
    STM     #x, AR1
    RPTZ    A, #4
    STL     A, *AR1+
```

应当指出的是，在执行重复操作期间，CPU 是不响应中断的($\overline{RS}$ 除外)。当 C54x 响应 $\overline{HOLD}$ 信号时，若 HM=0，CPU 继续执行重复操作；若 HM=1，则暂停重复操作。

2) 块程序重复操作

块程序重复操作指令 RPTB 将重复操作的范围扩大到任意长度的循环回路。由于块程序重复指令 RPTB 的操作数是循环回路的结束地址，而且，其下条指令就是重复操作的内容，因此必须先用 STM 指令将所规定的迭代次数加载到块重复计数器(BRC)。

RPTB 指令的特点是：对任意长的程序段的循环开销为 0；其本身是一条 2 字 4 周期指令；循环开始地址(RSA)是 RPTB 指令的下一行，结束地址(REA)由 RPTB 指令的操作数规定。

【例 4.14】 对数组 x[5]中的每个元素加 1。

主要程序(部分)如下：

```
        .bss    x, 5
begin:  LD      #1, 16, B
        STM     #4, BRC             ; BRC 赋值为 4
```

```
            STM       #x, AR4
            RPTB      next-1              ; next-1 为循环结束地址
            ADD       *AR4, 16, B, A
            STH       A, *AR4+
    next:   LD        #0, B
            ...
```

在本例中，用 next−1 作为结束地址是恰当的。如果用循环回路中最后一条指令(STH 指令)的标号作为结束地址，若最后一条指令是单字指令也可以，若是双字指令，就不对了。

与 RPTB 指令相比，RPT 指令一旦执行，不会停止操作，即使有中断请求也不响应；而 RPTB 指令是可以响应中断的，这一点在程序设计时需要注意。

3) 循环的嵌套

执行 RPT 指令时用到 RC 寄存器(重复计数器)；执行 RPTB 指令时要用到 BRC、RSA 和 RSE 寄存器。由于两者用了不同的寄存器，因此 RPT 指令可以嵌套在 RPTB 指令中，实现循环的嵌套。当然，只要保存好有关的寄存器，RPTB 指令也可嵌套在另一条 RPTB 指令中，但效率并不高。

图 4.6 是一个三重循环嵌套结构，内层、中层和外层三重循环分别采用 RPT、RPTB 和 BANZ 指令，重复执行 N、M 和 L 次。

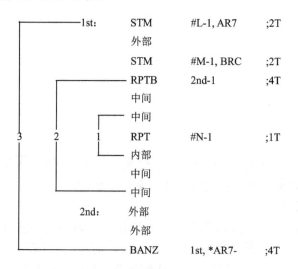

图 4.6 三重循环嵌套结构

上述三重循环的开销如表 4-6 所示。

表 4-6 三层循环指令与开销

循　　环	指　　令	开销(机器周期数)
1(内层)	RPT	1
2(中层)	RPTB	4+2(加载 BRC)
3(外层)	BANZ	4N+2(加载 AR)

4.6.2 数据块传送程序

C54 有 10 条数据传送指令(参见第 3 章)，共有 4 种类型：

(1) 程序存储器←→数据存储器(MVPD，MVDP)。重复执行 MVPD 指令，实现程序存储器至数据存储器的数据传送，在系统初始化过程中是很有用的。这样，就可以将数据表格与文本一道驻留在程序存储器中，复位后将数据表格传送到数据存储器，从而不需要配置数据 ROM，使系统的成本降低。

(2) 数据存储器←→数据存储器(MVDK，MVKD，MVDD)。在数字信号处理(如 FFT)时，经常需要将数据存储器中的一批数据传送到存储器的另一个地址空间，上述指令可实现数据块的搬移。

(3) 数据存储器←→MMR(MVMD、MVDM，MVMM)

(4) 程序存储器(由 ACC 寻址)←→数据存储器(READA，WRITA)

这些指令的特点如下：
(1) 传送速度比加载和存储指令要快；
(2) 传送数据不需要通过累加器；
(3) 可以寻址程序存储器；
(4) 与 RPT 指令相结合时，这些指令都变成单周期指令，可以实现数据块传送。

【例 4.15】 编写一段程序，首先对数组 $x[20]$ 赋值，再将数据存储器中的数组 $x[20]$ 复制到数组 $y[20]$。

程序如下：

```
        .title    "exp15.asm"
        .mmregs
STACK   .usect    "STACK", 30h
        .bss      x, 20
        .bss      y, 20
        .data
table:  .word     1,2,3,4,5,6,7,8,9,10,11,12,13,14,15,16,17,18,19,20
        .def      start
        .text
Start:  STM       #x, AR1
        RPT       #19
        MVPD      table, *AR1+        ; 程序存储器传送到数据存储器
        STM       #x, AR2
        STM       #y, AR3
        RPT       #19
        MVDD      *AR2+, *AR3+        ; 数据存储器传送到数据存储器
end:    B         end
        .end
                / exp15.cmd/链接命令
vectors.obj
exp15.obj
```

```
-o exp15.out
-m exp15.map
-e start
MEMORY
{
    PAGE 0:
            EPROM:      org=0E000h      len=01F80h
            VECS:       org=0FF80h      len=00080h
    PAGE 1:
            SPRAM:      org=00060h      len=00030h
            DARAM:      org=00090h      len=01380h
}
SECTIONS
{
            .vectors:   >VECS    PAGE 0
            .text:      >EPROM   PAGE 0
            .data:      >EPROM   PAGE 0
            .bss:       >SPRAM   PAGE 1
            .STACK:     >DARAM   PAGE 1
}
```

本例经汇编、链接后，实现 20 个数据先从程序存储器 EPROM 的 0E000Hh～0E013h 单元传送到数据存储器 SPRAM 的 0060h～0073h 单元，实现数据的初始化，再从 0060h～0073h 单元传送到 0074h～0087h 单元，实现数据搬移，其示意图如图 4.7 所示。注意，实际看到的将是十六进制数。

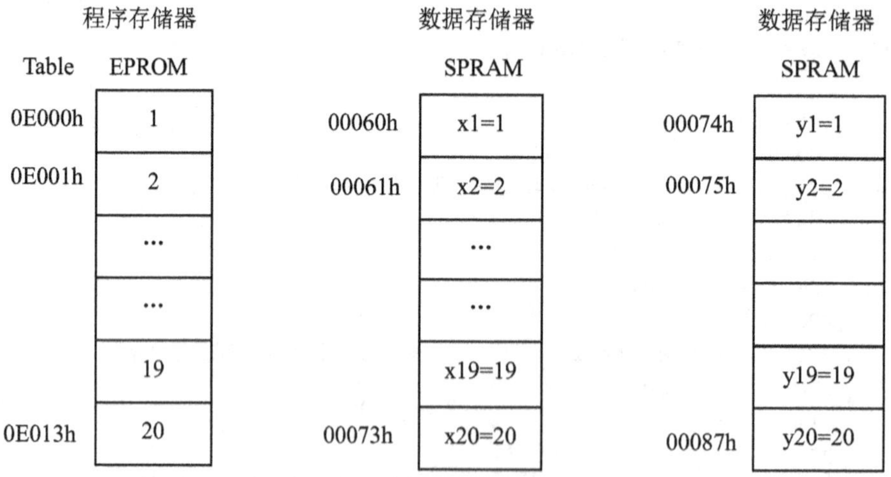

程序存储器		数据存储器		数据存储器	
Table	EPROM		SPRAM		SPRAM
0E000h	1	00060h	x1=1	00074h	y1=1
0E001h	2	00061h	x2=2	00075h	y2=2
	...		...		
	...		...		
	19		x19=19		y19=19
0E013h	20	00073h	x20=20	00087h	y20=20

图 4.7 数据块传送示意图

4.6.3 算术运算类程序

在数字信号处理中，乘法和加法运算是非常普遍的。TMS320C54x DSP 的算术运算又分为单字运算和长字运算、整数运算和小数运算、定点运算和浮点运算等。在此仅介绍常用的几种运算。

DSP 表示整数时，分为有符号数和无符号数两种格式。作为有符号数表示时，其最高位表示符号，最高位为 0 表示其为正数，为 1 表示其为负数；次高位表示 2^{14}，次低位表示 2^1，最低位表示 2^0。作为无符号数表示时，最高位仍然作为数值位计算，为 2^{15}。例如，有符号数所能够表示的最大的正数为 07FFFh，等于 32767，而 0FFFFh 表示最大的负数 -1；无符号数能够表示的最大的数为 0FFFFh，等于十进制数的 65535。

DSP 表示小数时，其符号和上面整数的表示一样，但是必须注意如何安排小数点的位置。原则上小数点的位置可以根据程序员的爱好安排，为了便于数据处理，一般安排在最高位后，最高位表示符号位，次高位表示 2^{-1} 即 0.5，然后是 2^{-2} 即 0.25，依次减少一半。例如，4000h 表示小数 0.5，而 0001h 表示 16 位定点 DSP 表示的最小的小数(有符号)2^{-15}，即 0.000030517578125。

1. 单字运算

下面两例实现 16 位定点整数的加、减、乘、除运算。

【例 4.16】 试编一程序，计算 $y = \sum_{i=1}^{4} a_i x_i$ 的值，并找出 4 项乘积 $a_i x_i$ ($i=1$，2，3，4)中的最大值，放入累加器 A 中。

程序如下：

```
        .title   "exp16.asm"
        .mmregs
STACK   .usect   "STACK", 10h
        .bss     a, 4              ; 堆栈的设置
        .bss     x, 4              ; 为变量分配 10 个字的存储空间
        .bss     y1, 1
        .bss     y2, 1
        .def     start
        .data
table:  .word    1, 5, 3, 4
        .word    8, 6, 7, 2
        .text
start:  STM      #0, SWWSR         ; 插入 0 个等待状态
        STM      #STACK+10h,SP     ; 设置堆栈指针
        STM      #a, AR1
        RPT      #7
        MVPD     table, *AR1+
        CALL     SUM               ; 调用乘累加子程序
        CALL     MAX               ; 调用求最大值子程序
End:    B        end
SUM:    STM      #a, AR3
        STM      #x, AR4
        RPTZ     A, #3
        MAC      *AR3+, *AR4+, A
```

```
            STL        A, @y1              ; 变量 y1 存放乘累加的值
            RET
MAX:        STM        #a, AR1
            STM        #x, AR2
            STM        #2, AR3
            LD         *AR1+, T
            MPY        *AR2+, A            ; 第一个乘积在累加器 A 中
Loop:       LD         *AR1+, T
            MPY        *AR2+, B            ; 其他乘积在累加器 B 中
            MAX        A                   ; 累加器 A 和 B 比较，选大的存在 A 中
            BANZ       loop, *AR3-         ; 此循环中共进行 3 次乘法和比较
            STL        A, @y2              ; 变量 y2 存放 $a_i x_i$ 的最大值
            RET
            .end
```

假设.bss 伪指令为变量 a、x 和 y 分配的 10 个字的存储空间，以数据存储器的 0060H 为起始地址，则程序的计算结果如下：

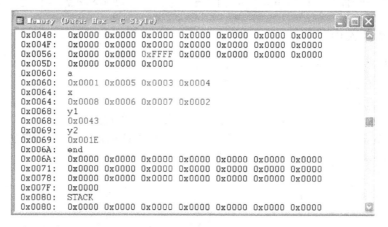

其中，十进制的乘累加值 y1＝67(43h)，最大值 y2＝30(1Eh)。

【例 4.17】 实现 16 位定点加减法、16 位定点乘法、16 位定点整数除法的程序。

```
            .title      "exp17.asm"
            .mmregs
            .def        start
            .def        _c_int00
DAT0        .set        60h
DAT1        .set        61h
DAT2        .set        62h
DAT3        .set        63h
            .text
ADD3        .macro      P1,P2,P3,ADDRP     ; 三数相加宏定义：ADDRP = P1 + P2 + P3
            LD P1,A
            ADD P2,A
            ADD P3,A
            STL A,ADDRP
```

```
                .endm
_c_int00:
                B start
start:          LD #000h,DP                     ;置数据页指针
                STM #1000h,SP                   ;置堆栈指针
                SSBX INTM                       ;禁止中断
bk0:            ST #0012h,DAT0
                LD #0023h,A
                ADD DAT0,A                      ;加法操作：A = A + DAT0
                NOP
bk1:            ST #0054h,DAT0
                LD #0002h,A
                SUB DAT0,A                      ;减法操作：A = A - DAT0
                NOP
bk2:            ST #0345h,DAT0
                STM #0002h,T
                MPY DAT0,A                      ;乘法操作：A = DAT0 * T
                NOP
bk3:            ST #1000h,DAT0
                ST #0041h,DAT1
                RSBX SXM                        ;无符号除法操作：DAT0÷DAT1
                LD DAT0,A
                RPT #15
                SUBC DAT1,A
                STL A,DAT2
                STH A,DAT3                      ;结果：商在DAT2；余数在DAT3
                NOP
bk4:            ST #0333h,DAT0
                SQUR DAT0,A                     ;平方操作：A = DAT0 * DAT0
                NOP
bk5:            ST #0034h,DAT0
                ST #0243h,DAT1
                ST #1230h,DAT2
                ADD3 DAT0,DAT1,DAT2,DAT3        ;宏调用：DAT3=DAT0+DAT1+DAT2
                NOP
                .end
```

程序执行时，可在 NOP 指令处加断点，当执行到这条加了断点的语句时，程序将自动暂停。可以通过"存贮器窗口"或"寄存器窗口"检查计算结果(十六进制数)。程序运行结果如下。

加法：寄存器 A 的内容为 0000000035h。

减法：寄存器 A 的内容为 FFFFFFFFAEh。

乘法：寄存器 A 的内容为 000000068Ah。

除法：商在 DAT2=003Fh；余数在 DAT3 =0001h。

平方：寄存器 A 的内容为 00000A3C29h。

三数相加宏调用：DAT3=14A7h。

2. 长字运算

TMS320C54x 可以利用长操作数(32 位)进行长字运算。长字指令如下：

(1) 长字运算指令 DADD、DSUB、DRSUB 等(见表 3.11)；

(2) 长字存储和装入指令 DST、DLD(见表 3.21、3.22)。

除 DST 指令(存储 32 位数要用 E 总线 2 次，需要 2 个机器周期)外，其余都是单字单周期指令，也就是在单个周期内同时利用 C 总线和 D 总线，得到 32 位操作数。

长操作数指令中涉及高 16 位和低 16 位操作数在存储器中的排序问题。因为按指令给出的地址存取的总是高 16 位操作数，所以就有两种数据排列方法。这里推荐采用偶地址排列法，即将高 16 位操作数放在偶地址存储单元中。编写汇编语言程序时，应注意将高位字放在数据存储器的偶地址单元。

下面以 32 位乘法运算为例介绍长字运算。在 C54x 指令中，仅提供了 16×16 位乘法指令，没有 32×32 位乘法指令。32 位乘法只能利用 16 位乘法指令完成。

设 X_{32} 为长字：高 16 位 X1 为带符号数，低 16 位 X0 为无符号数。

Y_{32} 为长字：高 16 位 Y1 为带符号数，低 16 位 Y0 为无符号数。

```
           X1   X0                              S   U
     *     Y1   Y0                       *      S   U
     ---------------------                ----------------
           X0  *Y0                              U * U
     Y1   *X0                                   S * U
     X1   *Y0                                   S * U
Y1   *X1                                   S * S
     ---------------------                ----------------
W3   W2   W1   W0                          S   U   U   U
```

其中：

S——带符号数，U——无符号数。

一般的乘法运算指令都是两个带符号数相乘，即 S×S。但由以上算式可见，在 32 位乘法运算中，实际上包括三种乘法运算：U×U，S×U 及 S×S。所以，在编程时用到以下 3 条乘法指令：

```
U×U:  MPYU  Smem, dst              ; dst=U(T)*U(Smem)
S×U:  MACSU Xmem, Ymem, Src        ; Src=S(Xmem)*U(Ymem)+Src
S×S:  MAC   Xmem, Ymem, Src        ; Src=S(Xmem)*S(Ymem)+Src
```

乘积最后共 64 位，在 W_{64} 中，最低的 16 位直接放入 W0，高 16 位参与高字的运算，如 A>>16 位。

【例 4.18】 编写计算 $W_{64}=X_{32}\times Y_{32}$ 的程序。

```
            .title      "exp18.asm"
            .mmregs
```

第 4 章 TMS320C54x 的软件开发

```
STACK    .usect    "STACK",10H
         .bss      x, 2              ;32 位占 2 字空间
         .bss      y, 2              ;32 位占 2 字空间
         .bss      w0, 1
         .bss      w1, 1
         .bss      w2, 1
         .bss      w3, 1
         .def      start
         .data
table:   .word     10, 20, 30, 40
         .text
start:   STM       #0, SWWSR
         STM       #STACK+10H, SP
         STM       #x, AR1
         RPT       #3
         MVPD      table, *AR1+
         STM       #x, AR2
         STM       #y, AR3
         LD        *AR2, T           ; T=x0
         MPYU      *AR3+, A          ; A=x0×y0 (U×U)
         STL       A, @w0            ; w0=x0×y0 的低 16 位
         LD        A, -16, A         ; A 右移 16 位, A 高位→A 低位
         MACSU     *AR2+, *AR3-, A   ; A+=y1×x0(S×U)
         MACSU     *AR3+, *AR2, A    ; A+=x1×y0(S×U)
         STL       A, @w1            ; w1=A 的低 16 位
         LD        A, -16, A         ; A 右移 16 位, A 高位→A 低位
         MAC       *AR3, *AR2, A     ; A+=x1×y1(S×S)
         STL       A, @w2            ; w2=A 的低 16 位
         STH       A, @w3            ; w3=A 的高 16 位
End:     B         end
         .end
```

设数据存储器起始地址为 0061h。数据存储和计算结果如图 4.8 所示。

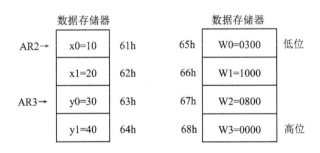

图 4.8 数据存储器示意图

3. 小数运算

两个 16 位整数相乘,乘积总是"向左增长"。这意味着多次相乘后乘积将会很快超出

定点器件的数据范围。而且要将 32 位乘积保存到数据存储器,就要开销 2 个机器周期以及 2 个字的 RAM 单元。更坏的是,由于乘法器都是 16 位相乘,因此很难在后续的递推运算中,将 32 位乘积作为乘法器的输入。

两个小数相乘,乘积总是"向右增长"。这就意味着超出定点器件数据范围的将是不太感兴趣的部分。在小数乘法的情况下,既可存储 32 位乘积,也可以存储高 16 位乘积,这就允许用较少的资源保存结果,也可以用于递推运算。这就是为什么定点 DSP 芯片都采用小数乘法的原因。

1) 小数的表示方法

TMS320C54x 采用 2 的补码表示小数,其最高位为符号位,数值范围从 $-1\sim+1$。一个 16 位 2 的补码小数(Q15 格式)的每一位的权值为

```
MSB                              LSB
0/1(符号位).  2⁻¹  2⁻²  …      2⁻¹⁵
```

十进制小数的 2 的补码表示,可由十进制小数乘以 32768 后,再将其十进制整数部分转换成十六进制数。

如:
```
-1:     |-1|×32768 再求反+1     8000h
-0.5:   |-0.5|×32768 再求反+1   C000h
0:      →                        0000h
0.5:    0.5×32768                4000h
1:      1×32768                  7FFFh
```

在汇编语言程序中,是不能直接写入十进制小数的。若要定义一个小数 0.123,可写成:.Word 32768*123/1000。

2) 小数乘法中的冗余符号位

两个带符号小数相乘,将出现得到的积带有两位符号位的问题。先看一个小数乘法的例子(假设字长 4 位,累加器 8 位):

```
            0  1  0  0          (0.5)
         ×  1  1  0  1          (-0.375)
           ─────────────
            0  1  0  0
         0  0  0  0
      0  1  0  0
   1  1  0  0                   (-0100)
   ──────────────────
   1  1  1  0  1  0  0          (-0.1875)
```

上述乘积是 7 位,当将其送到累加器时,为保持乘积的符号,必须进行符号位扩展,这样,累加器中的值为 11110100(-0.09375),出现了冗余符号位。原因是:

```
         S  x  x  x        (Q3 格式)
       × S  y  y  y        (Q3 格式)
       ─────────────
   S S z  z  z  z  z  z    (Q6 格式)
```

即两个带符号数相乘,得到的乘积带有 2 个符号,造成错误的结果。

解决冗余符号位的办法是:在程序中设定状态寄存器 ST1 中的 FRCT(小数方式)位为 1,

在乘法器将结果传送至累加器时就能自动地左移 1 位，累加器中结果为 Szzzzzz0(Q7 格式)，即 11101000(−0.1875)，自动消去了两个带符号数相乘时产生的冗余符号位。

所以，在小数乘法编程时，应当先设置 FRCT 位：

```
SSBX    FRCT
MPY     *AR2, *AR3, A
STH     A, @Z
```

这样，C54x 就完成了 Q15×Q15=Q15 的小数乘法运算。

【例 4.19】 编制计算 $y = \sum_{i=1}^{4} a_i x_i$ 的程序段，其中数据均为小数。

$$a_1 = 0.1 \quad a_2 = 0.2 \quad a_3 = -0.3 \quad a_4 = 0.4$$
$$x_1 = 0.8 \quad x_2 = 0.6 \quad x_3 = -0.4 \quad x_4 = -0.2$$

小数运算程序如下：

```
        .title    "exp19.asm"
        .mmregs
STACK   .usect    "STACK",10H
        .bss      a, 4
        .bss      x, 4
        .bss      y, 1
        .data
table:  .word     1*32768/10
        .word     2*32768/10
        .word     -3*32768/10
        .word     4*32768/10
        .word     8*32768/10
        .word     6*32768/10
        .word     -4*32768/10
        .word     -2*32768/10
        .text
start:  SSBX      FRCT                    ; 小数方式位 FRCT=1, 结果自动左移 1 位
        STM       #a, AR1
        RPT       #7
        MVPD      table, *AR1+
        STM       #x, AR2
        STM       #a, AR3
        RPTZ      A, #3
        MAC       *AR2+, *AR3+, A
        STH       A, @y
end:    B         end
        .end
```

计算结果为 y=1eb7h=0.24。

4. 双操作数乘法

TMS320C54x 片内的多总线结构,允许在一个机器周期内通过两个 16 位数据总线(C 总线和 D 总线)寻址两个数据和系数,如图 4.9 所示。

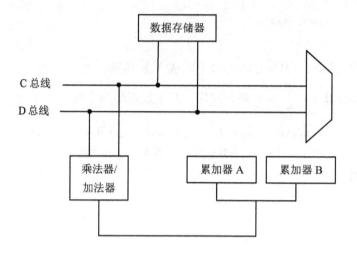

图 4.9 双操作数乘法

如果要求 y=mx+b,单操作数方法和双操作数方法分别为:

```
单操作数方法              双操作数方法
LD      @m, T         MPY     *AR2, *AR3, A
MPY     @x, A         ADD     @b, A
ADD     @b, A         STL     A, @y
STL     A, @y
```

用双操作数指令编程的特点为:
(1) 用间接寻址方式获得操作数,且辅助寄存器只能用 AR2~AR5。
(2) 占用的程序空间小。
(3) 运行的速度快。

双操作数 MAC 形式的指令有 4 种,见表 4-7。注意,MACP 指令与众不同,它规定了一个程序存储器的绝对地址,而不是 Ymem。因此,这条指令就多一个字(双字指令),执行时间也长(需 3 个机器周期)。

表 4-7 MAC 型双操作数指令

指令		功能
MPY	Xmem, Ymem, dst	dst=Xmem * Ymem
MAC	Xmem, ymem, src[,dst]	dst=src+Xmem * Ymem
MAS	Xmem, ymem, src[,dst]	dst=src-Xmem * Ymem
MACP	Smem, Pmad, src[,dst]	dst=src+Smem * Pmad

表中,Smem——数据存储器地址;Pmad——16 位立即数程序存储器地址;
Xmem、Ymem——双操作数数据存储器地址。

对于 Xmem 和 Ymem，只能用以下辅助寄存器及寻址方式。

辅助寄存器：AR2、AR3、AR4、AR5。

寻址方式：*ARn、*ARn+、*ARn-、*ARn+0%。

【例 4.20】 编制求解 $y = \sum_{i=1}^{20} a_i x_i$ 的程序段。

本例主要说明在迭代运算过程中，利用双操作数指令可以节省机器周期。迭代次数越多，节省的机器周期也越多。

```
        单操作数指令方案                  双操作数指令方案
        LD      #0, B                LD      #0, B
        STM     #a, AR2              STM     #a, AR2
        STM     #x, AR3              STM     #x, AR3
        STM     #19, BRC             STM     #19, BRC
        RPTB    done-1               RPTB    done-1
        LD      *AR2+, T
    3T{ MPY     *AR3+, A         2T{ MPY     *AR2+, *AR3+, A
        ADD     A, B                 ADD     A, B
done:   STH     B, @y        done:   STH     B, @y
        STL     B, @y+1              STL     B, @y+1
```

本例节省的总机器周期数为 20T。若采用上述双操作数指令方案可比单操作数指令方案节省的总机器周期数=1T×N(迭代次数)=NT。

【例 4.21】 进一步优化例 4.20 中求解 $y = \sum_{i=1}^{20} a_i x_i$ 的程序段。

例 4.20 中，利用双操作数指令进行乘法累加运算，完成 N 项乘积求和需 2N 个机器周期。如果将乘法累加器单元、多总线以及硬件循环结合在一起，可以形成一个优化的乘法累加程序。完成一个 N 项乘积求和的操作，只需要 N+2 个机器周期。程序(部分)如下：

```
    STM     #a, AR2
    STM     #x, AR3
    RPTZ    A, #19              ; 2 个机器周期
    MAC     *AR2+, *AR3+, A     ; 1 个机器周期
    STH     A, @y
    STL     A, @y+1
```

5. 浮点运算

在数字信号处理过程中，为了扩大数据的范围和精度，往往需要采用浮点运算。C54x 虽然是个定点 DSP 器件，但它支持浮点运算。

1) 浮点数的表示方法

在 C54x 中，浮点数由尾数和指数两部分组成，它与定点数的关系如下

$$\text{定点数} = \text{尾数} \times 2^{(-\text{指数})}$$

浮点数的尾数和指数可正可负，均用补码表示。指数的范围从 −8～31。例如，定点数 0x2000(0.25)用浮点数表示时，尾数为 0x4000(0.5)，指数为 1，即

$$0.25 = 0.5 \times 2^{-1}$$

2) 定点数转换为浮点数

TMS320C54x 通过 3 条指令就可以将一个定点数转化成浮点数。

① EXP　src

这是一条提取指数的指令。计算源累加器 src 的指数值并以二进制补码形式存放于 T 寄存器中。指数值通过计算 src 的冗余符号位数并减 8 得到，冗余符号位数等于去掉 40 位 src 中除符号位以外的有效位所需左移的位数。累加器 src 中的内容不变。指数的数值范围是 −8～31。

例如：　EXP　A

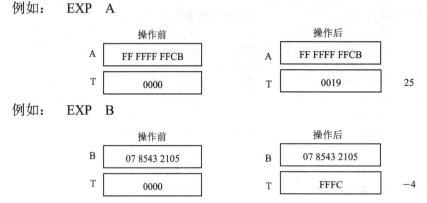

例如：　EXP　B

从上两例可见，在提取指数时，冗余符号位数是对整个累加器的 40 位而言的，即包括 8 位保护位，这也就是为什么指数值等于冗余符号位数减 8 的道理。

② ST　T，EXPONENT

这条紧接在 EXP 后的指令是将保存在 T 寄存器中的指数存放到数据存储器的指定单元中。

③ NORM　src　[,dst]

将 src 中有符号数左移 TS 位，结果存放在 dst 中。若没有指定 dst，则存放在 src 中。该指令常与 EXP 指令结合使用，完成归一化处理。定点数的归一化指通过寻找符号扩展的最高位，将定点数分为尾数和指数两部分。首先 EXP 指令确定移位位数并存放在 T 寄存器中，然后使用 NORM 指令对累加器内容进行移位，实现归一化。

例如：　NORM　A

例如：NORM　B，A

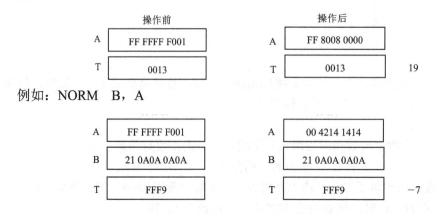

第 4 章 TMS320C54x 的软件开发

注意：NORM 指令不能紧跟在 EXP 指令的后面。因为 EXP 指令还没有将指数值送至 T，NORM 指令只能按原来的 T 值移位，造成归一化的错误。

3) 浮点数转换为定点数

知道了 C54x 浮点数的定义，就不难将浮点数转换成定点数了。因为浮点数的指数就是在归一化时左移(指数为负时是右移)的位数，所以在将浮点数转换成定点数时，只要按指数值将尾数右移(指数为负时是左移)就行了。

【例 4.22】 编写浮点乘法程序，完成 $x1 \times x2 = 0.3 \times (-0.8)$ 的运算。要求包括将定点数转换成浮点数、浮点乘法，最后再将浮点数转换成定点数。

程序中保留 10 个数据存储单元：

x1(被乘数)   e1(被乘数的指数)   m1(被乘数的尾数)
x2(乘数)   e2(乘数的指数)   m2(乘数的尾数)
product(乘积)   ep(乘积的指数)   mp(乘积的尾数)
temp(暂存单元)

程序清单如下：

```
        .title    "exp22.asm"
        .def      start
STACK:  .usect    "STACK", 100
        .bss      x1, 1
        .bs9      x2, 1
        .bss      e1, 1
        .bss      m1, 1
        .bss      e2, 1
        .bss      m2, 1
        .bss      ep, 1
        .bss      mp, 1
        .bss      product, 1
        .bss      temp, 1
        .data
table:  .word     3*32768/10
        .wotd     -8*32768/10
        .text
start:  STM       #STACK+100, SP    ; 设置堆栈指针 SP
        MVPD      table, @x1        ; 将 x1 和 x2 传送至数据存储器
        MVPD      table+1, @x2
        LD        @x1, 16, A        ; 将 x1 规格化为浮点数
        EXP       A
        ST        T, @e1            ; 保存 x1 的指数
        NORM      A
        STH       A, @m1            ; 保存 x1 的尾数
        LD        @x2, 16, A        ; 将 x2 规格化为浮点数
        EXP       A
        ST        T, @e2            ; 保存 x2 的指数
```

```
            NORM    A
            STH     A, @m2              ; 保存 x2 的尾数
            CALL    MULT                ; 调用浮点乘法子程序
done:       B       done
            MULT:   SSBX    FRCT
            SSBX    SXM
            LD      @e1, A              ; 指数相加
            ADD     @e2, A
            STL     A, @ep              ; 乘积指数→ep
            LD      @m1, T              ; 尾数相乘
            MPY     @m2, A              ; 乘积尾数存放在累加器 A 中
            EXP     A                   ; 对尾数乘积规格化
            ST      T, @temp            ; 规格化时产生的指数→temp
            NORM    A
            STH     A, @mp              ; 保存乘积尾数→mp
            LD      @temp, A            ; 修正乘积指数
            ADD     @ep, A              ; (ep)+(temp)→A
            STL     A, @ep              ; 保存乘积指数→ep
            NEG     A                   ; 将浮点乘积转换成定点数
            STL     A, @temp            ; 乘积指数反号，并加载到 T 寄存器
            LD      @temp, T
            LD      @mp, 16, A          ; 再将尾数按 T 移位
            NORM    A
            STH     A, @product        ; 保存定点乘积
            RET
            .end
```

程序执行结果如下：

```
x1(2266)        e1(0001)        m1(4CCC)
x2(999A)        e2(0000)        m2(999A)
product(E148)   ep(0002)        mp(8520)
temp(FFFE)
```

最后得到 $0.3 \times (-0.8)$ 乘积浮点数为：尾数 0x8520；指数 0x0002。

乘积的定点数为 0xE148，对应的十进制数等于 -0.23999。

4.7 习题与思考题

1. 什么是 COFF 和段？段的作用是什么？COFF 目标文件包含哪些段？

2. 简述汇编伪指令的作用及功能，说明 .text 段、.data 段、.bss 段、.sect 段、.usect 段分别包含什么内容？

3. 程序员如何定义自己的程序段？

4. 链接器对段是如何处理的？

5. 链接命令文件有什么作用？在生成 DSP 代码过程中何时发挥作用？

6. 要使程序能够在 DSP 上运行，必须生成可执行文件。请说出能使 DSP 源程序生成可执行文件所需要的步骤。

7. 在文件的链接过程中，需要用到 Linker 命令文件(.cmd)。请按如下参数设计一个命令文件，其参数为：

中断向量表　　起始地址为 7600h，长度为 8000h；

源程序代码　　在中断向量之后；

初始化数据　　起始地址为 1F10h，长度为 4000h；

未初始化数据　在初始化数据之后。

8. 如果一个用户在编写完 C54x 汇编源程序后，未编写相应的 Linker 伪指令文件，即开始汇编、链接源程序，生成可执目标代码文件。这个目标代码文件中的各个段是如何安排的，程序能正确运行吗？

9. 编写一段程序，将程序存储器中的 10 个数据首先传送到数据存储器中(以 DATA1 开始)，再将 DATA1 开始的 10 个单元内容传送到 DATA2 开始的数据存储器中。

10. 试编一程序，计算 $y = \sum_{i=1}^{3} a_i x_i$，并找出 3 项乘积 $a_i x_i$ (i=1，2，3，)中的最小值，放入 MIN 单元中。

11. 编一程序，首先实现对 DATA 开始的 100 个单元赋初值 0，1，2，3，…，99，然后再对每个单元内容加 1。

第 5 章 DSP 集成开发环境(CCS)

教学提示：Code Composer Studio 简称 CCS，是 TI 公司推出的为开发 TMS320 系列 DSP 软件的集成开发环境（IDE）。CCS 自推出以来发展出了多个版本，本章以 CCS2.0 为参照进行讲述。

教学要求：了解 CCS 的软件开发流程和 CCS 环境具有的功能，能够操作 CCS 的窗口、菜单和工具条。掌握 CCS 工程管理的概念，能够完成简单程序的编辑、汇编、连接和调试，并掌握探针和显示图形的使用。了解用 Simulator 仿真中断和仿真 I/O 端口的方法。

5.1 CCS 集成开发环境简介

CCS 工作在 Windows 操作系统下，类似于 VC++的集成开发环境，采用图形接口界面，有编辑工具和工程管理工具。它将汇编器、链接器、C/C++编译器、建库工具等集成在一个统一的开发平台中。CCS 所集成的代码调试工具具有各种调试功能，能对 TMS320 系列 DSP 进行指令级的仿真和可视化的实时数据分析。此外，还提供了丰富的输入/输出库函数和信号处理的库函数，极大地方便了 TMS320 系列 DSP 软件开发过程。

C5000 CCS 是专门为开发 C5000 系列 DSP 应用设计的，包括 C54x 和 C55x DSP。利用 CCS 的软件开发流程如图 5.1 所示。

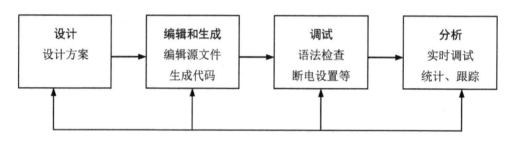

图 5.1 CCS 的软件开发流程

5.1.1 CCS 安装及设置

1. CCS 2.0 系统的安装

运行 setup.exe 应用程序，弹出一个安装界面，然后选择 Code Composer Studio 项，就可以开始 CCS 2.0 的安装，按照屏幕提示可完成系统的安装。当 CCS 软件安装在计算机上之后，将在显示器桌面上出现如图 5.2 所示的两个图标。

图 5.2 CCS 设置图标

2. 系统配置

为使 CCS IDE 能工作在不同的硬件或仿真目标上，必须首先为它配置相应的配置文件。具体步骤如下：

(1) 双击桌面上的 Setup CCS 2('C 5000)图标，启动 CCS 设置。
(2) 在弹出对话框中单击"Clear"按钮，清除以前定义的配置。
(3) 从弹出的对话框中，单击"Yes"按钮，确认清除命令。
(4) 从列出的可供选择的配置文件中，选择能与使用的目标系统相匹配的配置文件。
(5) 单击加入系统配置按钮，将所选中的配置文件输入到 CCS 设置窗口当前正在创建的系统配置中，所选择的配置显示在设置窗的系统配置栏目的 My System 目录下，如图 5.3 所示。
(6) 单击"File→Save(保存)"按钮，将配置保存在系统寄存器中。
(7) 当完成 CCS 配置后，单击"File→Exit"按钮，退出 CCS Setup 。

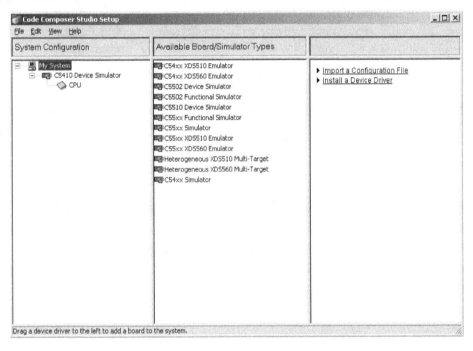

图 5.3 设置窗的系统配置栏目

3. 系统启动

双击桌面上 CCS 2('C 5000)图标，启动 CCS IDE，将自动利用刚创建的配置打开并显示 CCS 主界面。

5.1.2 CCS 的窗口、菜单和工具条

1. CCS 应用窗口

一个典型的 CCS 集成开发环境窗口如图 5.4 所示。

图 5.4 CCS 集成开发环境窗口

整个窗口由主菜单、工具条、工程窗口、编辑窗口、图形显示窗口、内存单元显示窗口和寄存器显示窗口等构成。

工程窗口用来组织用户的若干程序并由此构成一个项目，用户可以从工程列表中选中需要编辑和调试的特定程序。在源程序编辑窗口中，用户既可以编辑程序，又可以设置断点和探针，并调试程序。反汇编窗口可以帮助用户查看机器指令，查找错误。内存和寄存器显示窗口可以查看、编辑内存单元和寄存器。图形显示窗口可以根据用户需要显示数据。用户可以通过主菜单条目来管理各窗口。

2. 菜单

菜单提供了操作 CCS 的方法，由于篇幅所限这里仅就重要内容进行介绍。

1) File 菜单

File 菜单提供了与文件相关的命令，其中比较重要的操作命令如下：

(1) New → Source File   建立一个新源文件，扩展名包括*.c、*.asm、*.cmd、*.map、*.h、*.inc、*.gel 等。

(2) New → DSP/BIOS Configuration   建立一个新的 DSP/BIOS 配置文件。

(3) New → Visual Linker Recipe   建立一个新的 Visual Linker Recipe 向导。

(4) New → ActiveX Document   在 CCS 中打开一个 ActiveX 类型的文档(如 Microsoft Excel 等)。

(5) Load Program   将 DSP 可执行的目标代码 COFF(.out)载入仿真器(Simulator 或

Emulator)中。

(6) Load GEL　加载通用扩展语言文件到 CCS 中。

(7) Data→Load　将主机文件中的数据加载到 DSP 目标系统板,可以指定存放的数据长度和地址。数据文件的格式可以是 COFF 格式,也可以是 CCS 所支持的数据格式,缺省文件格式是.dat 的文件。当打开一个文件时,会出现如图 5.5 所示的对话框。该对话框的含义是加载主机文件到数据段的从 0x0D00 处开始的长度为 0x00FF 的存储器中。

(8) Data→Save　将 DSP 目标系统板上存储器中的数据加载到主机上的文件中,该命令和 Data→Load 是一个相反的过程。

(9) File I/O　允许 CCS 在主机文件和 DSP 目标系统板之间传送数据,一方面可以从 PC 机文件中取出算法文件或样本用于模拟,另一方面也可以将 DSP 目标系统处理后的数据保存在主机文件中。File I/O 功能主要与 Probe Point 配合使用。Probe Point 将告诉调试器在何时从 PC 文件中输入或输出数据。File I/O 功能并不支持实时数据交换。

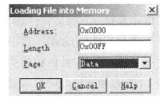

图 5.5　存储器下载对话框

2) Edit 菜单

Edit 菜单提供的是与编辑有关的命令。Edit 菜单内容比较容易理解,在这里只介绍比较重要的命令:

(1) Register　编辑指定的寄存器值,包括 CPU 寄存器和外设寄存器。由于 Simulator 不支持外设寄存器,因此不能在 Simulator 下监视和管理外设寄存器内容。

(2) Variable　修改某一变量值。

(3) Command Line　提供键入表达式或执行 GEL 函数的快捷方法。

3) View 菜单

在 View 菜单中,可以选择是否显示各种工具栏、各种窗口和各种对话框等。其中比较重要的命令如下:

(1) Disassembly　当将 DSP 可执行程序 COFF 文件载入目标系统后,CCS 将自动打开一个反汇编窗口。反汇编窗口根据存储器的内容显示反汇编指令和符号信息。

(2) Memory　显示指定存储器的内容。

(3) Registers→CPU Registers　显示 DSP 寄存器的内容。

(4) Registers→Peripheral Registers　显示外设寄存器的内容。Simulator 不支持此功能。

(5) Graph→Time/Frequency　在时域或频域显示信号波形。

(6) Graph→Constellation　使用星座图显示信号波形。

(7) Graph→Eye Diagram　使用眼图来量化信号失真度。

(8) Graph→Image　使用 Image 图来测试图像处理算法。

(9) Watch Window　用来检查和编辑变量或 C 表达式,可以以不同格式显示变量值,还可以显示数组、结构或指针等包含多个元素的变量。

(10) Call Stack　检查所调试程序的函数调用情况。此功能调试 C 程序时有效。

(11) Expression List　所有的 GEL 函数和表达式都采用表达式求值来估值。

(12) Project　CCS 启动后将自动打开视图。

(13) Mixed Source/Asm　同时显示 C 代码及相关的反汇编代码。

4) Project 菜单

CCS 使用工程(Project)来管理设计文档。CCS 不允许直接对 DSP 汇编代码或 C 语言源文件生成 DSP 可执行代码。只有建立在工程文件基础上，在菜单或工具栏上运行 Build 命令时才会生成可执行代码。工程文件被存盘为*.pjt 文件。在 Project 菜单下，除 New、Open、Close 等常见命令外，其他比较重要的命令介绍如下：

(1) Add Files to Project　CCS 根据文件的扩展名将文件添加到工程的相应子目录中。工程中支持 C 源文件(*.c*)、汇编源文件(*.a*、*.s*)、库文件(*.o*、*.lib)、头文件(*.h)和链接命令文件(*.cmd)。其中 C 和汇编源文件可以被编译和链接，库文件和链接命令文件只能被链接，CCS 会自动将头文件添加到工程中。

(2) Compile　对 C 或汇编源文件进行编译。

(3) Biuld　重新编译和链接。对那些没有修改的源文件，CCS 将不重新编译。

(4) Rebuiled All　对工程中所有文件重新编译并链接生成输出文件。

(5) Stop Build　停止正在 Build 的进程。

(6) Biuld Options　用来设定编译器、汇编器和链接器的参数。

5) Debug 菜单

Debug 菜单包含的是常用的调试命令，其中比较重要的命令介绍如下：

(1) Breakpoints　设置/取消断点命令。

程序执行到断点时将停止运行。当程序停止运行时，可检查程序的状态，查看和更改变量值，查看堆栈等。在设置断点时应注意以下两点：

① 不要将断点设置在任何延迟分支或调用指令处。

② 不要将断点设置在 repeat 块指令的倒数 1、2 行指令处。

(2) Probe Points　探测点设置。

允许更新观察窗口并在设置 Probe Points 处将 PC 文件数据读至存储器或将存储器数据写入 PC 文件，此时应设置 File I/O 属性。

对每一个建立的窗口，默认情况是在每个断点(Breakpoints)处更新窗口显示，然而也可以将其设置为到达 Probe Points 处更新窗口。使用 Probe Points 更新窗口时，目标 DSP 将临时中止运行，当窗口更新后，程序继续运行。因此 Probe Points 不能满足实时数据交换(RTDX)的需要。

(3) StepInto　单步运行。如果运行到调用函数处将跳入函数单步运行。

(4) StepOver　执行一条 C 指令或汇编指令。与 StepInto 不同的是，为保护处理器流水线，该指令后的若干条延迟分支或调用将同时被执行。如果运行到函数调用处将执行完该函数而不跳入函数执行，除非在函数内部设置了断点。

(5) StepOut　如果程序运行在一个子程序中，执行 StepOut 将使程序执行完该子程序后回到调用该函数的地方。在 C 源程序模式下，根据标准运行 C 堆栈来推断返回地址，否则根据堆栈顶的值来求得调用函数的返回地址。因此，如果汇编程序使用堆栈来存储其他信息，则 StepOut 命令可能工作不正常。

(6) Run　当前程序计数器(PC)执行程序，碰到断点时程序暂停运行。

(7) Halt　中止程序运行。

(8) Animate　动画运行程序。当碰到断点时程序暂时停止运行，在更新未与任何 Probe

Points 相关联的窗口后程序继续执行。该命令的作用是在每个断点处显示处理器的状态，可以在 Option 菜单下选择 Animate Speed 来控制其速度。

(9) Run Free　忽略所有断点(包括 Probe Points 和 Profile Points)，从当前 PC 处开始执行程序。此命令在 Simulator 下无效。使用 Emulator 进行仿真时，此命令将断开与目标 DSP 的连接，因此可移走 JTAG 和 MPSD 电缆。在 Run Free 时还可对目标 DSP 硬件复位。

(10) Run to Cursor　执行到光标处，光标所在行必须为有效代码行。

(11) Multiple Operation　设置单步执行的次数。

(12) Reset DSP　复位 DSP，初始化所有寄存器到其上电状态并中止程序运行。

(13) Restart　将 PC 值恢复到程序的入口。此命令并不开始程序的运行。

(14) Go Main　在程序的 main 符号处设置一个临时断点。此命令在调试 C 程序时起作用。

6) Profiler 菜单

剖切点(profiler points)是 CCS 的一个重要的功能，它可以在调试程序时，统计某一块程序执行所需要的 CPU 时钟周期数、程序分支数、子程序被调用数和中断发生次数等统计信息。Profile Point 和 Profile Clock 作为统计代码执行的两种机制，常常一起配合使用。Profiler 菜单的主要命令介绍如下：

(1) Enable Clock　使能剖析时钟。

为获得指令的周期及其他事件的统计数据，必须使能剖析时钟(profile clock)。当剖析时钟被禁止时，将只能计算到达每个剖析点的次数，而不能计算统计数据。

指令周期的计算方式与 DSP 的驱动程序有关，对使用 JTAG 扫描路径进行通信的驱动程序，指令周期通过处理器的片内分析功能进行计算，其他驱动程序则可以使用其他类型的定时器。Simulator 使用模拟的 DSP 片内分析接口来统计剖析数据。当时钟使能时，CCS 调试器将占用必要的资源以实现指令周期的计算。

剖析时钟作为一个变量(CLK)通过 Clock 窗口被访问。CLK 变量可在 Watch 窗口观察，并可在 Edit Variable 对话框修改其值。CLK 还可以在用户定义的 GEL 函数中使用。

Instruction Cycle Time 用于执行一条指令的时间,其作用是在显示统计数据时将指令周期数转化成时间或频率。

(2) Clock Setup　时钟设置。单击该命令将出现如图 5.6 所示的 Clock Setup 对话框。

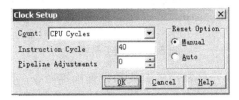

图 5.6　Clock Setup 对话框

在 Count 域内选择剖析的事件。使用 Reset Option 参数可以决定如何计算。如选择 Manual 选项，则 CLK 变量将不断累计指令周期数；如选择 Auto 选项，则在每次 DSP 运行前自动将 CLK 设置为 0。因此，CLK 变量显示的是上一次运行以来的指令周期数。

(3) View Clock　打开 Clock 窗口，以显示 CLK 变量的值。

双击 Clock 窗口的内容可直接复位 CLK 变量(使 Clock=0)。

7) Option 菜单

Option 菜单提供 CCS 的一些设置选项，其中比较重要的命令介绍如下：

(1) Font 设置字体。该命令可以设置字体、大小及显示样式等。

(2) Disassembly Style Options 设置反汇编窗口显示模式，包括反汇编成助记符或代数符号，直接寻址与间接寻址，用十进制、二进制或十六进制显示。

(3) Memory Map 用来定义存储器映射。存储器映射指明了 CCS 调试器不能访问哪段存储器。典型情况下，存储器映射与命令文件的存储器定义一致。

8) GEL 菜单

CCS 软件本身提供了 C54X 和 C55X 的 GEL 函数，它们在 c5000.gel 文件中定义。GEL 菜单中包括 CPU_Reset 和 C54X_Init 命令。

(1) CPU_Reset 该命令复位目标 DSP 系统、复位存储器映射(处于禁止状态)以及初始化寄存器。

(2) C54X_Init 该命令也对目标 DSP 系统复位，与 CPU_Reset 命令不同的是，该命令使能存储器映射，同时复位外设和初始化寄存器。

9) Tools 菜单

Tools 菜单提供了常用的工具集，这里就不再介绍了。

3. 工具栏

CCS 集成开发环境提供 5 种工具栏，以便执行各种菜单上相应的命令。这 5 种工具栏可在 View 菜单下选择是否显示。

(1) Standard Toolbar(标准工具栏)，如图 5.7 所示，包括新建、打开、保存、剪切、复制、粘贴、取消、恢复、查找、打印和帮助等常用工具。

图 5.7 标准工具栏

(2) Project Toolbar(工程工具栏)，如图 5.8 所示，包括选择当前工程、编译文件、设置和移去断点、设置和移去 Probe Point 等功能。

图 5.8 工程工具栏

(3) Edit Toolbar，提供了一些常用的查找和设置标签命令，如图 5.9 所示。

图 5.9 Edit 工具栏

(4) GEL Toolbar，提供了执行 GEL 函数的一种快捷方法，如图 5.10 所示。在工具栏左侧的文本输入框中键入 GEL 函数，再单击右侧的执行按钮即可执行相应的函数。如果不使用 GEL 工具栏，也可以使用 Edit 菜单下的 Edit Command Line 命令执行 GEL 函数。

(5) ASM/Source Stepping Toolbar，提供了单步调试 C 或汇编源程序的方法，如图 5.11 所示。

图 5.10 GEL 工具栏　　　　　　　　　图 5.11 ASM/Source Stepping 工具栏

(6) Target Control Toolbar，提供了目标程序控制的一些工具，如图 5.12 所示。

(7) Debug Window Toolbar，提供了调试窗口工具，如图 5.13 所示。

图 5.12 Target Control 工具栏　　　　　图 5.13 Debug Window 工具栏

5.1.3 CCS 工程管理

CCS 对程序采用工程(Project)的集成管理方法。工程保持并跟踪在生成目标程序或库过程中的所有信息。一个工程包括以下的内容：

- 源代码的文件名和目标库的名称；
- 编译器、汇编器、连接器选项；
- 有关的包括文件。

本节说明在 CCS 中如何创建和管理用户程序。

1. 工程的创建、打开和关闭

每个工程的信息存储在单个工程文件(*.pjt)中。可按以下步骤创建、打开和关闭工程。

1) 创建一个新工程

选择"Project→New(工程→新工程)"，如图 5.14 所示，在 Project 栏中输入工程名字，其他栏目可根据习惯设置。工程文件的扩展名是*.pjt。若要创建多个工程，每个工程的文件名必须是唯一的。但可以同时打开多个工程。

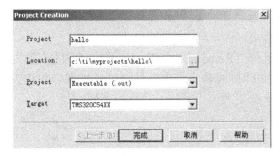

图 5.14 建立新工程对话框

2) 打开已有的工程

选择"Project→Open(工程→打开)"，弹出如图 5.15 所示工程打开对话框。双击需要打开的文件(*.pjt)即可。

3) 关闭工程

选择"Project→Close(工程→关闭)",即可当前关闭工程。

2. 使用工程观察窗口

工程窗口图形显示工程的内容。当打开工程时,工程观察窗口自动打开如图 5.16 所示。要展开或压缩工程清单,单击工程文件夹、工程名(*.pjt)和各个文件夹上的"+/−"号即可。

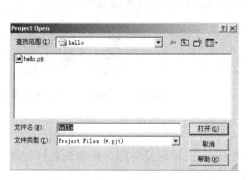

图 5.15 打开工程对话框

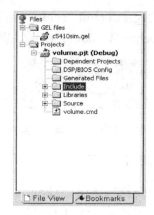

图 5.16 工程观察窗口

3. 加文件到工程

可按以下步骤将与该工程有关的源代码、目标文件、库文件等加入到工程清单中去。

1) 加文件到工程

(1) 选择"Project→Add Files to Project(工程→加文件到工程)",出现 Add Files to Project 对话框。

(2) 在 Add Files to Project 对话框,指定要加入的文件。如果文件不在当前目录中,浏览并找到该文件。

(3) 单击"打开"按钮,将指定的文件加到工程中去。当文件加入时,工程观察窗口将自动的更新。

2) 从工程中删除文件

(1) 按需要展开工程清单。

(2) 右击要删除的文件名。

(3) 从上下文菜单,选择"Remove from Project(从工程中删除)"。

在操作过程中,注意文件扩展名,因为文件通过其扩展名来辨识。

5.1.4 CCS 源文件管理

1. 创建新的源文件

可按照以下步骤创建新的源文件:

(1) 选择"File→New→Source File(文件→新文件→源文件)",将打开一个新的源文件编辑窗口。

(2) 在新的源代码编辑窗口输入代码。

(3) 选择"File→Save(文件→保存)"或"File→Save As(文件→另存为)",保存文件。

2. 打开文件

可以在编辑窗口打开任何 ASCII 文件。

(1) 选择"File→Open(文件→打开)",将出现如图 5.17 所示打开文件对话框。

图 5.17 打开文件对话框

(2) 在打开文件对话框中双击需要打开的文件,或者选择需要打开的文件,并单击"打开"按钮。

3. 保存文件

(1) 单击编辑窗口,激活需要保存的文件。

(2) 选择"File→Save(文件→保存)",输入要求保存的文件名。

(3) 在保存类型栏中,选择需要的文件类型,如图 5.18 所示。

(4) 单击"保存"按钮。

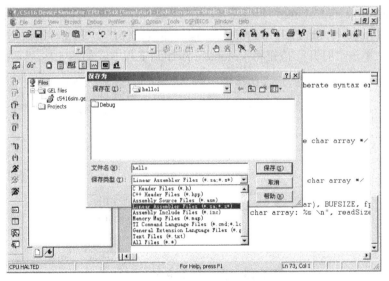

图 5.18 保存文件对话框

5.1.5 通用扩展语言 GEL

通用扩展语言 GEL(General Extension Language)是一种与 C 类似的解释性语言。利用 GEL 语言，用户可以访问实际/仿真目标板，设置 GEL 菜单选项，特别适合用于自动测试和自定义工作空间。关于 GEL 详细内容参见 TI 公司的《TMS320C54x Code Composer Studio User's Guide》手册。

5.2 CCS 应用举例

本节讲述开发一个具备基本信号处理功能的 DSP 程序的过程。首先介绍如何创建一个工程、向工程中添加源文件、浏览代码、编译和运行程序、修改 Build 选项并更正语法错误、使用断点和 Watch 窗口等基本应用；其次介绍使用探针和图形显示的方法。

5.2.1 基本应用

1. 创建一个工程

(1) 选择"Project→New(工程→新建)"，弹出工程建立对话框。

(2) 在 Project 栏输入文件名 Volume。默认的工作目录是 C:\ti\myprojects\(假设 CCS 安装在 C:\ti 下)，其他两项也选默认即可。

(3) 单击完成按钮，将在工程窗口的 Project 下面创建 Volume 工程。

2. 向工程中添加源文件

(1) 将"C:\ti\tutorial\sim54xx\Volume1"(假设 CCS 安装在 C:\ti 下)下全部文件复制到新建的"C:\ti\myprojects\Volume"目录下。

(2) 选择"Project→Add Files to Project(工程→加载文件)"，在文件加载对话框中选择 Volume.c 文件，单击"打开"按钮将 Volume.c 添加到工程中，如图 5.19 所示。

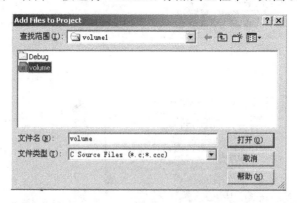

图 5.19 添加 Volume.c 文件

(3) 用同样方法将 Vectors.asm 添加到工程中。Vector.asm 中包含的是将 RESET 中断指向 C 程序入口 c_int00 的汇编指令和其他中断的入口指令。如果调试的程序较为复杂，则可在 Vector.asm 中定义更多的中断矢量。

(4) 将 Volume.cmd 添加到工程文件中。该文件的作用是将段(Sections)分配到存储器中。

(5) 将 load.asm 添加到工程文件中。该文件包含一个简单的汇编循环程序，被 C 程序调用。调用时带有一个参数(argument)，执行此程序共需约 1000×argument 个指令周期。

(6) 将 "C:\ti\c5400\cgtools\lib" 下的 rts.lib 加入到工程文件中。该文件是采用 C 语言开发 DSP 应用程序的运行支持库函数。

在工程中双击所有"+"，即可看到整个工程的文件。在以上的操作中，没有将头文件加到工程中，CCS 将在 Bulid 时自动查找所需的头文件。

3. 浏览代码

双击 Project 视图中的 Volume.c，将在代码窗口看到源文件代码。

```c
#include <stdio.h>
#include "volume.h"
/* Global declarations */
int inp_buffer[BUFSIZE];                /* processing data buffers */
int out_buffer[BUFSIZE];
int gain = MINGAIN;                     /* volume control variable */
unsigned int processingLoad = BASELOAD; /* processing routine load value */
struct PARMS str =
{
   2934,
   9432,
   213,
   9432,
   &str
};
/* Functions */
extern void load(unsigned int loadValue);
static int processing(int *input, int *output);
static void dataIO(void);
/*
 * ======== main ========
 */
void main()
{
   int *input = &inp_buffer[0];
   int *output = &out_buffer[0];
   puts("volume example started\n");
   /* loop forever */
   while(TRUE)
   {
```

```c
        /*
         * Read input data using a probe-point connected to a host file.
         * Write output data to a graph connected through a probe-point.
         */
        dataIO();
        #ifdef FILEIO
        puts("begin processing")         /* deliberate syntax error */
        #endif
    /* apply gain */
        processing(input, output);
    }
}
/*
 * ======== processing ========
 *
 * FUNCTION: apply signal processing transform to input signal.
 *
 * PARAMETERS: address of input and output buffers.
 *
 * RETURN VALUE: TRUE.
 */
static int processing(int *input, int *output)
{
    int size = BUFSIZE;
    while(size--){
        *output++ = *input++ * gain;
    }
    /* additional processing load */
    load(processingLoad);
    return(TRUE);
}
/*
 * ======== dataIO ========
 *
 * FUNCTION: read input signal and write processed output signal.
 *
 * PARAMETERS: none.
 *
 * RETURN VALUE: none.
 */
static void dataIO()
{
    /* do data I/O */
    return;
}
```

从以上代码可以看出：

(1) 主程序显示一条提示信息后，进入一个无限循环，不断调用 dataIO 和 processing 两个函数。

(2) processing 函数将输入 buffer 中的数与增益相乘，并将结果输出给 buffer，它还调用汇编 load 例程的参数 processingLoad 的值计算指令周期的时间。

(3) dataIO 函数不执行任何实质操作。它没有使用 C 代码执行 I/O 操作，而是通过 CCS 中的 Probe Point 工具，从 PC 机文件中读取数据到 inp_buffer 中，作为 processing 函数的输入参数。

4. 编译和运行程序

(1) 选择"Project→Rebuild All(工程→重新编译)"，对工程进行重新编译。

(2) 选择"File→Load Program(文件→下载程序)"，选 volume.out 并打开，将 Build 生成的程序加载到 DSP。

(3) 选择"View→Mixed Source/ASM(查看→混合 C 程序/汇编)"。该设置使得 C 程序与其汇编结果同时显示。

(4) 在反汇编窗口中单击汇编指令，按 F1 键切换到在线帮助窗口，显示光标所在行的关键词的帮助信息。

(5) 选择"Debug→Go Main(调试→到主程序首)"来使得程序从主程序开始执行。

(6) 选择"Debug→Run(调试→运行)"，可以在 Output 窗口看到"Volume example started"信息。

(7) 选择"Debug →Halt(调试→停止)，中止正在执行的程序。

5. 修改 Build 选项并更正语法错误

在以上的程序中由于 FILEIO 没有定义，因而在编译时将忽略程序中的部分代码，这样在链接生成的 DSP 程序中也不包括这部分代码。下面通过更改程序选项来定义 FILEIO，从而将这部分代码生成到执行程序中。

(1) 选择"Project→Build Options(工程→编译选项)"。

(2) 在 Compiler 栏的 Categroy 域，单击 Preprocessor。在右侧的 Define Symbols 中键入 FILEIO。这时将在编译参数栏中看到-d"FILEIO"，如图 5.20 所示。在定义 FILEIO 后，C 编译器将对所有的源代码进行编译。

(3) 单击"确定"按钮，保存选项设置结果。

(4) 选择"Project→Rebuild All(工程→重新编译)"。在工程选项更改后，重新编译程序是必须的。

(5) 此时 output 窗口提示源代码中存在语法错误，错误出现在第 68 行，如图 5.21 所示。在该行后加分号再存盘，重新编译程序并生成新的 volume.out 文件。

6. 使用断点和 Watch 窗口

(1) 选择"File→Reload Program(文件→重新下载程序)"，重新下载程序。

(2) 在工程视图中双击 volume.c，打开源文件编辑窗口。

(3) 将光标放在"dataIO();"行。

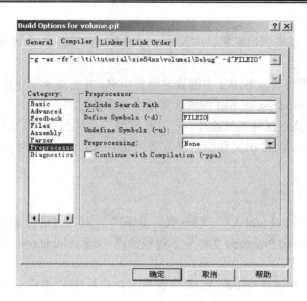

图 5.20　在 Build Options 下定义 FILEIO

```
"volume.c"  ==> dataIO
"volume.c", line 68: error: expected a ";"
"volume.c", line 49: warning: variable "input" was
"volume.c", line 50: warning: variable "output" was
"volume.c", line 81: warning: function "processing"
1 error detected in the compilation of "volume.c".
```

图 5.21　编译错误提示

(4) 单击鼠标右键，在弹出菜单上选择 Toggle breakpoint，设置断点。

(5) 选择 "View→Watch Window(查看→观察窗口)"，将出现 Watch 窗口。程序运行时 Watch Window 窗口将显示要查看的变量值。

(6) 选择 Watch1 栏。

(7) 在 Watch1 窗口单击图标，在 name 栏输入 dataIO。

(8) 选择 "Debug→Go Main(调试→到主程序首)"。

(9) 选择 "Debug→Run(调试→运行)"，运行程序，如图 5.22 所示。显示出 dataIO 是一个函数，该函数存放的首地址是 0x00001457。

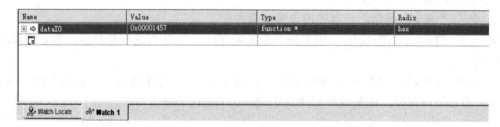

图 5.22　运行后的 Watch1 窗口

7. 使用 Watch 窗口观察结构体

仿照上面的方法，在 Watch 窗口中加入 str 结构体变量。可以看到在 str 左边有一个 "+"

标志，表明 str 是一个结构体。双击"+"后将看到 str 结构体中包含的元素，如图 5.23 所示，双击每个元素可以更改其数值大小。

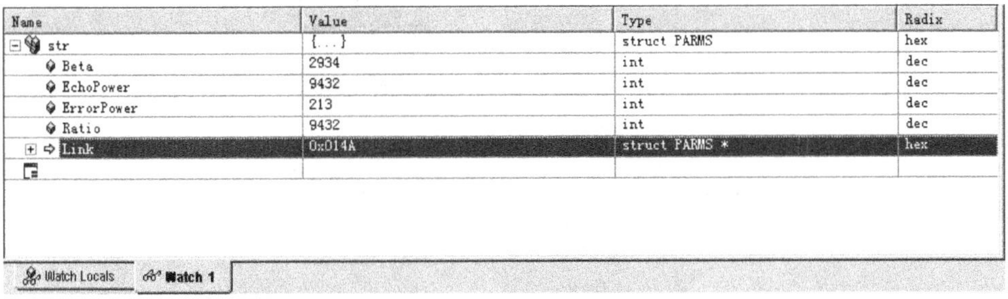

Name	Value	Type	Radix
☐ ☻ str	{...}	struct PARMS	hex
● Beta	2934	int	dec
● EchoPower	9432	int	dec
● ErrorPower	213	int	dec
● Ratio	9432	int	dec
☐ ⇨ Link	0x014A	struct PARMS *	hex

图 5.23 Watch 窗口的结构体显示

在 Watch 窗口中单击右键，在弹出菜单时还可选择：移去一个表达式、隐藏 Watch 窗口等。可以通过选择"Debug→Breakpoints(调试→断点)"，在该窗口中单击 Delete All 按钮将所有断点去掉。

5.2.2 探针和显示图形的使用

本实例介绍创建和测试一个简单数字信号算法的过程，所需处理的数据放在 PC 文件中。通过本实例学习使用探针和图形显示的方法。

Probe Point 是开发算法的一个有用工具，可以使用 Probe Point 从 PC 文件中存取数据。即

- 将 PC 文件中数据传送到目标板上的 buffer，供算法使用。
- 将目标板上 buffer 中的输出数据传送到 PC 文件中以供分析。
- 更新一个窗口，如由数据绘出的 Graph 窗口。

Probe Point 与 Breakpoints 都会中断程序的运行，但 Probe Point 与 Breakpoints 在以下方面不同。Probe Point 只是暂时中断程序运行，当程序运行到 Probe Point 时会更新与之相连接的窗口，然后自动继续运行程序；Breakpoints 中断程序运行后，将更新所有打开的窗口，且只能用人工的方法恢复程序运行；Probe Point 可与 FILEIO 配合，在目标板与 PC 文件之间传送数据，Breakpoints 则无此功能。

下面讲述如何使用 Probe Point 将 PC 文件中的内容作为测试数据传送到目标板。同时使用一个断点以便在到达 Probe Point 时自动更新所有打开的窗口。

1. 为 FILE I/O 添加 Probe Point

(1) 打开 5.2 节已经完成的程序，并进行编译。

(2) 选择"File→Load Program(文件→下载程序)"。选择 volume1.out 文件，并单击打开按钮。

(3) 双击 volume.c，以便在右边的编辑窗口显示源代码。

(4) 将光标放在主函数的 dataIO()行上。

(5) 单击鼠标右键，在弹出菜单中选择"Toggle Probe Point"，添加 Probe Point。

(6) 在 File(文件)菜单，选择"File I/O"，出现 File I/O 对话框，如图 5.24 所示，在对话框中选择输入/输出文件。

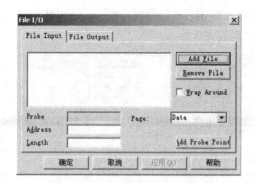

图 5.24 File I/O 对话框

(7) 在 "File Input" 栏中，单击 Add File 按钮。

(8) 在 volume.c 文件所在目录选择 sine.dat，并单击打开按钮。此时将出现一个控制窗口，如图 5.25 所示。可以在运行程序时使用这个窗口来控制数据文件的开始、停止、前进、后退等操作。

图 5.25 File I/O 控制窗口

(9) 在 File I/O 对话框中，在 Address 域填入 inp_buffer，在 length 域填入 100，同时选中 Wrap Around 复选框(如图 5.26 所示)。这几部分值含义如下：

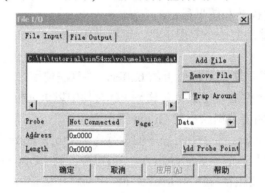

图 5.26 File I/O 属性

① Address 域　从文件中读取的数据将要存放的地址。inp_buffer 是在 volume.c 中定义的整型数组，其长度为 BUFFSIZE。

② Length 域　每次到达 Probe Point 时从数据文件中读取多少个样点。这里取值为 100 是因为 BUFFSIZE=100，即每次取 100 个样值放在输入缓冲中。如果 Length 超过 100 则可能导致数据丢失。

③ Wrap Around 复选框　表明读取数据的循环特性，每次读至文件结尾处将自动从文件头开始重新读取数据。这样将从数据文件中读取一个连续(周期性)的数据流。

(10) 单击 "Add Probe Point" 按钮，将出现 Break/Probe Points 对话框，如图 5.27 所示，选中 "Probe Points" 栏。

(11) 在 Probe Point 列表中显示 "VOLUME.C line 61 --> No Connection"。表明该第 61 行已经设置 Probe Point，但还没有和 PC 文件关联。

(12) 在 Connect 域，单击向下箭头并从列表中选 sine.dat。在 "Probe Point" 列表中，单击选中需要关联的探针。

第 5 章 DSP 集成开发环境（CCS）

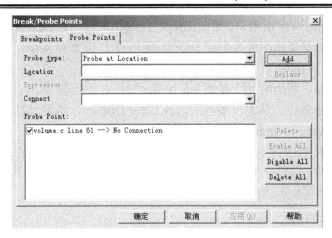

图 5.27 Break/Probe Points 对话框

(13) 单击 Replace 按钮，Probe Point 列表框表示 Probe Point 已与 sine.dat 文件相关联。
(14) 单击"确定"按钮，File I/O 对话框指示文件连至一个 Probe Point。
(15) 单击"确定"按钮，关闭 File I/O 对话框。

2. 显示图形

如果现在运行程序，将看不到任何程序运行结果。当然可以设置 Watch 窗口观察 inp_buffer 和 out_buffer 等的值，但需要观察的变量很多，而且显示的也只是枯燥的数据，远不如图形显示直观、友好。

CCS 提供很多方法将程序产生的数据以图形显示，包括时域/频域波形、星座图、眼图等。在本例中使用时域/频域波形显示功能观察一个时域波形。

(1) 选择"View→Graph→Time/Frequency(显示→图形→时域/频域)"。弹出 Graph Property 对话框，如图 5.28 所示。

图 5.28 更改图形属性

(2) 在 Graph Property 对话框中，更改 Graph Title(图形标题)、Start Address(起始地址)、Acquisition BufferSize(采集缓冲区大小)、DSP Data Type(DSP 数据类型)、Autoscale(自动伸缩属性)及 Maximum Y-value(最大 Y 值)。

(3) 单击 OK 按钮，将出现一个显示 inp_buffer 波形的图形窗口。

(4) 在图形窗口中右击，从弹出菜单中选择 Clear Display，清除已显示波形。

(5) 再次执行"View→Graph→Time/Frequency"。

(6) 将 Graph Title 修改为 output buffer，Start Address 修改为 out_buffer，其他设置不变。

(7) 单击 OK 按钮，出现一个显示 out_buffer 波形的图形窗口，右击从菜单中选择 Clear Display 命令，清除已有显示波形。

3. 动态显示程序和图形

到现在为止，已经设置了一个 Probe Point。它将临时中断程序运行，将 PC 上数据传给目标板，然后继续运行程序。但是，Probe Point 不会更新图形显示内容。本节将设置一个断点，使图形窗口自动更新。使用 Animate 命令，使程序到达断点时更新窗口后自动继续运行。

(1) 在 volume.c 窗口，将光标放在 dataIO 行上。

(2) 在该行上同时设置一个断点和一个 Probe Point，这使得程序在只中断一次的情况下执行两个操作：传送数据和更新图形显示。

(3) 重新组织窗口以便能同时看到两个图形窗口。

(4) 在 Debug 菜单单击 Animate。此命令将运行程序，碰到断点后临时中断程序运行，更新窗口显示，然后继续执行程序。与 Run 不同的是，Animate 会继续执行程序直到碰到下一个断点。只有人为干预时，程序才会真正中止运行。可以将 Animate 命令理解为一个"运行→中断→继续"的操作。

(5) 每次碰到 Probe Point 时，CCS 将从 sine.dat 文件读取 100 个样值，并将其写至输入缓冲 inp_buffer。由于 sine.dat 文件保存的是 40 个采样值的正弦波形数据，因此每个波形包括 2.5 个 sin 周期波形，如图 5.29 所示。

(6) 选择"Debug→Halt(调试→停止)"，停止程序运行。

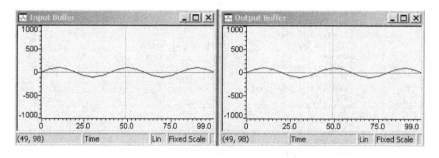

图 5.29 Gain＝1 时的输入/输出图形显示

4. 增益调节

本程序将输入缓冲的数据与增益相乘后送至输出缓冲中：

```
output++=input++*gain
```

增益被初始化为 MINGAIN，在 volume.h 中定义为 1。为改变输出值，需改变增益，方法之一是使用 Watch 功能。

(1) 选择"View→Watch Window(查看→观察窗口)"。
(2) 输入 Gain 作为要观察的表达式。
(3) 如程序已中止运行，单击 Animate 按钮重新运行程序。
(4) 在 Watch 窗口双击 Gain。
(5) 在变量编辑窗口将 Gain 值改为 10。

注意到输出缓冲图中的幅度值已经变为原来的 10 倍，如图 5.30 所示。

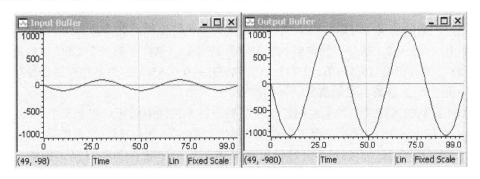

图 5.30　Gain=10 时的输入/输出图形显示

5.3　CCS 仿真

5.3.1　用 Simulator 仿真中断

C54x 允许用户仿真外部中断信号 INT0～INT3，并选择中断发生的时钟周期。为此，可以建立一个数据文件，并将其连接到 4 个中断引脚中的一个即 INT0～INT3，或 BIO 引脚。值得注意的是时间间隔用 CPU 时钟周期函数来表示，仿真从一个时钟周期开始。

1. 设置输入文件

为了仿真中断，必须先设置一个输入文件(输入文件使用文本编辑器编辑)，列出中断间隔。文件中必须有如下格式的时钟周期

[clock clock, logic value]rpt {n |EOS}

只有使用 BIO 引脚的逻辑时，才使用方括号。

(1) clock　clock(时钟周期)是指希望中断发生时的 CPU 时钟周期。可以使用两种 CPU 时钟周期。

① 绝对时钟周期是指其周期值表示所要仿真中断的实际 CPU 时钟周期。

如 14、26、58。分别表示在第 14、26、58 个 CPU 时钟周期处仿真中断，对时钟周期值没有操作，中断在所写的时钟周期处发生。

② 相对时钟周期是指相对于上次事件的时钟周期。

如 14+26 和 58。表示有 3 个时钟周期，即分别在 14、40(14+26)和 58 个 CPU 时钟周期处仿真中断。时钟周期前面的加号表示将其值加上前面总的时钟周期。在输入文件中可以混合使用绝对时钟周期和相对时钟周期。

(2) logic value(逻辑值)只使用于 BIO 引脚。必须使用一个值去迫使信号在相应的时钟周期处置高位和置低位。

如[13，1]、[25，0]和[55，1]表示 BIO 在第 13 个时钟周期置高位，在第 25 时钟周期置低位，在第 55 时钟周期又置高位。

(3) rpt {n |EOS}是一个可选参数，代表一个循环修正。可以用两种循环形式来仿真中断：

① 固定次数的仿真。可以将输入文件格式化为一个特定模式并重复一个固定次数

如 5(+10 +20)rpt 2。括号中的内容代表要循环的部分，这样在第 5 个 CPU 时钟周期仿真一个中断，然后在第 15(5+10)、35(15+20)、45(35+10)、65(45+15)个时钟周期处仿真一个中断。n 是一个正整数，表示重复循环的次数。

② 循环直到仿真结束。为了将同样模式在整个仿真过程中循环，加上一个 EOS。

如 5(+10 +20)rpt EOS 表示在第 5 个 CPU 时钟周期仿真一个中断，然后在第 15(5+10)、35(15+20)、45(35+10)、65(45+15)个时钟周期处仿真一个中断，并将该模式持续到仿真结束。

2. 软件仿真编程

建立输入文件后，就可以使用 CCS 提供的 Tools→Pin connect 菜单来连接列表及将输入文件与中断脚断开。使用调试单击 Tools→Command Window，系统出现如图 5.31 所示的窗口。

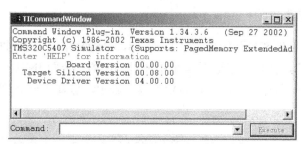

图 5.31 Command Window 窗口

在输入窗口的 Command 处根据需要选择输入如下命令。

(1) pinc   将输入文件和引脚相连。

命令格式：pinc 引脚名，文件名。

引脚名：确认引脚必须是 4 个仿真引脚(INT0～INT3)中的一个，或是 BIO 引脚。

文件名：输入文件名。

(2) pinl   验证输入文件是否连接到了正确的引脚上。

命令格式：pinl。

它首先显示所有没有连接的引脚，然后是已经连接的引脚。对于已经连接的引脚，在 Command 窗口显示引脚名和文件的绝对路径名。

(3) pind 结束中断，引脚脱开。

命令格式：pind 引脚名。

该命令将文件从引脚上脱开，则可以在该引脚上连接其他文件。

3. 实例

Simulator 仿真 INT3 中断，当中断信号到来时，中断处理子程序完成将一变量存储到数据存储区中，中断信号产生 10 次。

(1) 编写中断产生文件。设置输入文件，列出中断发生间隔。在文件 zhongduan.txt 中写入 100(+100)rpt 10 之后存盘，此文件与中断的 INT3 引脚连接后，系统每隔 100 个时钟周期发生一次中断。

(2) 将输入文件 zhongduan.txt 连接到中断引脚。在命令行输入 pinc INT3，zhongduan.txt，将 INT3 引脚与 zhongduan.txt 文件连接。

(3) 用汇编语言仿真中断。

① 编写中断向量表。对于要使用的中断引脚，应正确的配置中断入口和中断服务子程序。在源程序的中断向量表中写入：

```
    .mmregs
    ；建立中断向量
    .sect "vectors"
    .space 93*16        ；在中断向量表中预留一定空间，使程序能够正确转移
INT3                    ；外部中断 INT3
    NOP
    NOP
    GOTO NT3
    NOP
    .space 28*16        ；68h~7Fh 保留区
```

② 编写主程序。在主程序中，要对中断有关的寄存器进行初始化。

```
    ***********zhongduansim***********
    .data
a0  .word  0,0,0,0,0,0,0,0,0
    .text
    .global  _main
_main:
    PMST = #01a0h       ；初始化 PMST 寄存器
    SP=#27FFh           ；初始化 SP 寄存器
    DP=#0
    IMR=#100            ；初始化 IMR 寄存器
    AR1=#a0
    a=#9611h
    INTM=0              ；开中断
wait                    ；等待中断信号
    NOP
    NOP
```

```
        GOTO wait
```
③ 编写中断服务程序。
```
NT3:
    NOP
    NOP
    (*AR1+)=a;
    NOP
    NOP
    return_enable
    .end
```
在命令窗口输入 reset，然后装入编译和连接好的*.out 程序，开始运行。

5.3.2 用 Simulator 仿真 I/O 端口

用 Simulator 仿真 I/O 端口，可按如下 3 个步骤实现：
- 定义存储器映射方法；
- 连接 I/O 端口；
- 脱开 I/O 端口。

实现这些步骤可以使用系统提供的 Tools→Port Connect 菜单来连接、脱开 I/O 端口，也可以选择调试命令来实现。单击 Tools→Command Window，系统将弹出对话框，然后在 Command 处根据需要选择输入的命令。

1. 定义存储器映射方法

定义存储器映射除了前面章节讲的方法以外，还可以在命令窗口输入 ma 命令定义实际的目标存储区域，语法如下
```
ma  address,page,length,type
```

(1) address   定义一个存储区域的起始地址，此参数可以是一个绝对地址、C 表达式、函数名或汇编语言标号。
(2) page   用来识别存储器类型，0 代表程序存储器，1 代表数据存储器，2 代表 I/O 空间。
(3) length   定义其长度，可以是任何 C 表达式。
(4) type   说明该存储器的读写类型。该类型必须是表 5-1 关键字中的一个。

表 5-1 存储器读写类型对应的关键字

存储器类型	type 类型
只读存储器	R 或 ROM
只写存储器	W 或 WOM
读写存储器	R|M 或 RAM
读写外部存储器	RAM|EX 或 R|M|EX
只读外部结构	P|R
读写外部结构	P|R|W

2. 连接 I/O 端口

mc(memory connect)将 P|R，PW，P|R|W 连接到输入/输出文件。允许将数据区的任何区域(除 00H～1FH)连接到输入/输出文件来读写数据。语法如下

```
mc portaddress,page,length,flename,fileaccess
```

(1) portaddress　I/O 空间或数据存储器地址。此参数可以是一个绝对地址、C 表达式、函数名或汇编语言标号。它必须是先前用 ma 命令定义，并有关键字 P/R(input port)或 P/R/W(input/output port)。为 I/O 端口定义的地址范围长度可以是 0x1000～0x1FFF 字节，不必是 16 的倍数。

(2) Page　用来识别此存储器区域的内容。Page=1，表示该页属于数据存储器。Page=2，表示该页属于 I/O 空间。

(3) Length　定义此空间的范围，此参数可以是任何 C 表达式。

(4) Filename　可以为任何文件名。从连接口或存储器空间读文件时，文件必须存在，否则 mc 命令会失败。

(5) Fileaccess　识别 I/O 和数据存储器的访问特性，必须为表 5-2 所列关键字的一种。

表 5-2　存储器的访问特性对应的关键字

访问文件的类型	访问特性
输入口(I/O 空间)	P|R
输入 EOF，停止软仿真(I/O 端口)	R|P|NR
输出口(I/O 空间)	P|W
内部只读存储器	R
外部只读存储器	EX|R
内部存储器输入 EOF，停止软仿真	R|NR
外部存储器输入 EOF，停止软仿真	EX|R|NR
只写内部存储器空间	W
只写外部存储器空间	EX|W

对于 I/O 存储器空间，当相关的端口地址处有读写指令时，说明有文件访问。任何 I/O 端口都可以同文件相连，一个文件可以同多个端口相连，但一个端口至多与一个输入文件和一个输出文件相连。

如果使用了参数 NR，软仿真读到 EOF 时会停止执行并在命令窗口显示相应信息：

```
<addr>EOF reached — connected at port (I/O_PAGE)
```

或

```
<addr>EOF reached — connected at location(DATA_PAGE)
```

此时可以用 mi 命令脱开连接，mc 命令添加新文件。如果未进行任何操作，输入文件会自动从头开始自动执行，直到读出 EOF。如果未定义 NR，则 EOF 被忽略，执行不会停止。输入文件自动重复操作，软件仿真器继续读文件。

例如：设有两个数据存储器块：

```
ma   0x100 ,1,0x10,EX|RAM|      ;block1
ma   0x200,1,0x10,RAM           ;block2
```

可以使用 mc 命令将输入文件连接到 block1：

```
mc   0x100,1,0x1,my_input.dat,EX|R
```

可以使用 mc 命令将输出文件连接到 block2：

```
mc   0x205,1,0x1,my_output.dat,W
```

可以使用 mc 命令，使遇到输入文件的 EOF 时暂停仿真器：

```
mc   0x100,1,0x1,my_input.dat,EX|RNR 或
mc   0x100,1,0x1,my_input.dat,ERNR
```

【例 5.1】 将输入口连接到输入文件。

假定 in.dat 文件中包含的数据是十六进制格式，且一个字写一行，则：

```
0A00
1000
2000
```

使用 ma 和 mc 命令来设置和连接输入口：

```
ma   0x50,2,0x1,R|P         ;将口地址 50H 设置为输入口
mc   0x50,2,0x1,in.dat,R    ;打开文件 in.dat，并将其连接到口 50H
```

假定下列指令是程序中的一部分，则可完成从文件 in.dat 中读取数据：

```
PORTR 0x50,data_mem         ;读取文件 in.dat，并将读取的值放入 data_mem 区域
```

3. 脱开 I/O 端口

使用 md 命令从存储器映射中消去一个端口之前，必须使用 mi 命令脱开该端口。mi(memory disconnect)将一个文件从一个 I/O 端口脱开。其语法如下

```
mi   portaddress,page,{R|W|EX}
```

命令中的端口地址和页是指要关闭的端口，read/write 特性必须与端口连接时的参数一致。

4. 实例

1) 编写汇编语言源程序从文件中读数据

(1) 定义 I/O 端口　使用 ma 命令指定 I/O 端口，在命令窗口输入：

```
ma   0x100,2,0x1,P|R         ;定义地址 0x100 为输入端口
ma   0x102,2,0x1,P|W         ;定义地址 0x102 为输出端口
ma   0x103,2,0x1,P|R|W       ;定义地址 0x103 为输入/输出端口
```

(2) 连接 I/O 端口　用 mc 命令将 I/O 端口连接到输入/输出文件。允许将数据区的任何

区域(除 00H～1FH)连接到输入/输出文件来读写数据。当连接读文件时应确保文件存在。

```
mc  0x100,2,0x1,ioread.txt,R
mc  0x102,2,0x1,iowrite.txt,W
```

为了验证 I/O 端口是否被正确定义，文件是否被正确连接，在命令窗口使用 ml 命令，Simulator 将列出 memory 以及 I/O 端口的配置和所连接的文件名。

(3) 编写汇编语言源程序从文件中读数据：

```
(*ar1+)=port(0x100)  ；将端口 0x100 所连接文件内容读到 ar1 寄存器指定的地址单元中。
port(0x102)=*ar1     ；将 ar1 寄存器所指地址的内容写到端口 0x102 连接的文件中。
```

2) 脱开 I/O 端口

```
mi 0x100,2,R    ；将 0x100 端口所连接的文件 ioread.txt 从 I/O 端口脱开
mi 0x102,2,W    ；将 0x102 端口所连接的文件 iowrite.txt 从 I/O 端口脱开
```

注意：必须将 I/O 端口脱开，数据才能避免丢失。

5.4 DSP/BIOS 的功能

5.4.1 DSP/BIOS 简介

DSP/BIOS 是一个实时操作系统内核。主要应用在需要实时调度和同步的场合。此外，通过使用虚拟仪表，它还可以实现主机与目标机的信息交换。DSP/BIOS 提供了可抢占线程，具备硬件抽象和实时分析等功能。

DSP/BIOS 由一组可拆卸的组件构成。应用时只需将必需的组建加到工程中即可。DSP/BIOS 配置工具允许通过屏蔽去掉不需要的 DSP/BIOS 特性来优化代码体积和执行速度。

在软件开发阶段，DSP/BIOS 为实时应用提供底层软件，从而简化实时应用的系统软件设计，节约开发时间。更为重要的是，DSP/BIOS 的数据获取(Data Capture)、统计(Statistics)和事件记录功能(Event Logging)在软件调试阶段与主机 CCS 内的分析工具 BIOScope 配合，可以完成对应用程序的实时探测(Probe)、跟踪(Trace)和监控(Monitor)，与 RTDX 技术和 CCS 可视化工具相配合，除了可以直接实时显示原始数据(二维波信号或三维图像)外，还可以对原始数据进行处理，进行数据的实时 FFT 频谱分析、星座图和眼图处理等。

DSP/BIOS 包括如下工具和功能：

(1) DSP/BIOS 配置工具。程序开发者可以利用该工具建立和配置 DSP/BIOS 目标。该工具还可以用来配置存储器、线程优先级和中断处理函数等。

(2) DSP/BIOS 实时分析工具。该工具用来测试程序的实时性。

(3) DSP/BIOS API 函数。应用程序可以调用超过 150 个 DSP/BIOS API 函数。

5.4.2 一个简单的 DSP/BIOS 实例

本节通过一个简单的例子来介绍如何使用 DSP/BIOS 创建、生成、调试和测试程序。该实例就是常用的显示"hello world"程序。在这里没有使用标准 C 输出函数而是使用

DSP/BIOS 功能。利用 CCS2 的剖析特性可以比较标准输入函数和利用 DSP/BIOS 函数执行的性能。值得注意的是，开发 DSP/BIOS 应用程序不仅要有 Simulator(软件调试仿真)，还需要使用 Emulator(硬件仿真)和 DSP/BIOS 插件(安装时装入)。

1. 创建一个配置文件

为使用 DSP/BIOS 的 API 函数，一个程序必须有一个配置文件用来定义程序所需的 DSP/BIOS 对象。

(1) 在 C:\ti\myprojects 目录下新建一个新文件夹 HelloBios。

(2) 将文件夹 C:\ti\tutorial\sim54xx\hello1 下的全部文件复制到新建立的文件夹 HelloBios 中。

(3) 运行 CCS，并打开 C:\ti\myprojects\HelloBios 下的 hello.pjt。

(4) CCS 会弹出如图 5.32 所示的对话框，提示没有找到库文件，这是因为工程被移动了。单击 Browse 按钮，在 C:\ti\c5400\cgtools\lib 找到 rts.lib 库文件。

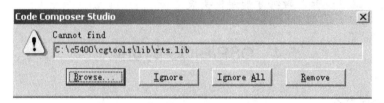

图 5.32 未找到库文件提示框

(5) 单击 hello.pjt、Libraries 和 Source 旁边的"+"号，展开工程视图。

(6) 双击 hello.c 程序，可以看出本程序通过 puts("hello world!\n")函数输出 hello world!。

(7) 编译、下载和运行程序，输出"hello world!"。下面修改程序，使用 DSP/BIOS 输出"hello world!"。

```
#include <stdio.h>
#include "hello.h"
#define BUFSIZE 30
struct PARMS str =
{
    2934,
    9432,
    213,
    9432,
    &str
};
/*
 *  ======== main ========
 */
void main()
{
#ifdef FILEIO
    int      i;
```

```
        char    scanStr[BUFSIZE];
        char    fileStr[BUFSIZE];
        size_t  readSize;
        FILE    *fptr;
#endif
    /* write a string to stdout */
    puts("hello world!\n");
#ifdef FILEIO
    /* clear char arrays */
    for (i = 0; i < BUFSIZE; i++)
    {
    scanStr[i] = 0          /* deliberate syntax error */
        fileStr[i] = 0;
    }
    /* read a string from stdin */
    scanf("%s", scanStr);
    /* open a file on the host and write char array */
    fptr = fopen("file.txt", "w");
    fprintf(fptr, "%s", scanStr);
    fclose(fptr);
    /* open a file on the host and read char array */
    fptr = fopen("file.txt", "r");
    fseek(fptr, 0L, SEEK_SET);
    readSize = fread(fileStr, sizeof(char), BUFSIZE, fptr);
    printf("Read a %d byte char array: %s \n", readSize, fileStr);
    fclose(fptr);
#endif
}
```

(8) 执行菜单命令 File→New→DSP/BIOS Configuration。

(9) 选择与您的 DSP 仿真器相对应的模板并单击 OK 按钮确认。此时将弹出一个新窗口。窗口左半部分为 DSP/BIOS 模块及对象名，右半部分为模块和对象的属性。

(10) 右键单击 LOG-Event Log Manager，在弹出菜单中选择 Insert Log，此时创建一个被称为 LOG0 的 LOG 对象。

(11) 右键单击 LOG0 对象，在弹出菜单中选择 Rename，对象更名为 trace。

(12) 将配置文件存为 hello.cbd，存盘到 C:\ti\myprojects\HelloBios 中，此时将产生以下文件：

① hello.cdb 配置文件，保存配置设置。
② hellocfg.cmd：链接命令文件。
③ hellocfg.s54：汇编语言源文件。
④ hellocfg.h54：myhellocfg.s54 包含的头文件
⑤ hellocfg.h：DSP/BIOS 模块头文件。
⑥ hellocfg_c.c：CSL 结构体和设置代码。

2. 将 DSP/BIOS 添加到工程中

下面将刚才存盘时生成的文件添加到工程文件中。

(1) 执行菜单命令 Project→Add Files to Project，将 hello.cbd 加入，此时工程视图中将添加一个名为 DSP/BIOS Config 的目录，hello.cbd 被列在该目录下。

(2) 链接输出的文件名必须与 .cdb 文件名一样，在 Project→Build Options 的 Linker 栏中将输出文件名修改为 hello.out。

(3) 执行菜单命令 Project→Add Files to Project，将 hellocfg.cmd 加入 CCS 中。由于工程中只能有一个链接命令文件，因此产生如图 5.33 所示的警告信息。

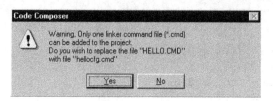

图 5.33 链接命令文件警示

(4) 单击 Yes 按钮，用 hellocfg.cmd 替换原来的 hello.cmd 命令文件。

(5) 在 Project 视图中移去 Vector.asm，这是因为硬件中断矢量已在 DSP/BIOS 配置中自动定义。

(6) 移去 rts.lib 文件，因为此运行支持库也已在 hellocfg.cmd 中指定，链接时将自动加入。

(7) 将 hello.c 文件内容修改为以下代码。LOG_printf 和 put 函数占用相同的资源。

```
#include <std.h>
#include <log.h>
#include "hellocfg.h"
/*
 *  ======== main ========
 */
Void main()
{
    LOG_printf(&trace, "hello world!");
    /* fall into DSP/BIOS idle loop */
    return;
}
```

在以上程序代码中：

① 程序首先包含了 std.h 和 log.h 两个头文件。所有使用 DSP/BIOS API 的程序必须包含 std.h 头文件。此外还应包括该模块使用的头文件，本例中的 LOG 模块头文件为 log.h。在 log.h 中定义了 LOG_Obj 结构，并在 LOG 模块中声明 API 操作。在头文件中，std.h 必须放在其他文件前面，其余模块的先后次序则并不重要。

② 程序中使用关键字 extern，声明在配置文件中创建的 LOG 对象。

③ 主函数调用 LOG_pritf 函数并将 LOG 对象 &trace 和 hello world 信息作为参数传给主函数。

④ 主函数返回，程序将进入 DSP/BIOS 等待循环状态，等待软件和硬件中断发生。

(8) 保存 hello.c。

(9) 执行菜单命令 Project→Build Option，直接将 Compiler 栏的命令行参数-d FILEIO 删除。

(10) 重新编译程序。

3. 用 CCS 测试

由于程序只有一行，因此没有必要分析程序。下面对程序进行测试。

(1) 执行菜单命令 File →Load Program，加载 myhello.out。

(2) 执行菜单命令 Debug →Go main，编辑窗口显示 hello.c 文件内容且 main 函数的第一行被高亮显示，表明程序执行到此后暂停。

(3) 执行菜单命令 DSP/BIOS→Message Log，此时将在 CCS 窗口下方出现 Message Log 区域。

(4) 在 Log Name 栏选择 trace 作为要观察的 LOG 名。

(5) 运行程序将在 Message Log 区域出现"hello world！"信息。

(6) 在 Message Log 区域右击并选择 Close，为下面使用剖切(Profiler)作准备。

4. 分析 DSP/BIOS 代码执行时间

下面使用剖切(Profiler)获得 LOG_printf 的执行时间。

(1) 执行菜单命令 File→Reload Program，重新加载程序。

(2) 执行菜单命令 Profiler→Enable Clock，使能时钟

(3) 双击 hello.c，查看源代码。

(4) 执行菜单命令 ViewMax Source/ASM，同时显示 C 及相应汇编代码。

(5) 将光标放在 LOG_printf(&trace, "hello world!");行。

(6) 在 Project 工具栏上的 Toggle Profile Point 图标，设置剖切点。

(7) 将光标移至程序最后一行花括号处，设置第二个剖切点。虽然 return 是程序的最后一条语句，但不能将剖切点放在此行，因为此行不包含等效汇编代码。如果将剖切点放在此行，则 CCS 运行时自动纠正此错误。

(8) 执行菜单命令 Profiler→Start New Session，弹出 Profile Session Name 窗口，取默认名字，单击 OK 按钮，出现 Profile Statistics 窗口。

(9) 运行程序。

(10) 可以看到第二个剖切点的指令周期约为 58，即为执行 LOG_printf 的时间。调用 LOG_printf 比调用 C 中的 puts 函数更为有效，这是因为字符格式串格式是在主机上而不是像 puts 函数那样在目标 DSP 上处理。使用 LOG_printf 函数监视系统状态对程序的实时运行影响比使用 puts 函数小得多。

(11) 停止程序运行。

(12) 执行以下操作以释放被 Profile 任务占用的资源。

① 执行菜单命令 Profiler→Enable Clock，禁止时钟。

② 关闭 Profile Statistics 窗口。

③ 执行菜单命令 Profiler→profile points 删除所有剖切点。

④ 执行菜单命令 View→Mixed Source/ASM，取消 C 与汇编的混合显示。
⑤ 关闭所有源文件和配置窗口。
⑥ 执行菜单命令 Project→Close，关闭工程。

5.5 习题与思考题

1. 简述 CCS 软件配置步骤。
2. CCS 提供了哪些菜单和工具条？
3. 编写一个能显示"This is my program！"的 DSP 程序。
4. 编写程序用 CCS 仿真 INT2 中断。
5. 用 DSP/BIOS 的 LOG 对象方法实现"This is my program！"的输出。

第6章 DSP片内外设

教学提示：TMS320C54x DSP 的片内外设是集成在芯片内部的外部设备。本章将以 C5402 DSP 为主详细介绍其可编程定时器、串行口、主机接口、通用 I/O 以及软件等待状态发生器和分区转换逻辑。

教学要求：掌握可编程定时器、标准同步串行口、标准 8 位主机接口、通用 I/O 的特点和操作过程，能够应用。了解多通道缓冲串口(McBSP)、8 位增强主机接口 HPI-8、软件等待状态发生器和分区转换逻辑。

6.1 DSP片内外设概述

TMS320C54x DSP 的片内外设是集成在芯片内部的外部设备。CPU 核对片内外设的访问是通过对相应的控制寄存器的访问来完成的。外部设备集成在芯片内部主要有以下优点：

(1) 片内外设访问速度快。因为片外外设必须通过与程序、数据总线共用的外部总线来访问，访问速度慢，而片内外设的访问或操作速度大大快于外部 I/O 空间中的片外外设。

(2) 可以简化电路板的设计。如将 A/D 转换、D/A 转换、定时器集成在片内。

(3) 提供一些必须的特殊功能。这些特殊功能必须以片内外设的方式来实现，如 JTAG 口、等待状态发生器等。

TI 公司将相关的片内外设分为两大类：片内外设和增强型片内外设。其中片内外设主要包括串行接口、定时器、通用 I/O 引脚和标准主机接口(HPI8)。增强型外设主要包括多通道缓冲串口(McBSP)、主机接口(8 位增强 HPI-8、16 位增强 HPI-16)、DMA 控制器。

所有的 C54x DSP 的 CPU 结构及功能完全相同，但是片内的外设配置多少不同。任何一款 C54x DSP 拥有的片内外设都只是以上列举的片内外设的一部分。

片内外设的操作是通过相关的控制寄存器来实现的，寄存器被映射到数据存储空间的第 0 页(地址 20h～5Fh)。具体的映射关系如表 6-1 所示。

表 6-1 C5402 外设存储器映像寄存器

地址(十六进制)	名称	描述
20	DRR20	McBSP0 数据接收寄存器 2
21	DRR10	McBSP0 数据接收寄存器 1
22	DXR20	McBSP0 数据发送寄存器 2
23	DXR10	McBSP0 数据发送寄存器 1
24	TIM	定时器 0 寄存器
25	PRD	定时器 0 周期计数器

续表

地址(十六进制)	名 称	描 述
26	TCR	定时器 0 控制寄存器
27	—	保留
28	SWWSR	软件等待状态寄存器
29	BSCR	块切换控制寄存器
2A	—	保留
2B	SWCR	软件等待状态控制寄存器
2C	HPIC	HPI 控制寄存器
2D~2F	—	保留
30	TIM1	定时器 1 寄存器
31	PRD1	定时器 1 周期计数器
32	TCR1	定时器 1 控制寄存器
33~37	—	保留
38	SPSA0	McBSP0 串口子块地址寄存器
39	SPSD0	McBSP0 串口子块数据寄存器
3A~3B	—	保留
3C	GPIOCR	通用 I/O 引脚控制寄存器
3D	GPIOSR	通用 I/O 引脚状态寄存器
3E~3F	—	保留
40	DRR21	McBSP1 数据接收寄存器 2
41	DRR11	McBSP1 数据接收寄存器 1
42	DXR21	McBSP1 数据发送寄存器 2
43	DXR11	McBSP1 数据发送寄存器 1
44~47	—	保留
48	SPSA1	McBSP1 串口子地址寄存器
49	SPSD1	McBSP1 串口子数据寄存器
4A~53	—	保留
54	DMPREC	DMA 通道容许与优先控制寄存器
55	DMSA	DMA 子块地址寄存器
56	DMSDI	带子块地址递增的 DMA 数据寄存器
57	DMSDN	DMA 子地址寄存器
58	CLKMD	时钟模式寄存器
59~5F	—	保留

6.2 可编程定时器

C5402 有两个片内定时器，主要用来产生周期性的中断。它们的动态范围由 16 位计数器和 4 位预定标计数器来确定。计数频率来自于 CPU 的时钟频率。每个定时器都具有软件可编程的 3 个控制寄存器。

6.2.1 定时器的结构及特点

C5402 内部有定时器 0 和定时器 1 两个定时器。这两个定时器的结构都是一样的，每个定时器有 3 个控制寄存器，它们是：
- TIM 定时器寄存器，是减 1 计数器，可加载周期寄存器 PRD 的值，并随计数减少。
- PRD 定时器周期寄存器，PRD 中存放定时器的周期计数值，提供 TIM 重载用。
- TCR 定时器控制寄存器，TCR 包含定时器的控制和状态位，控制定时器的工作过程。

这 3 个寄存器都是存储器映像寄存器，其所在的地址如表 6-1 所示。

图 6.1 所示为定时器的逻辑框图，它由两个基本的功能块组成，即主定时器模块(由 PRD 和 TIM 组成)和预定标器模块(由 TCR 的 TDDR 和 PSC 位组成)。

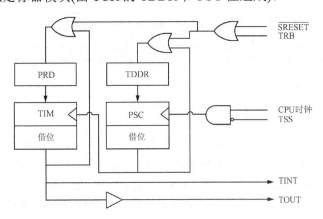

图 6.1 定时器的逻辑框图

定时器是一个片内向下(递减)计数器。预定标器 PSC 由 CPU 提供时钟，TIM 由 PSC 减为 0 后产生的信号为时钟。每次当计数器 TIM 减少到 0 时，会产生一个定时器中断(TINT)，计数器同时重载周期值。

DSP 定时器有以下的主要特点：

(1) 由 16 位计数器和 4 位预分频计数器组成。16 位计数器的触发脉冲由预分频计数器提供，预分频计数器由 CPU 工作时钟决定。

(2) 定时器是一个减计数器。

(3) 有复位功能。

(4) 可以选择调试断点时定时器的工作方式。

6.2.2 定时器的控制寄存器

DSP 核通过访问或控制 TIM、PRD 和 TCR 这 3 个寄存器来控制定时器的工作。其中 TCR 控制定时器的工作过程，其各位的意义描述如表 6-2 所示。

表 6-2 TCR 定时器控制寄存器

位	名称	复位值	功能
15～12	Reserved	—	保留
11 10	Soft Free	0 0	Soft 和 Free 位一起决定在调试中遇到断点时的定时器工作状态。 Free　Soft　定时器状态 0　　　0　　定时器立即停止工作 0　　　1　　当计数器减到 0 时停止工作 1　　　x　　定时器继续运行
9～6	PSC	—	定时器预定标计数器。当 PSC 中的数值减到 0 后，TDDR 中的数加载到 PSC，TIM 减 1
5	TRB	—	定时器重新加载控制位。复位片内定时器。当 TRB 置位时，TIM 重新装载 PRD 的值，PSC 重新装载 TDDR 中的值。TRB 总是读为 0
4	TSS	0	定时器停止位，TSS=0　定时器开始工作，TSS=1　定时器停止
3～0	TDDR	0000	当 PSC 减为 0 时，TDDR 中的值被装载到 PSC 中

6.2.3 定时器的操作过程

1. 定时器的工作过程

主定时器模块由 PRD 和 TIM 组成。在正常工作情况下，当 TIM 减计数到 0 后，PRD 中的内容自动地加载到 TIM。当系统复位(RESET 输入信号有效)或者定时器单独复位(TRB 有效)时，PRD 中的内容重新加载到 TIM。TIM 由预定标器 PSC 提供时钟，每个来自预定标块的输出时钟使 TIM 减 1。主计数器块的输出为定时器中断(TINT)信号，该信号被送到 CPU 和定时器输出 TOUT 引脚。

预定标模块由预定标计数器(PSC)和定时器分频系数(TDDR)组成。PSC 和 TDDR 都是定时器控制寄存器(TCR)的位。在正常工作情况下，当 PSC 减计数到 0 时，TDDR 的内容加载到 PSC。当系统复位或者定时器单独复位时，TDDR 的内容重新加载到 PSC。PSC 由 CPU 提供时钟，每个 CPU 时钟信号将使 PSC 减 1。通过读 TCR，可以读取 PSC，但是它不能直接被写。

通过 TSS 位的控制可以关闭定时器的时钟输入，停止定时器的运行。当不需要定时器时，停止定时器的操作以降低 DSP 功耗。

2. 定时时间的计算

每次当定时器计数器减少到 0 时，会产生一个定时器中断(TINT)，定时器中断(TINT)

周期可由如下公式计算：

定时器的中断周期 $=T_{CLK} \times (T_{TDDR}+1) \times (T_{PRD}+1)$

通过读 TIM，可以读取定时器的当前值；读 TCR 可以读取 PSC。由于读这两个寄存器需要两条指令，就有可能在两次读之间因为计数器减而发生读数变化。因此，如果需要精确的定时测量，就应当在读这两个值前先停止定时器。

3．定时器的初始化

初始化定时器可采用如下步骤：

(1) 将 TCR 中的 TSS 位置 1，停止定时器。
(2) 加载 PRD。
(3) 重新加载 TCR 以初始化 TDDR。
(4) 重新启动定时器。通过设置 TSS 位为 0，并设置 TRB 位为 1 以重载定时器周期值，使能定时器。

使能定时器中断的操作步骤如下(假定 INTM=1)：

(1) 将 IFR 中的 TINT 位置 1，清除尚未处理完(挂起)的定时器中断。
(2) 将 IMR 中的 TINT 位置 1，使能定时器中断。
(3) 可以将 ST1 中的 INTM 位清 0，使能全局中断。

复位时，TIM 和 PRD 被设置为最大值 FFFFh，定时器的分频系数(TCR 的 TDDR 位)清 0，并且启动定时器。注意复位后定时器是工作的，如果不用可以在初始化中停止其运行。

6.2.4 定时器应用举例

【例 6.1】 利用定时器 Timer0 在 XF 引脚产生周期为 1s 的方波。

设 f=100MHz，定时最大值是：$10(ns) \times 2^4 \times 2^{16} = 10(ms)$，要输出 1s 的方波，可定时 5ms，再在中断程序中加个 100 计数器，定时器周期=10ns×(1+9)×(1+49999)=5ms 来完成。

程序如下：

```
CounterSet  .set    100                         ; 定义计数次数
PERIOD      .set    49999                       ; 定义计数周期
            .asg    AR1,Counter                 ; AR1 做计数指针，重新命名以便识别
            STM     #CounterSet,Counter         ; 设计数器初值
            STM     #0000000000010000B,TCR      ; 停止计数器
            STM     #PERIOD,TIM                 ; 给 TIM 设定初值 49999
            STM     #PERIOD,PRD                 ; PRD 与 TIM 一样
            STM     #0000001001101001B,TCR      ; 开始定时器的工作
            STM     #0008H,IMR                  ; 开 TIME0 的中断
            RSBX    INTM                        ; 开总中断
End:        NOP
            B       End
中断服务程序：TINT0_ISR
TINT0_ISR:
            PSHM    ST0                         ; 保护 ST0，因要改变 TC
```

```
            BANZ    Next, *Counter-         ;计数器不为 0, 计数器减 1, 退出中断
            STM     #CounterSet, Counter    ;计数器为 0, 根据当前 XF 的状态, 分
            BITF    *AR2, #1                ;别到 setXF 或 ResetXF
            BC      ResetXF, TC
    setXF:
            SSBX    XF                      ;置 XF 为高
            ST      #1, *AR2
            B       Next
    ResetXF:
                                            ;置 XF 为低
            RSBX    XF
            ST      #0, *AR2
    Next:
            POPM    ST0
            RETE
            end
```

6.3 串 行 口

一般 TI 公司的 DSP 都有串行口, C54x 系列 DSP 集成在芯片内部的串口分为 4 种: 标准同步串口(SP)、带缓冲的串行接口(BSP)、时分复用(TDM)串行口和多通道带缓冲串行接口(McBSP)。其中 McBSP 属于增强型片内外设。芯片不同串口配置也不尽相同, 表 6-3 列出了 C54x 系列 DSP 的片内接口数量和种类。

串行接口一般通过中断来实现与核心 CPU 的同步。串行接口可以用来与串行外部器件相连, 如编码解码器、串行 A/D 或 D/A 以及其他串行设备。

表 6-3　C54x 系列 DSP 片内串口数量和形式

芯片	标准串行接口 (BSP)	带缓冲串行接 口(BSP)	时分复用(TDM) 串行接口	多通道缓冲串口 (McBSP)
C541	2	0	0	0
C542	0	1	1	0
C543	0	1	1	0
C546	1	1	0	0
C548	0	2	1	0
C549	0	2	1	0
C5402	0	0	0	2
C5410	0	0	0	3
C5420	0	0	0	6

6.3.1 标准同步串行口(SP)

标准同步串行口是一种高速、全双工同步串行口,用于提供与编码器、A/D 转换器等串行设备之间的通信。标准同步串行口发送器和接收器是双向缓冲的,并可单独屏蔽外部中断信号。它有 2 个存储器映像寄存器用于传送数据,即发送数据寄存器(DXR)和接收数据寄存器(DRR),另外还有一个串口控制寄存器(SPC)。每个串行口的发送和接收部分都有独立的时钟、帧同步脉冲以及串行移位寄存器。

1. 标准同步串行口的结构和特点

串行口由 16 位数据接收寄存器(DRR)、数据发送寄存器(DXR)、接收移位寄存器(RSR)、发送移位寄存器(XSR)以及控制电路所组成。标准串行口的组成框图如图 6.2 所示。

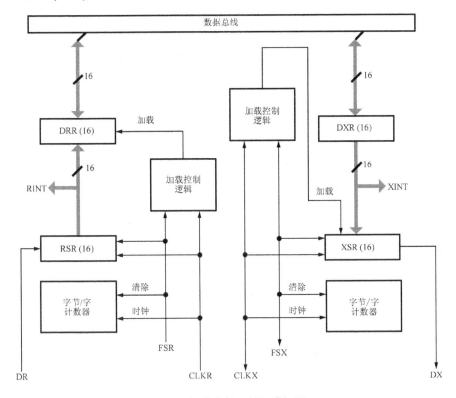

图 6.2 标准串行口的组成框图

串口共涉及 6 个引脚,与接收数据有关的是接收时钟信号(CLKR)、串行数据接收(DR)、接收帧同步信号(FSR)。与发送数据有关的是发送时钟信号(CLKX)、串行数据发送(DX)、发送帧同步信号(FSX)。

标准同步串口具有以下一些特点:
(1) 发送与接收的帧同步和时钟同步信号完全独立。
(2) 发送和接收部分可独立复位。
(3) 串口的工作时钟可来源于片外或片内。
(4) 独立的发送和接收数据线。

(5) 具有数据返回方式，便于测试。
(6) 在程序调试时，工作方式可选。
(7) 可以以查询和中断两种方式工作。

2. 串行口控制寄存器

C54x 串行口的操作是由串行口控制寄存器(SPC)决定的。SPC 寄存器的控制位及功能如表 6-4 所示。

表 6-4 串口控制寄存器(SPC)

位	名 称	复 位 值	功 能
15 14	Free Soft	0 0	Free　Soft　串行口时钟的状态 0　　0　　立即停止串行口时钟，结束传送数据。 0　　1　　接收数据不受影响。若正在发送数据，则等到当前字 　　　　　　发送完成后停止发送数据。 1　　x　　不管 Soft 位为何值，一旦出现断点，时钟继续运行， 　　　　　　数据照常移位
13	RSRFULL	0	接收移位寄存器满。当 RSRFULL=1，表示 RSR 满，暂停接收数据。如果 DRR 中的数据被读取，RSRFULL 为 0
12	XSREMPTY	0	发送移位寄存器空。为 0 时，说明 DXR 没有被加载，而 XSR 中的数据已移空。为 1 时，暂停发送数据，并停止驱动 DX。
11	XRDY	1	发送准备好位，XRDY 位由 0 变到 1，表示 DXR 中的内容已经复制到 XSR，可以向 DXR 加载新的数据字，并产生一次发送中断 XINT
10	RRDY	0	接收准备好位，RRDY 位由 0 变到 1，表示 RSR 中的内容已经复制到 DRR 中，可以从 DRR 中取数了，并产生一次接收中断 RINT
9	IN1	X	输入 CLKX 当前状态
8	IN0	X	输入 CLKR 当前状态
7	RRST	0	接收复位控制位
6	XRST	0	发送复位控制位
5	TXM	0	发送方式位，用于设定帧同步脉冲 FSX 的来源。当 TXM=1 时，将 FSX 设置成输出。每次发送数据的开头由片内产生一个帧同步脉冲。当 TXM=0 时，将 FSX 设置成输入。由外部提供帧同步脉冲。发送时，发送器处于空转状态直到 FSX 引脚上提供帧同步脉冲
4	MCM	0	时钟方式位，用于设定 CLKX 的时钟源。当 MCM=0 时，CLKX 配置成输入，采用外部时钟。当 MCM=1 时，CLKX 配置成输出，采用内部时钟。片内时钟频率是 CLKOUT 频率的 1/4

位	名 称	复 位 值	功 能
3	FSM	0	帧同步方式(FSM)位。这一位规定串行口工作时，在初始帧同步脉冲之后是否还要求帧同步脉冲。当FSM=0时，在初始帧同步脉冲之后不需要帧同步脉冲。当FSM=1时，串行口工作在字符组方式。每发送/接收一个字都要求一个帧同步脉冲FSX/FSR
2	FO	0	数据格式位，用它规定串行口发送/接收数据的字长。当FO=0时，发送和接收的数据都是16位字。当FO=1时，数据按8位字节传送，首先传送MSB，然后是LSB
1	DLB	0	数字返回方式(DLB)位。用于单个C54x测试串行口的代码。当DLB=1时，片内通过一个多路开关，将输出端的DR和FSR分别与输入端的DX和FSX相连。当工作在数字返回方式时，若MCM=1(选择片内串行口时钟CLKS为输出)，CLKR由CLKX驱动；若MCM=0(CLKX从外部输入)，CLKR由外部CIKX信号驱动。如果DLB=0，则串行口工作在正常方式，此时DR、FSR和CLKR都从外部输入
0	RES	0	保留

注意：要复位和重新配置串行口，需要对SPC寄存器写两次。

第一次，对SPC寄存器的RRST和XRST位写0，其余位写入所希望的配置。

第二次，对SPC寄存器的RRST和XRST位写1，其余位是所希望的配置，再一道重新写一次。

3. 标准同步串口的操作过程

图6.3给出了串行口传送数据的一种连接方法。

在发送数据时，先将要发送的数写到DXR。若XSR是空的(上一字已串行传送到DX引脚)，则自动将DXR中的数据复制到XSR。在FSX和CLKX的作用下，将XSR中的数据移到DX引脚输出。当DXR中的数据复制到XSR后，就可以将另一个数据写到DXR。在发送期间，DXR中的数据复制到XSR后，串行口控制寄存器(SPC)中的发送准备好(XRDY)位由0变为1，随后产生一个串行口发送中断(XINT)信号，通知CPU可以对DXR重新加载。

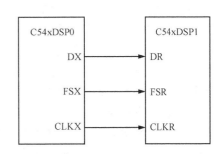

图6.3 串行口传送数据的一种连接

接收数据时，来自DR引脚的数据在FSR和CLKR的作用下，移位至RSR，然后复制到DRR，CPU从DRR中读出数据。当RSR的数据复制到DRR后，SPC中的接收数据准备好(RRDY)位由0变为1，随后产生一个串行口接收中断(RINT)信号，通知CPU可以从DRR中读取数据。

由此可见，串行口是双缓冲的，发送和接收都是自动完成，用户只需检测RRDY或XRDY位来判断可否继续发送或接收数据。当然，也可利用中断来完成。

4. 标准串口操作举例

下面以实例说明标准串口操作的步骤，操作以中断的方式完成。

1) 串口的初始化
(1) 复位，并将 0x0038 写入 SPC，初始化串口。
(2) 将 0x00C0h 写入 IFR，清除任何挂起的串行接口中断。
(3) 将 0x00C0h 和 IMR 求或逻辑运算，使能串行接口中断。
(4) 清除 ST1 的 INTM 位，使能全局中断。
(5) 将 0x00F8h 写入 SPC，启动串行接口。
(6) 将第一个数据写入 DXR。

2) 串口中断服务程序
(1) 保存当前工作状态到堆栈中。
(2) 读 DRR 或写 DXR 或同时操作，从 DRR 读出的数据写入存储器中，将要发送的数据从存储器中取出写入 DXR。
(3) 恢复现场。
(4) 用 RETE 从中断子程序返回。

6.3.2 带缓冲的串行接口(BSP)

缓冲串行口在标准同步串行口的基础上增加了一个自动缓冲单元(ABU)，并以 CLKOUT 频率计时。它是全双工和双缓冲的，以提供灵活的数据串长度，如可使用 8、10、12、16 位连续通信流数据包，为发送和接收数据提供帧同步脉冲及一个可编程频率的串行时钟。自动缓冲单元支持高速传送并能降低服务中断的开销。

1. 缓冲串行口的结构和特点

缓冲串行口(BSP)是一种增强型串行口。ABU 利用独立于 CPU 的专用总线，让串行口直接读/写 C54x 内部存储器。这样可以使串行口处理事务的开销最省，并能达到较快的数据率。BSP 有两种工作方式：非缓冲方式和自动缓冲方式。当工作在非缓冲方式(即标准方式)时，BSP 传送数据与标准串行口一样，都是在软件控制下经中断进行的；当工作在自动缓冲方式时，串行口直接与 C54x 内部存储器进行 16 位数据传送。

ABU 具有自身的循环寻址寄存器组，每个都与地址产生单元相关。发送和接收缓冲存储器位于一个指定的 C54x DSP 内部存储器的 2K 字块中。该块可作为通用的存储器，但却是唯一的自动缓冲能使用的存储块。

使用自动缓冲，字传输直接发生在串行接口部分和 C54x DSP 内部存储器之间。在自动缓冲寻址时，使用 ABU 可以编程缓冲区的长度和起始地址，可以产生缓冲满中断，并可以在运行中停止缓冲功能。

2. 缓冲串行口的控制寄存器

缓冲串行口共有 6 个寄存器：数据接收寄存器(BDRR)、数据发送寄存器(BDXR)、控制寄存器(BSPC)、控制扩展寄存器(BSPCE)、数据接收移位寄存器(BRSR)、数据发送移位寄存器(BXSR)。

在标准模式时，BSP 利用自身专用的数据发送寄存器、数据接收寄存器、串行口控制寄存器进行数据通信，也利用附加的控制扩展寄存器(BSPCE)处理它的增强功能和控制ABU。BSP 发送和接收移位寄存器不能用软件直接存取，但具有双向缓冲能力。如果没有使用串行口功能，BDXR、BDRR 寄存器可以用作通用寄存器，此时 BFSR 设置为无效，以保证初始化可能的接收操作。

缓冲串行口在标准串行口的基础上新增了许多功能，如可编程串行口时钟、选择时钟和帧同步信号的正负极性，除了有串行口提供的 8、16 位数据转换外，还增加了 10、12 位字转换，允许设置忽略同步信号或不忽略。这些特殊功能受控制扩展寄存器(BSPCE)控制，其各位的定义如表 6-5 所示。

表 6-5 控制扩展寄存器(BSPCE)

位	名 称	复位值	功 能
15	HALTR	0	自动缓冲接收停止位。HALTR=0，当缓冲区接收到一半数据时，继续操作。HALTR=1，当缓冲区接收到一半数据时，自动缓冲停止。此时 BRE 清零，串行口继续标准模式工作
14	RH	0	指明接收缓冲区的哪一半已经填满，RH=0 表示前半部分缓冲区被填满，当前接收的数据正存入后半部分缓冲区。RH=1 表示后半部分缓冲区被填满，当前接收的数据正存入前半部分缓冲区
13	BRE	0	自动接收使能控制。BRE=0，自动接收禁止，串行口工作于标准模式。BRE=1，自动接收允许
12	HALTX	0	自动发送禁止。HALTX=0，当一半缓冲区发送完成后，自动缓冲继续工作。HALTX=1，当一半缓冲区发送完成后，自动缓冲停止。此时 BRE 清零，串行口继续工作于标准模式
11	XH	0	发送缓冲禁止位。XH=0，缓冲区前半部分发送完成，当前发送数据取自缓冲区的后半部分。XH=1，缓冲区后半部分发送完成，当前发送数据取自缓冲区的前半部分
10	BXE	X	自动发送使能位。BXE=0，禁止自动发送功能。BXE=1，允许自动发送功能。
9	PCM	X	脉冲编码模块模式。PCM=0，清除脉冲编码模式，PCM=1 设置脉冲编码模式
8	FIG	0	帧同步信号忽略。在连续发送模式且具有外部帧同步信号，以及连续接收模式下有效。FIG=0，在第一个帧脉冲之后的帧同步脉冲重新启动时发送。FIG=1，忽略帧同步信号
7	FE	0	扩展格式设置位
6	CLKP	0	时钟极性设置位。用来设定接收和发送数据采样时间特性。CLKP=0，在 BCLKR 的下降沿接收采样数据，发送器在 BCLRX 的上升沿发送信号。CLKP=1，接收器在 BCLKR 的上升沿接收采样数据，发送器在 BCLKX 下降沿发送数据

续表

位	名 称	复 位 值	功 能
5	FSP		帧同步极性设置位。用来设定帧同步脉冲触发电平的高低。FSP=0，帧同步脉冲高电平激活。FSP=1，帧同步脉冲低电平激活
0~4	CLKDV	0	内部发送时钟分频因数。当 BSPC 的 MCM=1，CLKX 由片上的时钟源驱动，其频率为 CLKOUT/(CLKDV+1)，CLKDV 的取值范围是 0~31。当 CLKDV 为奇数或 0 时，CLKX 的占空比为 50%；当 CLKDV 为偶数时，其占空比依赖于 CLKP；CLKP=0 时，占空比为(P+1)/P，CLKP=1 时，占空比为 P/(P+1)

注意：PCM 位设置串行口工作于编码模式，只影响发送器。BDXR 到 BXSR 转换不受该位影响。在 PCM 模式下，只有它的最高位(15)为 0，BDXR 才被发送，为 1 时，BDXR 不发送。BDXR 发送期间 BDX 处于高阻态。

FIG 位可以将 16 位传输格式以外的各种传输字长压缩打包，可用于外部帧同步信号的连续发送和接收。初始化之后，当 FIG=0 时，如果帧同步信号发生，发送重新开始。当 FIG=1 时，帧同步信号被忽略。例如，设置 FIG=1，可在每 8、10、12 位产生帧同步信号的情况下实现连续 16 位的有效传输。如果不用 FIG，每一个低于 16 位的数据转换必须用 16 位格式，包括存储格式。利用 FIG 可以节省缓冲内存。

FE 位与 BSPC 中的 FO 位一起设定传输字的长度，如表 6-6 所示。

表6-6 BSPC 中的 FO 位与 BSPCE 中的 FE 位对字长的控制

FO	FE	字 长	FO	FE	字 长
0	0	16	1	0	8
0	1	10	1	1	12

3. 缓冲串行口的操作过程

缓冲串行口有两种工作模式：一是标准工作模式，二是缓冲工作模式。

1) 标准工作模式下的缓冲串口的操作

这种工作模式与标准串行口的工作模式基本相同，表 6-7 列出了缓冲串口在标准工作模式下与 SP 的区别。

表6-7 标准串行口与缓冲串行口在标准模式下的区别

控制寄存器	标准串行口	缓冲串行口
RSRFULL=1	要求 RSR 满，且 FSR 出现，RSRFULL 置位。连续模式下，只需 BSR 满	只需 RSR 满，RSRFULL 置位
溢出时 RSR 数据保护	溢出时 RSR 数据保护	溢出时 BRSR 内容丢失
溢出后连续模式下接收重新开始	只要 DRR 被读，接收重新开始	只有 BDRR 被读且 BFSR 到来，接收才重新开始

续表

控制寄存器	标准串行口	缓冲串行口
DRR 中进行 8、10、12 位转换时扩展符号	否	是
XSR 装载，$\overline{\text{XSREMPTY}}$ 清空，XRDY/XINT 中断触发	装载 DXR 时出现这种情况	装载 BDXR 且 BFSX 发生，出现这种情况
程序对 DXR 和 DRR 的访问	任何情况下都可以在程序控制下对 DRR 进行读写。当串口正在接收时，对 DDR 的读不能得到以前由程序所写的结果。DXR 的重写可能丢失以前写入的数据，这与帧同步发送信号 FSX 和写的时序有关	不启动 ABU 功能时，BDRR 只读，BDXR 只写。只有复位时 BDRR 可写。BDRR 任何情况下可以读
最大串口时钟速率	CLKOUT/4	CLKOUT
初始化时钟要求	只要帧同步信号出现，串行口退出复位。但如果在帧同步信号发生期间，或之后 $\overline{\text{XRST}}/\overline{\text{RRST}}$ 变为高电平，则帧同步信号被忽略	标准 BSP 情况下，帧同步信号 FSX 出现后，需要 1 个时钟周期 CLKOUT 的延时，才能完成初始化过程。自动缓冲模式下，FSR/FSX 出现之后，需要 6 个时钟周期的延时，才能完成初始化过程
省电操作模式 IDLE2、IDLE3 的操作	无	有

2) 缓冲工作模式

该模式是讨论的重点，其功能主要由自动缓冲单元 ABU 来完成。

自动缓冲单元(ABU)可独立于 CPU 自动完成控制串行口与固定缓冲内存区中的数据交换。它包括地址发送寄存器(AXR)、块长度发送寄存器(BKX)、地址接收寄存器(ARR)、块长度接收寄存器(BKR)和串行口控制寄存器(BSPCE)。其中前 4 个是 11 位的在片外围存储器映像寄存器，但这些寄存器按照 16 位寄存器方式读，只是 5 个高位为 0。如果不使用自动缓冲功能，这些寄存器可作为通用寄存器用。

ABU 的发送和接收部分可以分别控制，当同时应用时，可由软件控制相应的串行口寄存器 BDXR 或 BDRR。当发送或接收缓冲区的一半或全部满或空时，ABU 才产生 CPU 的中断，避免了 CPU 直接介入每一次传输带来的资源消耗。可以利用 11 位地址寄存器和块长度寄存器设定数据缓冲区的开始地址和数据长度。发送和接收缓冲可以分别驻留在不同的独立存储区，包括重叠区域或同一个区域内。自动缓冲工作中，ABU 利用循环寻址方式对这个存储区寻址。

在使用自动缓冲功能时，CPU 也可以对缓冲区进行操作。但两者同时访问相同区域时，为防止冲突，ABU 具有更高的优先权，而 CPU 延时 1 个时钟周期后进行存取。另外，当 ABU 同时与串行口进行发送和接收时，发送的优先级高于接收。此时发送首先从缓冲区取出数据，然后延迟等待，当发送完成后再开始接收。自动缓冲单元在串行口与自动缓冲单元的 2K 字内存之间进行操作。

循环寻址原理为：循环寻址通过 ARX/R 和 BKX/R 来确定缓冲区的顶部和底部，并可以将缓冲区分为上半部分和下半部分。寻址时地址自动增加，当到达底部时，再重新回到顶部，并在数据过半或到达缓冲区底部时产生中断。

综上所述，自动缓冲过程可归纳为：

① ABU 完成对缓冲存储器的存取。

② 工作过程中地址寄存器自动增加，直至缓冲区的底部。到底部后，地址寄存器内容恢复到缓冲存储区顶部。

③ 如果数据到了缓冲区的一半或底部，就会产生中断，并更新 BSPEC 中的 XH/RH，以表明那一部分数据已经被发送或接收。

④ 如果选择禁止自动缓冲功能，当数据过半或到达缓冲区底部时，ABU 会自动停止缓冲功能。

6.3.3 时分复用(TDM)串口

时分多路串行口是一个允许数据时分多路的同步串行口，它将时间间隔分成若干个子间隔，按照事先规定，每个子间隔表示一个通信信道。

时分多路串行模式是将时间分为时间段，周期性地分别按时间段顺序与不同器件通信的工作方式。此时每一个器件占用各自的通信时段(通道)，循环往复地传送数据，各通道的发送或接收相互独立。图 6.4 为一个 TDM 连接图。

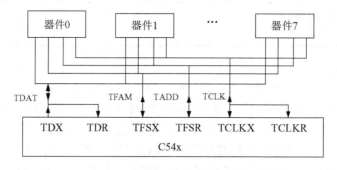

图 6.4 TDM 连接图

TDM 串行口硬件接口连接中，四条串行口总线可以同时连接 8 个串行口通信器件进行分时通信，这 4 条线的定义分别为时钟 TCLK、帧同步 TFAM、数据 TDAT 及附加地址 TADD。

C54x 的 TDM 最多可以有 8 个 TDM 信道。每种器件，可以用一个信道发送数据，用 8 个信道中的一个或多个信道接收数据。这样，TDM 为多处理器通信提供了简便而有效的接口，因而在多处理器应用中得到广泛使用。TDM 串行口也有两种工作方式：非 TDM 方式和 TDM 方式。当工作在非 TDM 方式(或称标准方式)时，TDM 串行口的作用与标准串行口的作用是相同的。

TDM 串行口工作方式受 6 个存储器映像寄存器 TRCV、TDXR、TSPC、TCSR、TRTA、TRAD 和两个专用寄存器 TRSR 和 TXSR 控制，TRSR 和 TXSR 不直接对程序存取，只用于双向缓冲。上述寄存器的功能如下：

TRCV　16 位的 TDM 数据接收寄存器，用于保存接收的串行数据，功能与 DRR 相同。

TDXR　16 位的 TDM 数据发送寄存器，用于保存发送的串行数据，功能与 DXR 相同。

TSPC　16 位的 TDM 串行口控制发送寄存器，包含 TDM 的模式控制或状态控制位，其第 0 位是 TDM 模式控制位，当 TDM =1 时，串行口被配置成多处理器通信模式，当 TDM=0 时，串行口被配置在标准工作模式。其他各位的定义与 SPC 相同。

TCSR　16 位的 TDM 通道选择寄存器，规定所有与之通信的器件的发送时间段。

TRTA　16 位的 TDM 发送/接收地址寄存器，低 8 位为 C54x 的接收地址，高 8 位为发送地址。

TRAD　16 位的 TDM 接收地址寄存器，存留 TDM 地址线的各种状态信息。

TRSR　16 位的 TDM 数据接收移位寄存器，控制数据的接收过程，从信号输入引脚到接收寄存器 TRCV，与 RSR 功能类似。

TXSR　16 位的 TDM 数据发送移位寄存器，控制从 TDXR 来的数据到输出引脚 TDX 发送出去，与 XSR 功能相同。

6.3.4　多通道缓冲串行接口(McBSP)

在某些特定的设备中，C54x DSP 提供多通道、全双工高速缓冲串口(McBSP)，可以直接与其他 C54x DSP、语音设备或其他外部设备相连。C5402 有两个 McBSP 串口。McBSP 结构复杂，使用起来有一定的难度。本小结将重点介绍 McBSP。

1. McBSP 的主要特点

(1) 全双工通信。
(2) 双缓冲发送，三缓冲接收，提供数据流工作方式。
(3) 独立的发送接收帧同步与时钟同步。
(4) 直接与工业标准的模拟接口器件 AIC、串行 A/D 和 D/A 相连。
(5) 可直接与以下工业标准相连：T1/E1，AC97，IIS，SPI。
(6) 可以使用外部时钟，也可使用内部可编程时钟。
(7) 最多 128 通道的发送和接收。
(8) 数据可以 8、12、16、20、24 和 32 方式传送。
(9) U-law 和 A-law 压缩扩展通信。
(10) 通信高位低位可选。
(11) 可编程的帧同步有效与数据时钟有效可选。
(12) 数据时钟与帧同步信号可编程。

2. McBSP 的结构

McBSP 的内部结构框图如图 6.5 所示。从图中可以看到，一个 McBSP 串口有 7 个引脚，CLKR 接收时钟引脚，CLKX 发送时钟引脚，CLKS 外部时钟引脚，DR 数据接收引脚，DX 数据发送引脚，FSR 接收帧同步引脚，FSX 发送帧同步引脚。

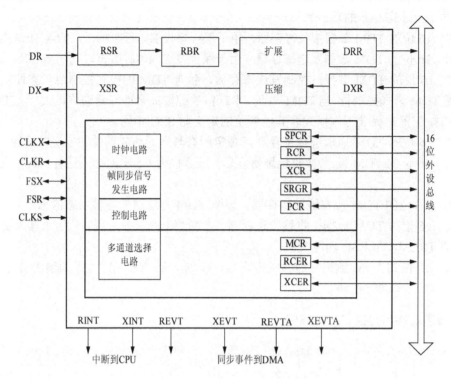

图 6.5 McBSP 的内部结构

DSP 核通过片内外设总线访问和控制 McBSP 的内部控制寄存器和数据接收/发送寄存器，涉及到的寄存器如表 6-8 所示。

表 6-8 C5402DSP McBSP 控制寄存器

McBSP0	McBSP1	子地址	符号	名称
—	—	—	RBR	接收缓冲寄存器
—	—	—	RSR	接收移位寄存器
—	—	—	XSR	发送移位寄存器
0020	0040	—	DRR2X	数据接收寄存器 2
0021	0041	—	DRR1X	数据接收寄存器 1
0022	0042	—	DXR2X	数据发送寄存器 2
0023	0043	—	DXR1X	数据发送寄存器 1
0038	0048	—	SPSAX	子地址寄存器
0039	0049	0x0000	SPCR1X	McBSP 串口控制寄存器 1
0039	0049	0x0001	SPCR2X	McBSP 串口控制寄存器 2
0039	0049	0x0002	RCR1X	McBSP 接收控制寄存器 1
0039	0049	0x0003	RCR2X	McBSP 接收控制寄存器 2
0039	0049	0x0004	XCR1X	McBSP 发送控制寄存器 1

续表

McBSP0	McBSP1	子地址	符号	名称
0039	0049	0x0005	XCR2X	McBSP 发送控制寄存器 2
0039	0049	0x0006	SRGR1X	McBSP 采样率发生寄存器 1
0039	0049	0x0007	SRGR2X	McBSP 采样率发生寄存器 2
0039	0049	0x0008	MCR1X	McBSP 多通道寄存器 1
0039	0049	0x0009	MCR2X	McBSP 多通道寄存器 2
0039	0049	0x000A	RCERAX	McBSP 接收通道允许寄存器 A 部分
0039	0049	0x000B	RCERBX	McBSP 接收通道允许寄存器 B 部分
0039	0049	0x000C	XCERAX	McBSP 发送通道允许寄存器 A 部分
0039	0049	0x000D	XCERBX	McBSP 发送通道允许寄存器 B 部分
0039	0049	0x000E	PCRX	McBSP 引脚控制寄存器

注意寄存器的子寻址的工作方式。子寻址方式指的是多路复用技术，可以实现一组寄存器共享存储器中的一个单元。例如，当 DSP 访问 McBSP0 的 XCR20 时，先将 XCR20 的子地址 0x0005 发送给 SPSA0，然后对 0039 进行访问时，操作的对象就是 XCR20。这样对于 DSP 来说，操作由子地址来寻址的 15 个子地址寄存器，只需 2 个寄存器地址，对于 McBSP0 来讲就是 0038 和 0039，对于 McBSP1 来讲就是 0048 与 0049。使用这种方式的主要好处是可以使用少量的寄存器映射存储器空间来访问 McBSP 的 20 多个寄存器。对于 C54x 系列的 DMA 控制器来说，由于 DMA 控制寄存器较多，也采用了这种方式。图 6.6 说明了子地址工作方式。

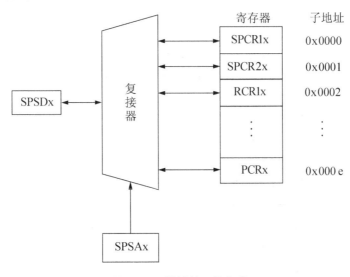

图 6.6 子地址的工作方式

3. McBSP 控制寄存器

McBSP 通过两个 16 比特串口控制寄存器 1 和 2(SPCR[1,2])和管脚控制寄存器(PCR)进行配置，这些寄存器包含了 McBSP 的状态信息和控制信息，它们的比特域功能如表 6-9～

表 6-11 所示。另外 PCR 除了在正常的串口工作状态下用于配置 McBSP 管脚的输入输出特性外,还可在收发器复位时用于将串口管脚配置成通用 I/O 脚。

表 6-9 串行接口控制寄存器 SPCR1

位	名称	功能
15	DLB	数字环模式,DLB=1 使能
14～13	RJUST	接收符号扩展和对齐模式 RJUST=00 右对齐,用 0 填充 DRR[1,2]的高位 RJUST=01 右对齐,DRR[1,2]的高位符号扩展 RJUST=10 左对齐,用 0 填充 DRR[1,2]的低位 RJUST=11 保留
12～11	CLKSTP	时钟停止模式 CLKSTP=0X 禁止时钟停止模式,对非 SPI 模式采用正常的时钟。 SPI 模式包括: CLKSTP=10 且 CLKXP=0 时钟在上升沿开始,无延迟 CLKSTP=10 且 CLKXP=1 时钟在下降沿开始,无延迟 CLKSTP=11 且 CLKXP=0 时钟在上升沿开始,有延迟 CLKSTP=11 且 CLKXP=1 时钟在下降沿开始,有延迟
10～8	保留	保留
7	DXENA	DX 使能,DXENA=0 DX 使能关,DXENA=1 DX 使能开
6	ABIS	ABIS 模式,ABIS=0 ABIS 模式禁止,ABIS=1 ABIS 模式使能
5～4	RINTM	接收中断模式 RINTM=00 RINT 由 RRDY 驱动 RINTM=01 多通道时 RINT 在块或帧结束时产生 RINTM=10 RINT 在帧同步收到时产生 RINTM=11 RINT 由 RSYNCERR 产生
3	RSYNCERR	接收帧同步出错 RSYNCERR=0 接收帧同步无错 RSYNCERR=1 接收帧同步出错
2	RFULL	接收移位寄存器满 RFULL=0 RBR[1,2]正常 RFULL=1 DBR[1,2]未读取,而 RBB 和 RSR 都已经满
1	RRDY	接收准备好 RRDY=0 接收未准备好 RRDY=1 接收准备好,可以读取
0	$\overline{RRST}$	接收复位,$\overline{RRST}$=0 接收部分复位,$\overline{RRST}$=1 接收部分使能

数字环模式使能后可以将收到的数据直接发送出去,一方面可以用来测试硬件,另外还可以用来在与 AD50 等音频采样和合成芯片通信时实现语音回放。

表 6-10 串行接口控制寄存器 SPCR2

位	名 称	功 能
15～10	保留	保留
9	FREE	自由工作模式 FREE=0 禁止自由工作模式，FREE=1 使能自由工作模式
8	SOFT	软件模式位，SOFT=0 禁止 SOFT 模式，SOFT=1 使能 SOFT 模式
7	$\overline{\text{FRST}}$	帧同步发生器复位， $\overline{\text{FRST}}$=0 帧同步发生逻辑复位 $\overline{\text{FRST}}$=1 帧同步信号 FSG 按照 FPER 设置产生
6	$\overline{\text{GRST}}$	采样速率发生器复位 $\overline{\text{GRST}}$=0 采样速率发生器复位，$\overline{\text{GRST}}$=1 采样速率发生器正常工作
5～4	XINTM	发送中断模式 XINTM=00 XINT 由 XRDY 驱动产生 XINT XINTM=01 多通道时 XINT 在块或帧结束时产生 XINTM=10 XINT 在接收到帧同步时产生 XINTM=11 XINT 由 XSYNCERR 产生
3	XSYNCERR	发送同步出错 XSYNCERR=0 发送同步无错，XSYNCERR=1 发送同步出错
2	$\overline{\text{XEMPTY}}$	发送移位寄存器空 $\overline{\text{XEMPTY}}$=0 XSR[1,2]空，$\overline{\text{XEMPTY}}$=1 XSR[1,2]没有空
1	XRDY	发送准备好 XRDY=0 发送没有准备好，XRDY=1 可以向 DXR 写入数据
0	$\overline{\text{XRST}}$	发送部分复位 $\overline{\text{XRST}}$=0 发送部分复位，$\overline{\text{XRST}}$=1 发送部分工作

表 6-11 引脚控制寄存器 PCR

位	名 称	功 能
15～14	保留	保留
13	XIOEN	发送管脚工作模式(当 $\overline{\text{XRST}}$=0 有效) XIOEN=0 DX、FSX 和 CLKX 作为串行口引脚工作 XIOEN=1 DX 引脚作为通用的输出，FSX 和 CLKX 作为通用 I/O
12	RIOEN	接收管脚工作模式(当 $\overline{\text{RRST}}$=0 有效) RIOEN=0 DR、FSR、CLKR 和 CLKS 作为串行口引脚工作 RIOEN=1 DR 和 CLKS 作为通用输入，FSR 和 CLKR 作为通用 I/O
11	FSXM	发送帧同步模式 FSXM=0 FSX 为输入脚，由外部驱动 FSXM=1 FSX 为输出脚，由内部采样率发生器驱动

续表

位	名称	功　能
10	FSRM	接收帧同步模式 FSRM=0　FSR 为输入脚，由外部驱动 FSRM=1　FSR 为输出脚，由内部采样率发生器驱动
9	CLKXM	发送时钟模式 串口模式时 CLKXM=0　CLKX 为输入脚，由外部驱动 CLKXM=1　CLKX 为输出脚，由内部采样率发生器驱动 SPI 模式时 CLKXM=0　McBSP 为从设备，CLKX 由 SPI 主设备驱动，CLKR 由 CLKX 内部驱动 CLKXM=1　McBSP 为主设备，CLKX 由 SPI 从设备的 CLKR 和移位时钟
8	CLKRM 模式	接收时钟 数字环模式禁止时(DLB=0) CLKRM=0　CLKR 为输入脚，由外部驱动 CLKRM=1　CLKR 为输出脚，由内部采样率发生器驱动 数字环模式使能时(DLB=1) CLKRM=0　CLKR 管脚高阻，接收时钟由 CLKX 驱动，CLKX 由 CLDXM 决定 CLKRM=1　CLKR 为输出脚，由 CLKX 驱动，CLKX 由 CLKXM 决定
7	保留	保留
6	CLKX_STAT	CLKX 管脚状态，作为通用输入时，反映 CLKS 的状态
5	DX_STAT	DX 管脚状态，作为通用输出时，反映 DX 的状态
4	DR_STAT	DR 管脚状态，作为通用输入时，反映 DR 的状态
3	FSXP	发送帧同步脉冲极性 FSXP=0　FSX 脉冲高有效，FSXP=1　FSX 脉冲低有效
2	FSRP	接收帧同步脉冲极性 FSRP=0　FSX 脉冲高有效，FSRP=1　FSX 脉冲低有效
1	CLKXP	发送时钟极性 CLKXP=0　在 CLKX 上升沿对发送数据采样 CLKXP=1　在 CLKX 下降沿对发送数据采样
0	CLKRP	接收时钟极性 CLKRP=0　在 CLKX 下降沿对发送数据采样 CLKRP=1　在 CLKX 上升沿对发送数据采样

除 SPCR[1,2]和 PCR 之外，McBSP 还配置了接收控制寄存器 RCR[1,2]和发送控制寄存器 XCR[1,2]来确定接收和发送操作的参数，它们的具体内容如表 6-12～表 6-15 所示。

表 6-12 接收控制寄存器 RCR1

位	名 称	功 能
15	保留	保留
14~8	RFRLEN1	接收帧长 1 RFRLEN1=0000000　每帧 1 个字 RFRLEN1=0000001　每帧 2 个字 …… RFRLEN1=1111111　每帧 128 个字
7~5	RWDLEN1	接收字长 1 RWDLEN1=000　8 比特 RWDLEN1=001　12 比特 RWDLEN1=010　16 比特 RWDLEN1=011　20 比特 RWDLEN1=100　24 比特 RWDLEN1=101　32 比特 RWDLEN1=11X　保留
4~0	保留	保留

注意：如果为单相帧，则帧 2 的设置不起作用。

表 6-13 接收控制寄存器 RCR2

位	名 称	功 能
15	RPHASE	接收相位，RPHASE=0　单相帧，RPHASE=1　双相帧
14~8	RFRLEN2	接收帧长 2 RFRLEN2=0000000　每帧 1 个字 RFRLEN2=0000001　每帧 2 个字 …… RFRLEN2=1111111　每帧 128 个字
7~5	RWDLEN2	接收字长 2 RWDLEN2=000　8 比特 RWDLEN2=001　12 比特 RWDLEN2=010　16 比特 RWDLEN2=011　20 比特 RWDLEN2=100　24 比特 RWDLEN2=101　32 比特 RWDLEN2=11X　保留

位	名称	功　能
4～3	RCOMPAND	接收压扩模式 仅当 RWDLEN=000b 时，即字长为 8bit 时 RCOMPAND 有效 RCOMPAND=00　无压扩处理，最高位先传输 RCOMPAND=01　无压扩处理，最低位先传输 RCOMPAND=10　对接收数据用 μ 律解压 RCOMPAND=11　对接收数据用 A 律解压
2	RFIG	接收帧忽略 RFIG=0　每次传输都需要帧同步 RFIG=1　在第一个接收帧同步后，忽略以后的帧同步
1～0	RDATDLY	接收数据延迟 RDATDLY=00　0 比特延迟 RDATDLY=01　1 比特延迟 RDATDLY=10　2 比特延迟 RDATDLY=11　保留

表 6-14　发送控制寄存器 XCR1

位	名称	功　能
15	保留	保留
14～8	XFRLEN1	发送帧长 1 XFRLEN1=0000000　每帧 1 个字 XFRLEN1=0000001　每帧 2 个字 …… XFRLEN1=1111111　每帧 128 个字
7～5	XWDLEN1	发送字长 1 XWDLEN1=000　8 比特 XWDLEN1=001　12 比特 XWDLEN1=010　16 比特 XWDLEN1=011　20 比特 XWDLEN1=100　24 比特 XWDLEN1=101　32 比特 XWDLEN1=11X　保留
4～0	保留	保留

表 6-15 发送控制寄存器 XCR2

位	名称	功能
15	XPHASE	发送相位，XPHASE=0 单相帧，XPHASE=1 双相帧
14～8	XFRLEN2	发送帧长 2 XFRLEN2=0000000 每帧 1 个字 XFRLEN2=0000001 每帧 2 个字 …… XFRLEN2=1111111 每帧 128 个字
7～5	XWDLEN2	发送字长 2 XWDLEN2=000 8 比特 XWDLEN2=001 12 比特 XWDLEN2=010 16 比特 XWDLEN2=011 20 比特 XWDLEN2=100 24 比特 XWDLEN2=101 32 比特 XWDLEN2=11X 保留
4～3	XCOMPAND	发送压扩模式 仅当 XWDLEN=000b 时，即字长为 8bit 时有效 XCOMPAND=00 无压扩处理，最高位先传输 XCOMPAND=01 无压扩处理，最低位先传输 XCOMPAND=10 对发送数据用 μ 律压缩 XCOMPAND=11 对发送数据用 A 律压缩
2	XFIG	发送帧忽略 XFIG=0 每次传输都需要帧同步 XFIG=1 在第一个发送帧同步后，忽略以后的帧同步
1～0	XDATDLY	发送数据延迟 XDATDLY=00 0 比特延迟 XDATDLY=01 1 比特延迟 XDATDLY=10 2 比特延迟 XDATDLY=11 保留

4. McBSP 的数据发送和接收的操作流程

McBSP 的操作过程包括 3 个阶段，即串口的复位、串口的初始化、发送和接收。

1) 复位串行接口

McBSP 串行接口的复位有如下两种情况：

芯片复位 $\overline{RS}=0$ 引发的串行复位使整个串行口复位，包括接口发送器、接收器、采样率发生器的复位。复位完成后 $\overline{RRST}$，$\overline{XRST}$ 和 $\overline{FRST}$ 均为 0。采样率发生器时钟(CLKG)等于 CPU 时钟除以 2，并且不会产生帧同步信号 FSG(低电平，无效)。

串行接口的发送器和接收器可以利用串行接口控制寄存器(SPCR1 和 SPCR2)中的 $\overline{\text{XPST}}$ 和 $\overline{\text{RRST}}$ 位分别独自复位。采样率发生器可以利用 SPCR2 中的 $\overline{\text{GRST}}$ 位复位。

2) 串行接口的初始化

串行接口的初始化操作步骤如下：

(1) 设定串行接口控制寄存器 SPCR[1，2]中的 $\overline{\text{XRST}}=\overline{\text{RRST}}=\overline{\text{FRST}}=0$。如果刚刚复位完毕，不必进行这一步操作。

(2) 编程配置特定的 McBSP 的寄存器。

(3) 等待 2 个时钟周期，以保证适当的内部同步。

(4) 按照写 DXR 的要求，给出数据。

(5) 设置 $\overline{\text{XRST}}=\overline{\text{RRST}}=1$，以使能串行接口。

(6) 如果要求内部帧同步信号，设置 $\overline{\text{FRST}}=1$。

(7) 等待 2 个时钟周期后，激活接收器和发送器。

上述步骤可用于正常工作情况下发送器和接收器的复位。

3) 数据发送和接收的操作

接收操作是三缓冲的，而发送操作是双缓冲的。接收数据首先到达 DR，然后移入 RSR[1,2]。一旦接收到一个满字(8、12、16、20、24 或 32 位)，并且 RBR[1,2]不满时，就将 RSR[1,2]复制到接收缓冲寄存器 RBR[1,2]。如果 DRR[1,2]已经被 CPU 或 DMA 读取，RBR[1,2]被复制到 DRR[1,2]。

发送操作是双缓冲的，CPU 或 DMA 将发送数据写到 DXR[1,2]中。如果在 XSR[1,2]没有数据，则 DXR[1,2]的值复制到 XSR[1,2]；否则当数据的最后一位从 DX 移出时，DXR[1,2]的值才复制到 XSR[1,2]。发送帧同步后，XSR[1,2]才开始从 DX 移出发送数据。

RRDY 和 XRDY 分别表示 McBSP 接收器和发送器的准备状态。串行接口写和读可以通过查询 RRDY 和 XRDY 来实现同步，或者使用 CPU 中断(RINT 和 XINT)来实现同步。

接收时，RRDY=1 表示 RBR[1,2]中的数据已经被复制到 DRR[1,2]，并且该数据可以被 CPU 读取。数据被 CPU 读取后，RRDY 被清零。在芯片复位或串行接口接收器复位($\overline{\text{RRST}}=0$) 时，RRDY 被清零。

发送时，XRDY=1 表示 DXR[1,2]中的数据已经复制到 XSR[1,2]，并且 DXR[1,2]已经准备好加载新的数据字。一旦新数据被 CPU 加载，XRDY 就被清零。数据从 DXR[1,2]复制到 XSR[1,2]，XRDY 就再次从 0 变为 1。此时，CPU 可以写 DXR[1,2]。

McBSP 允许为数据帧同步配置各种参数，可以分别对接收和发送进行配置，配置的参数内容包括如下：

(1) FSR、FSX、CLKX 和 CLKR 的极性。

(2) 单或双相帧的选择。

(3) 对于每一相，可配置每帧的字数。

(4) 对于每一相，可配置每个字的位数。

(5) 后续的帧同步可以重新启动串行数据流，也可以被忽略。

(6) 从帧同步到第一个数据位之间的数据位延迟，延迟的位数可以为 0、1 或 2 位。

(7) 对接收数据采用右对齐或左对齐，进行符号扩展或者填充 0。

上述参数内容，可以通过设置 McBSP 的寄存器进行配置。

5. McBSP 串口应用举例

McBSP 的初始化程序：

```
STM SPCR1, McBSP1_SPSA      ;将 SPCR1 对应的子地址放到子地址寄存器 SPSA 中
STM #0000h, McBSP1_SPSD     ;将#0000h 加载到 SPCR1 中，使接收中断由帧有效信号触发，
                            ;靠右对齐高位添 0
STM SPCR2, McBSP1_SPSA      ;将 SPCR2 对应的子地址放到子地址寄存器 SPSA 中
STM #0000h, McBSP1_SPSD     ;帧同步发生器复位，发送器复位
STM RCR1, McBSP1_SPSA       ;将 RCR1 对应的子地址放到子地址寄存器 SPSA 中
STM #0040h, McBSP1_SPSD     ;接收帧长度为 16 位
STM RCR2, McBSP1_SPSA       ;将 RCR2 对应的子地址放到子地址寄存器 SPSA 中
STM #0040h, McBSP1_SPSD     ;接收为单相，每帧 16 位
STM XCR1, McBSP1_SPSA       ;将 XCR1 对应的子地址放到子地址寄存器 SPSA 中
STM #0040h, McBSP1_SPSD     ;接收每帧 16 位
STM XCR2, McBSP1_SPSA       ;将 XCR2 对应的子地址放到子地址寄存器 SPSA 中
STM #0040h, McBSP1_SPSD     ;发送为单相，每帧 16 位
STM PCR, McBSP1_SPSA        ;将 PCR 对应的子地址放到子地址寄存器 SPSA 中
STM #000eh, McBSP1_SPSD     ;工作于从模式
```

6.4 主机接口(HPI)

TMS320C54x 系列 DSP 具有并行接口，分为以下 3 种，标准 8 位 HPI8、增强型 8 位 HPI-8、增强型 16 位 HPI-16。一般来讲通过 HPI 口与 DSP 通信的为其他 DSP 或单片机等。通信的主控方为其他主机。HPI 只需要很少或不需要外部逻辑就能和很多不同的主机设备相连。

6.4.1 标准 8 位主机接口 HPI8

C542、C545 等片内都有标准主机接口 HPI8，是一个 8 位并行口，用于主机(其他控制器)与 C54x DSP 的通信，实现主机访问 DSP 的内部 2K 的 DARAM(HPI 存储器)。

1. HPI8 的特点

HPI 具有两种工作模式：

(1) 共用访问模式(SAM)：在 SAM 模式下，主机和 C54x DSP 都能访问 HPI 存储器。异步的主机访问可以在 HPI 内部重新得到同步。如果 C54x DSP 与主机的周期(两个访问同时是读或写)发生冲突，则主机具有访问优先权，C54x DSP 等待一个周期。

(2) 仅仅主机访问模式(HOM)：在该模式下，只有主机可以访问 HPI 存储器，C54x DSP 则处于复位状态或者处在所有内部和外部时钟都停止工作的 IDLE2 空闲状态(最小功耗)。

HPI 支持主机与 C54x DSP 之间高速传输数据。在 SAM 工作模式，DSP 运行在 40MHz CLKOUT 时，主机可以运行在 30(或 24)MHz 的速度下，而不要求插入等待状态。而在 HOM 方式下，HPI 的主机访问与 C54x DSP 的时钟速度无关，速率最快可到 160Mbit/S。

2. 主机接口 HPI8 的结构

HPI 对于主机来讲就是一个外部设备,图 6.7 为其内部结构。

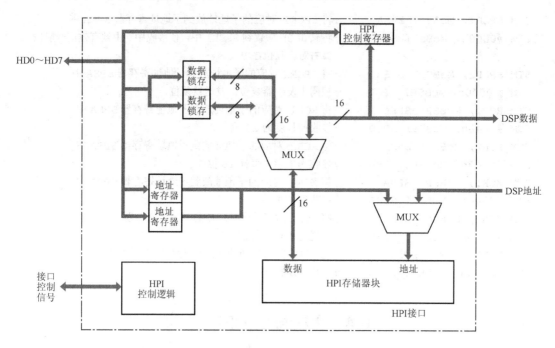

图 6.7 主机接口 HPI8 的内部结构

HPI 用于主机和 C54x DSP 之间通信时,主机通过访问表 6-16 列出的 HPI 的 3 个寄存器实现对 DSP 内部 RAM 的访问。

表 6-16 HPI 用于主机和 C54x DSP 之间通信的寄存器

名 称	地 址	描 述
HPIA	—	HPI 地址寄存器。主机可以直接访问该寄存器
HPIC	002Ch	HPI 控制寄存器,可以由主机或 C54x DSP 直接访问,包含了 HPI 操作的控制和状态位
HPID	—	HPI 数据寄存器,只能由主机直接访问。包含从 HPI 存储器读出的数据,或者要写到 HPI 存储器的数据

主机和 C54x DSP 都可以访问 HPI 控制寄存器,HPI 的外部接口为 8 位的总线,通过两个连续的 8 位字节组合在一起形成一个 16 位字,HPI 就可为 C54x DSP 提供 16 位的数。当主机使用 HPI 寄存器执行一个数据传输时,HPI 控制逻辑自动执行对一个 2K 字 C54x DSP 内部的 DARAM 的访问,以完成数据处理。C54x DSP 可以在它的存储器空间访问 RAM 中的数据。

C54x DSP 的外部 HPI 接口信号可以很容易实现与各种主机设备之间接口,外部 HPI 包括 8 位数据总线,以及配置和控制接口的控制信号。HPI 接口可以不需要任何附加逻辑连接各种主机设备。图 6.8 为主机与 HPI8 的连接图。

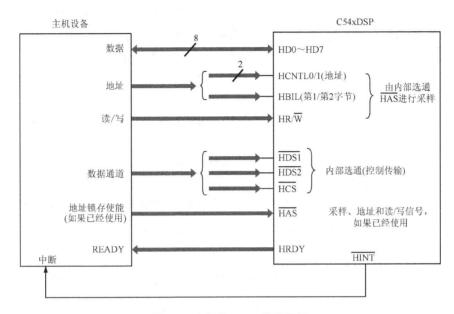

图 6.8 主机与 HPI8 的连接图

以下为引脚说明：

$\overline{\text{HAS}}$　地址选通输入，当主机是地址数据总线复用时，$\overline{\text{HAS}}$ 必须与 ALE 相连，如 51 单片机。HBIL、HCNTL0/1 和 HR/$\overline{\text{W}}$ 在 $\overline{\text{HAS}}$ 的下降沿被锁定。当使用 $\overline{\text{HAS}}$ 时，$\overline{\text{HAS}}$ 必须先于 $\overline{\text{HCS}}$、$\overline{\text{HDS1}}$、$\overline{\text{HDS2}}$ 中的最后者有效。当主机有单独的数据和地址总线时，$\overline{\text{HAS}}$ 接高电平。在这种情况下，HBIL、HCNTL0/1 和 HR/$\overline{\text{W}}$ 被 $\overline{\text{HDS1}}$、$\overline{\text{HDS2}}$ 或 $\overline{\text{HCS}}$ 的下降沿的最后有效的一个锁定。

HBIL　地址或控制线，表明当前是第一字节还是第二字节在传送，但并不说明是高字节，还是低字节，是高字节还是低字节由 HPIC 寄存器中的 BOB 位来说明。HBIL 是低字节表明是第一字节，HBIL 是高字节表明是第二字节。

HCNTL0，HCNTL1　地址或控制线，用来选择主机是对 HPIA 寄存器，还是 HPI 数据锁存器(带可选的地址递增)，或 HPIC 寄存器读/写。如表 6-17 所示。

表 6-17　HCNTL0，HCNTL1 表明哪一个寄存器被访问

HCNTL0	HCNTL1	描　述
0	0	主机可以读写 HPIC
0	1	主机可以读写 HPI 数据锁存器。HPIA 在每一次读写后自动加 1
1	0	主机可以读写 HPIA，HPIA 指向 C54x 片内 RAM
1	1	主机读写 HPI 数据锁存器，但 HPIA 不变

$\overline{\text{HCS}}$ 是 HPI 片选信号，在 HPI 操作过程中必须为低。$\overline{\text{HCS}}$ 一般先于 $\overline{\text{HDS1}}$、$\overline{\text{HDS2}}$ 有效，HD0～HD7 为 3 态数据总线。

$\overline{\text{HDS1}}$，$\overline{\text{HDS2}}$　数据选通输入，连到主机的读选通、写选通、数据选通。在主机访问周期中控制数据的传输。当不使用 $\overline{\text{HAS}}$，且 $\overline{\text{HCS}}$ 为低时，$\overline{\text{HDS1}}$ 和 $\overline{\text{HDS2}}$ 采样 HBIL，

HCNTL1/0 和 HR/$\overline{\text{W}}$。主机如有单独的读选通和写选通，分别与 $\overline{\text{HDS1}}$ 和 $\overline{\text{HDS2}}$ 相连。如果主机只有数据选通，用数据选通引脚和 $\overline{\text{HDS1}}$ 或 $\overline{\text{HDS2}}$ 相连，不用连接高电平。不管 $\overline{\text{HDS1}}$、$\overline{\text{HDS2}}$ 是如何连接的，HR/$\overline{\text{W}}$ 都是必须的，以确定数据的传送方向。

$\overline{\text{HINT}}$ 由 HPIC 寄存器中的 HINT 位控制，连到主机中断输入。当复位时是高电平，当 EMU1/OFF 是低电平时为高阻。

HRDY 是同步信号，为高表明 HPI 准备好，为低表明当前 HPI 忙。当 EMU1/OFF 是低电平时为高阻。当 $\overline{\text{HCS}}$ 为高时，HRDY 一定是高。

HR/$\overline{\text{W}}$ 为读写选通引脚。主机可以驱动 HR/$\overline{\text{W}}$ 为高，读 HPI；或为低，写 HPI。主机如果没有读写选通，可以用地址线完成这个功能。

必须注意的是，当自动改变 HPIA 的功能被启动时，数据读引起读后的 HPIA＋1，而数据写引起写前的 HPIA＋1，故在写数据到一个特定地址时，必须在主机程序中将地址−1。

3. 控制寄存器 HPIC

HPIC 共有 4 个位用于控制 HPI 操作，这些控制位的详细描述如表 6-18 所示。

表 6-18 HPIC 寄存器的控制位描述

位	主机访问	C54x 访问	功能描述
BOB	读/写	—	当 BOB=1 时，第 1 个字节为最低位 当 BOB=0 时，第 1 个字节为最高位 BOB 会影响数据和地址传输。只有主机可以修改这些位，对于 C54x DSP 来说是不可见的。在第一个数据或地址寄存器访问前，BOB 必须进行初始化
SMOD	读	读/写	如果 SMOD=1，共享访问模式(SAM)被使能，HPI 存储器可以被 C54x DSP 访问 如果 SMOD=0，主机模式(HOM)被使能，C54x DSP 不能访问整个 HPI RAM 块 复位其间 SMOD=0，复位后 SMOD=1。SMOD 只能由 C54x DSP 来修改，但是 C54x DSP 和主机都可以读该位
DSPINT	写	—	主机处理器到 C54x DSP 的中断。该位只能被主机写，并且主机和 C54x DSP 都不能读该位。当主机向该位写 1 时，就产生一个对 C54x DSP 的中断。对该位写 0 不会有任何效果
HINT	读/写	读/写	该位确定 C54x DSP 的 $\overline{\text{HINT}}$ 引脚的输出状态，用于向主机产生一个中断。复位时，HINT=0。外部 $\overline{\text{HINT}}$ 输出无效(高电平)；HINT 位只能由 C54x DSP 置 1，并且只能由主机清 0。C54x DSP 向 HINT 写 1，使 $\overline{\text{HINT}}$ 引脚为低电平，发出中断请求；如果主机要清除中断，必须向 HINT 写 1。无论是 C54x DSP 还是主机，向 HINT 写 0 无任何效果

4. 主机接口的操作

8 位数据总线(HD0~HD7)与主机之间交换信息。因为 C54x 的 16 位字的结构，所以主机与 DSP 之间数据传输必须包含两个连续的字节。HBIL 引脚信号确定传输的是第一个还是第二个字节。HPI 控制寄存器 HPIC 的 BOB 位决定第一或第二字节放置在 16 位字的高 8 位还是低 8 位。这样不论主机是高字节还是低字节在前，都不必破坏两个字节的访问顺序。

两个控制输入(HCNTL0 和 HCNTL1)表示哪个 HPI 寄存器被访问，并且表示对寄存器进行哪种访问。这两个输入与 HBIL 一起由主机地址总线位驱动。使用 HCNTL0/1 输入，主机可以指定对三个 HPI 寄存器中的某一个访问：HPI 控制寄存器(HPIC)、HPI 地址寄存器(HPIA)或 HPI 数据寄存器(HPID)。

HPIA 寄存器也可以使用自动增寻址方式，自动增特性为连续的字单元的读写提供了方便。在自动增寻址方式下，一次数据读会使 HPIA 在数据读操作后增加 1，而一个数据写操作会使 HPIA 操作前预先增加 1。

通过写 HPIC 中的 DSPINT，主机可以中断 C54x DSP。C54x DSP 也可用 HPIC 中的 HINT 来中断主机。主机通过写 HPIC 来应答中断，并清除 HINT，实现主机和 DSP 的中断握手。

两个数据选通信号($\overline{HDS1}$ 和 $\overline{HDS2}$)、读写选通信号($HR/\overline{W}$)和地址选通信号($\overline{HAS}$)，可以使 HPI 与各种工业标准主机设备进行连接。

HPI 准备引脚(HRDY)允许为准备输入的主机插入等待状态，这样可以调整主机对 HPI 的访问速度。

对于 C54x DSP，HPI 存储器为 2K 字×16 位的 DARAM 块，其地址范围为数据存储空间的 1000h~17FFh，不过根据 OVLY 位的值，也可以是位于程序存储器空间。

HPIA 是一个 16 位的地址寄存器，并且所有 16 位都可以进行读和写，HPI 存储器具有 2K 字，故只有 HPIA 的低 11 位被用来寻址 HPI 存储器。HPIA 的增加和减少影响该寄存器的所有 16 位。

由于主机接口总是传输 8 位字节，而 HPIC(通常是首先要访问的寄存器，用来设置配置位并初始化接口)是一个 16 位寄存器，在主机一侧就以相同内容的高字节与低字节来管理 HPIC(尽管访问某些位受到一定的限制)，而在 C54x DSP 这一侧高位是不用的。控制/状态位都处在最低 4 位。选择合适的 HCNTL1 和 HCNTL0，主机可以访问 HPIC 和连续 2 个字节的 8 位 HPI 数据总线。当主机要写 HPIC 时，第 1 个字节和第 2 个字节的内容必须是相同的值。C54x DSP 访问 HPIC 的地址为数据存储空间的 002Ch。

所有以上特性，使 HPI 为各种工业标准主机设备提供了灵活而有效的接口。另外，HPI 大大简化了主机和 C54x DSP 之间的数据交换。一旦接口配置好了，就能够以最高速度和最经济地实现数据的传输。

6.4.2 增强的 8 位 HPI(HPI-8)

增强型 8 位并行主机接口是标准型 8 位并行接口的改进，部分 C54x 系列 DSP 具有这种接口。如 C5402、C5410 等。

HPI-8 是 8 位的并行接口，提供 DSP 与主机或其他 C54x DSP 的接口。信息交换是通过 C54xDSP 片内的 RAM 来进行的。HPI-8 可以让主机访问到 DSP 内的所有 RAM，而不仅仅是 2K 的 RAM。HPI-8 是作为从机的方式工作，主机通过接口直接访问 C54x 片内存储器。接口由 8 位数据总线和一些控制信号组成，16 位数据的传输可以以高 8 位在前或低 8 位在前两种方式。HPI-8 控制寄存器可以被主机和 C54x DSP 访问，控制寄存器用来配置通信协议、控制通信和握手信号等。

在通信的过程中，主机和 C54x 可以同时访问片内 RAM，当发生冲突时，C54x 等待一个 DSP 时钟周期，也就是主机有优先权。

实际上 HPI-8 大部分的功能与 HPI8 相同。对主机而言，也是通过访问 HPIA、HPIC 和 HPID 数据寄存器来完成对 C54x DSP 内部的 RAM 访问。其引脚与 HPI8 的基本相同，HPI-8 控制逻辑如图 6.9 所示。

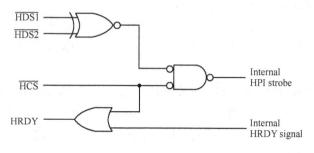

图 6.9 HPI-8 控制逻辑

图 6.9 说明内部的 HPI 选通信号是由 $\overline{HCS}$，$\overline{HDS1}$，$\overline{HDS2}$ 三根线控制的，$\overline{HCS}$ 实际上可以代替 $\overline{HDS1}$ 和 $\overline{HDS2}$ 控制 HPI 内部选通。$\overline{HCS}$ 同时还控制 HDRY，当 $\overline{HCS}$ 是高，HRDY 也是高。显然 $\overline{HDS1}$ 和 $\overline{HDS2}$ 同时被驱动为低电平是无意义的。

当 $\overline{HAS}$ 没有使用时，内部选通的下降沿用来采样 HCNTL0/1、HBIL 和 HR/$\overline{W}$ 输入。所以当 $\overline{HAS}$ 没有使用时，$\overline{HCS}$、$\overline{HDS1}$、$\overline{HDS2}$ 的最后有效的信号实际上触发采样 HCNTL0/1、HBIL 和 HR/$\overline{W}$ 输入的采样。除了具有触发采样控制输入的功能，内部 HPI 选通还定义了 HPI-8 周期的边界。

当用 $\overline{HAS}$ 输入来触发采样 HCNTL0/1、HBIL 和 HR/$\overline{W}$，这些信号可以在一个访问周期中先被除去，这样可以使总线从地址总线换回数据总线。在这种使用方式下，ALE 信号必须由主机提供，并用来驱动 $\overline{HAS}$。增强型 HPI-8 可以访问 C54x 任一片内 RAM。对于主机来讲，其访问的地址如图 6.10 所示。

应该注意的是，片内 RAM 实际上不论是分配给程序或数据区，对访问 HPI-8 的主机来讲，地址只能如图 6.10 所示。

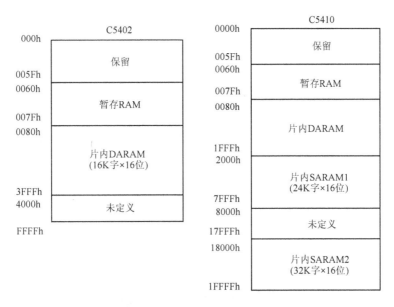

图 6.10 HPI-8 的存储器分配

6.4.3 应用举例

下例假设为双 DSP 通过 HPI 口通信，DSP1 向 DSP2 的数据空间发送数据，并读回到 DSP1 的存储器中。其中 DSP2 的 HPI 口的 HPIC，映射到 DSP1 的 0x8008、0x8009；HPIA 映射到 0x800C、0x800D；HPID 映射到 0x800A、0x800B。由于 DSP2 在访问过程中不需要操作，所以以下为 DSP1 的程序。

```
        STM     0x1000,AR1
        ST      0x00,*AR1
        PORTW   *AR1,0x8008         ;将 0x00 写入 HPIC
        ST      0x00,*AR1
        PORTW   *AR1,0x8009         ;高低位都为 0x00
        NOP
        ST      0x10,*AR1
        PORTW   *AR1,0x800C         ;将 0x10 写入 HPIA 高位
        ST      0x20,*AR1
        NOP
        PORTW   *AR1,0x800D         ;将 0x20 写入 HPIA 低位
        NOP                         ;地址为 0x1020
        NOP
        NOP
loop:
        ST      0x1A,*AR1
        NOP
        PORTW   *AR1,0x800A         ;将 0x1A2B 写入 DSP2 的 0x1020
        NOP
        ST      0x2B,*AR1
```

```
        NOP
        PORTW   *AR1,0x800B
        NOP
        NOP
        NOP
        STM     0x1010,AR2
        NOP
        PORTR   0x800A,*AR2    ;将读到的数放入 0x1010 和 0x1011 两个单元，
        NOP                    ;每个为 8 位数
        STM     0x1011,AR2
        NOP
        PORTR   0x800B,*AR2
        NOP
        NOP
        ST      0x3C,*AR1
        NOP
        PORTW   *AR1,0x800A    ;利用自动增量模式将 0x3C4D 写入 DSP2 的 0x1021
        NOP
        ST      0x4D,*AR1
        NOP
        PORTW   *AR1,0x800B
        NOP
        NOP
        NOP
        STM     0x1012,AR2
        NOP
        PORTR   0x800A,*AR2    ;将 DSP2 中的数通过 HPI 读到 DSP1 的 0x1012 和 0x1013
        NOP                    ;中，此时 DSP1 两个单元中分别为两个 8 位数
        STM     0x1013,AR2
        NOP
        PORTR   0x800B,*AR2
        NOP
        NOP
        hear    B hear
        .end
```

6.5 外部总线访问时序

  TMS320C54x 系列 DSP 其内部存储器有限，在应用时有时需要扩展外部存储器，由于 C54x 系列虽然在内部有 4 套总线系统，但外部只共用一套数据地址总线，而且这套总线还提供给 I/O 空间。这样由于内部采用流水线操作，内外部总线数目不同，可能产生流水线冲突。同时由于 DSP 工作频率高，与外部存储器和外设接口时有时序问题。

  C54x 系列 DSP 内部有等待状态发生器与分区转换控制器来提供方便的外部程序、数

据存储器、外部设备的时序匹配和控制。而这两个部件又分别受到两个存储器映像寄存器，即软件等待状态寄存器(SWWSR)和分区开关控制寄存器(BSCR)的控制。

在 DSP 应用中，选择存储器时，主要考虑的因素有存取时间、容量和价格等因素。存储器存取时间，即速度指标十分重要，如果所选存储器的速度跟不上 DSP 的要求，则不能正常工作。因此在采用低速器件时，需要用软件或硬件为 DSP 插入等待状态来协调。

6.5.1 软件等待状态发生器

C54x 所有内部读和写操作都是单周期的，而外部存储器读操作也是单周期内进行的。可以将单个周期内完成的读操作分成三段，即地址建立时间、数据有效时间和存储器存取时间，这时要求外部存储器的存取时间应小于60%的机器周期，对于型号为TMS320C54x-40 的 DSP 芯片，其尾数 40 表示 CPU 运行的最高频率为 40MHz，由于大多数指令都是单周期指令，所以这种 DSP 的运行速率也就是 40MIPS，即每秒执行 4000 万条指令，这时它的机器周期为 25ns。如果不插入等待状态，就要求外部器件的存取时间小于 15ns。当 C54x 与低速器件接口时，就需要通过软件或硬件的方法插入等待状态。

软件可编程等待状态发生器可以将外部总线的访问周期延长多达 7~14 个机器周期，这样一来，C54x 就能很方便地与外部慢速器件接口。如果外部器件要求更多等待周期，则可以利用硬件 READY 线来接口。当所有的外部寻址配置在 0 等待状态时，加到等待状态发生器的时钟被关断。

软件可编程等待状态发生器的工作受到一个 16 位的软件等待状态寄存器(SWWSR)的控制，它是一个存储器映像寄存器，在数据空间的地址为 0028h。程序空间和数据空间都被分成两个 32K 的字块，I/O 空间由一个 64K 字块组成。这 5 个字块空间在 SWWSR 中都相应地有一个 3 位字段，用来定义各个空间插入等待状态的数目。软件等待状态寄存器各字段功能如表 6-19 所示。

表 6-19 C54x(除 C548 和 C549 外)SWWSR 各字段功能

位	名 称	复 位 值	功 能
15	保留	0	保留位。在 C548 和 C549 中，此位用于改变程序字段所对应的程序空间的地址区间
14~12	I/O 空间	111	I/O 空间字段。此字段值(0~7)是对 0000~FFFFhI/O 空间插入的等待状态数
11~9	数据空间	111	数据空间字段。此字段值(0~7)是对 8000~FFFFh 数据空间插入的等待状态数
8~6	数据空间	111	数据空间字段。此字段值(0~7)是对 0000~7FFFh 数据空间插入的等待状态数
5~3	程序空间	111	程序空间字段。此字段值(0~7)是对 8000~FFFFh 程序空间插入的等待状态数
2~0	程序空间	111	程序空间字段。此字段值(0~7)是对 0000~7FFFh 程序空间插入的等待状态数

当 CPU 寻址外部程序存储器时，将 SWWSR 中相应的字段值加载到计数器。如果这个字段不为 000，就会向 CPU 发出一个"没有准备好"信号，等待计数器启动工作。没有准备好的情况一直保持到计数器减到 0 和外部 READY 线置高电平为止。外部 READY 信号和内部等待状态的 READY 信号经过一个或门产生 CPU 等待信号，加到 CPU 的 $\overline{\text{WAIT}}$ 端。当计数器减到 0(内部等待状态的 READY 信号变为高电平)，且外部 READY 也为高电平时，CPU 的 $\overline{\text{WAIT}}$ 端由低变高，结束等待状态。需要说明的是，只有软件编程等待状态插入 2 个以上机器周期时，CPU 才在 CLKOUT 的下降沿检测外部 READY 信号。

复位时，SWWSR=7FFFh，这时所有的程序、数据和 I/O 空间都被插入 7 个等待状态。

6.5.2 分区转换逻辑

可编程分区转换逻辑允许 C54x 在外部存储器分区之间切换时不需要使用软件为存储器的访问插入等待状态。当跨越外部程序或数据空间中的存储器分区界线寻址时，分区转换逻辑会自动地插入一个周期。实际上，由于在外部存储器由多个存储芯片构成时，在不同芯片之间的地址转换过程中，需要有一定的延时。

分区转换由分区转换控制寄存器(BSCR)定义，它是地址为 0029h 的存储器映像寄存器。BSCR 的功能如表 6-20 所示。

表 6-20 分区转换控制寄存器(BSCR)功能

位	名 称	复 位 值	功 能
15~12	BANKCMP	—	分区对照位。此位决定外部存储器分区的大小。 BANKCMP=1111 分区大小为 4K BANKCMP=1110 分区大小为 8K BANKCMP=1100 分区大小为 16K BANKCMP=1000 分区大小为 32K BANKCMP=0000 分区大小为 64K
11	PS~DS	—	程序空间读/数据空间读寻址位。此位决定在连续进行程序读/数据读或者数据读/程序读寻址之间是否插入一个额外的周期： 当 PS~DS=0 不插 当 PS~DS=1 插入一个额外的周期
10~2	保留	—	保留位
1	BH	0	总线保持器位，用来控制总线保持器。 当 BH=0 关断总线保持器。 当 BH=1 接通总线保持器。数据总线保持在原先的逻辑电平
0	EXIO	0	断外部总线接口位，用来控制外部总线。 当 EXIO=0 外部总线接口处于接通状态。 当 EXIO=1 关断总线接口。在完成当前总线周期后，地址总线、数据总线和控制信号均变成无效：A(15~0)为原先的状态，D(15~0)为高阻状态，外部接口信号 $\overline{\text{PS}}$、$\overline{\text{DS}}$、$\overline{\text{IS}}$、$\overline{\text{MSTRB}}$、$\overline{\text{IOSTRB}}$、R/$\overline{\text{W}}$、$\overline{\text{MSC}}$ 以及 IAQ 为高电平。处理器工作方式状态寄存器 PMST 中的 DROM、MP/$\overline{\text{MC}}$ 和 OVLY 位以及状态寄存器 ST1 中的 HM 位都不能被修改

EXIO 和 BH 位可以用来控制外部地址和数据总线。正常操作情况下，这两位都应当置 0。若要降低功耗，特别是从来不用或者很少用外部存储器时，可以将 EXIO 和 BH 位置 1。

C54x 分区转换逻辑可以在下列几种情况下自动地插入一个附加的周期，在这个附加的周期内，让地址总线转换到一个新的地址，即

- 一次程序存储器读操作之后，紧跟着对不同的存储器分区的另一次程序存储器或数据存储器读操作。
- 当 PS～DS 位置 1 时，一次程序存储器读操作之后，紧跟着一次数据存储器读操作。
- 对于 C548 和 C549，一次程序存储器读操作之后，紧跟着对不同页进行另一次程序存储器或数据存储器读操作。
- 一次数据存储器读操作之后，紧跟着对一个不同的存储器分区进行另一次程序存储器或数据存储器读操作。

6.6 通用 I/O

C54xDSP 提供了两个由软件控制的专用通用 I/O 引脚。这两个专用引脚为分支转移控制输入引脚($\overline{BIO}$)和外部标志输出引脚(XF)。

1. 分支转移控制输入引脚($\overline{BIO}$)

$\overline{BIO}$ 可以用于监控外部设备的状态。当时间要求严格时，使用 $\overline{BIO}$ 代替中断非常有用。根据 $\overline{BIO}$ 输入的状态可以有条件地执行一个分支转移。使用 $\overline{BIO}$ 的指令中，有条件执行指令(XC)在流水线译码阶段对 $\overline{BIO}$ 进行采样，而所有其他条件指令(分支转移、调用和返回)均在流水线的读阶段对 $\overline{BIO}$ 进行采样。

2. 外部标志输出引脚(XF)

XF 可以用来为外部设备提供输出信号，XF 引脚由软件控制。当设置 ST1 寄存器的 XF 位为 1 时，XF 引脚变为高电平；而当清除 XF 位时，该引脚变为低电平。设置状态寄存器位指令(SSBX)和复位指令(RSBX)可以用来设置和清除 XF。复位时，XF 为高电平。

6.7 习题与思考题

1. 简述 TMS320C54x 芯片的定时器的工作原理。
2. 编程实现周期为 4ms 的方波发生器(设时钟为 100MHz)。
3. 说明 McBSP 接口的特点。
4. 什么是子地址寻址技术？它有什么好处？
5. HPI8 接口有几个寄存器？他们的作用是什么？
6. 编程实现外部总线访问延时。设 I/O 空间延时 5 个周期，数据空间延时 2 个周期，程序空间延时 5 个周期。

第 7 章　TMS320C54x 基本系统设计

教学提示：在 DSP 应用系统设计中，硬件及接口设计是一个至关重要的问题，本章以 C54x 系列为例，讨论系统的硬件组成和接口电路的设计方法，并介绍各种接口芯片及其使用方法。

教学要求：了解 TMS320C54x 硬件系统组成，掌握外部存储器和 I/O 扩展电路设计、A/D 和 D/A 接口设计、时钟及复位电路设计。并了解供电系统设计、JTAG 在线仿真调试接口电路设计以及 TMS320C54x 的引导方式。

7.1　TMS320C54x 硬件系统组成

图 7.1 给出了一个典型的 DSP 电路，从结构框图可以看出，典型的 DSP 目标板包括 DSP 及 DSP 基本系统、存储器、模拟控制与处理电路、各种控制口与通信口、电源处理以及为并行处理提供的同步电路等。下面逐一介绍其简单原理和设计方法。

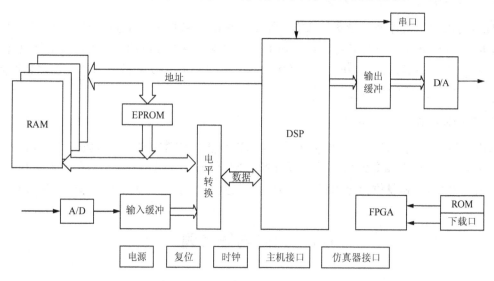

图 7.1　DSP 电路的基本硬件组成

7.2　外部存储器和 I/O 扩展

尽管许多 DSP 片内存储器很大，但片外存储器仍是不可缺少的。片外存储器的作用包括：

(1) 用 EPROM/Flash 等非易失存储器为 DSP 固化程序。仅有少数 DSP，如 TMS320F206

第 7 章 TMS320C54x 基本系统设计

内部有 Flash，可以不外挂 EPROM/Flash。大多数 DSP 在加电后，从 EPROM/Flash 中读取固化程序，将其装到片内或片外 RAM 中运行，这样做的一个原因是 RAM 的访问速度较快。

(2) 用片外 RAM 存储大量数据。用 FIFO(先进先出)、双端口存储器等与其他设备握手并传输数据。

C54x 的片内通用 I/O 资源有限，而在实际应用中，很多情况要通过输入/输出接口完成外设与 DSP 的联系，因此，一个应用系统 I/O 的扩展往往是不可缺少的。

C54x DSP 的外部接口包括数据总线、地址总线和一组用于访问片外存储器与 I/O 端口的控制信号线，C54x DSP 外部程序、数据存储器以及 I/O 扩展地址和数据总线的复用，完全依靠片选和读写选通配合时序控制完成外部程序存储器、数据存储器和扩展 I/O 的操作。表 7-1 列出了 C54x DSP 的主要扩展接口信号。

表 7-1　C54x DSP 的主要扩展接口信号

信号名称	C541、C542、C543、C545、C546	C548、C549、C5410	C5402	C5420	描述
A0～A15	15～0	22～0	19～0	17～0	地址总线
D0～D15	15～0	15～0	15～0	15～0	数据总线
$\overline{\text{MSTRB}}$	√	√	√	√	外部存储器访问选通
$\overline{\text{PS}}$	√	√	√	√	程序空间片选
$\overline{\text{DS}}$	√	√	√	√	数据空间片选
$\overline{\text{IOSTRB}}$	√	√	√	√	I/O 访问选通
$\overline{\text{IS}}$	√	√	√	√	I/O 空间片选
R/$\overline{\text{W}}$	√	√	√	√	读/写信号
READY	√	√	√	√	数据准备完成周期
$\overline{\text{HOLD}}$	√	√	√	√	保持请求
$\overline{\text{HOLDA}}$	√	√	√	√	保持应答
$\overline{\text{MSC}}$	√	√	√	√	微状态完成
$\overline{\text{IAQ}}$	√	√	√	√	指令地址获取
$\overline{\text{IACK}}$	√	√	√	√	中断应答

外部接口总线是一组并行接口。它有两个相互排斥的选通信号 $\overline{\text{MSTRB}}$ 和 $\overline{\text{IOSTRB}}$。前者用于访问外部程序或数据存储器，后者用于访问 I/O 设备。读/写信号 R/$\overline{\text{W}}$ 则控制数据传送的方向。

外部数据准备输入信号(READY)与片内软件可编程等待状态发生器一起，可以使处理器与各种速度的存储器以及 I/O 设备接口。当与慢速器件通信时，CPU 处于等待状态，直到慢速器件完成了它的操作并发出 READY 信号才继续运行。

在某些情况下，只在两个外部存储器件之间进行转换时才需要等待状态。在这种情况下，可编程的分区转换逻辑可以自动插入一个等待状态。

当外部器件需要访问 C54x DSP 的外部程序、数据和 I/O 存储空间时，可以利用 $\overline{\text{HOLD}}$ 和 $\overline{\text{HOLDA}}$ 信号(保持工作模式)，外部器件可以控制 C54x DSP 的外部总线，从而可以访问 C54x DSP 的外部资源。保持工作模式有两种类型，即正常模式和并行 DMA 模式。

当 CPU 访问片内存储器时，数据总线置为高阻抗。然而地址总线以及存储器选择信号(程序空间选择信号 $\overline{\text{PS}}$、数据空间选择信号 $\overline{\text{DS}}$ 以及 I/O 空间选择信号 $\overline{\text{IS}}$)均保持先前的状态，此外，$\overline{\text{MSTRB}}$、$\overline{\text{IOSTRB}}$、R/$\overline{\text{W}}$、$\overline{\text{IAQ}}$、$\overline{\text{MSC}}$ 信号均保持在无效状态。如果处理器工作模式状态寄存器(PMST)中的地址可见位(AVIS)置 1，那么 CPU 执行指令时的内部程序存储器的地址就出现在外部地址总线上，同时 $\overline{\text{IAQ}}$ 信号有效。

当 CPU 寻址外部数据或 I/O 空间时，扩展地址线被驱动为逻辑状态 0。当 CPU 寻址片内存储器并且 AVIS 位置 1，也会出现这种情况。

7.2.1 外部存储器扩展

外部存储器分为串口存储器和并口存储器两种。在 DSP 系统中，由于要求高速交换数据，从接口方式考虑，一般都采用并口扩展存储器。在选择外部存储器时，应首先考虑下面几个问题。

(1) 电压　目前在市面上多数外部存储器工作电压设定在+5V。而随着芯片集成度的增加，为降低芯片功耗、减少发热量，很多新型芯片将工作电压设定为 3.3V，内部电压降到+1.8V。如果仍然使用工作电压为+5V 的外部存储器，就必须在 DSP 芯片与外部存储器之间加入总线收发器或者专门的电平转换芯片，才能正常工作。因此，在 DSP 应用系统中最好使用同一工作电压的外部存储器，以方便系统的硬件设计，提高存取效率。

(2) 速度　DSP 无论是运算还是存取数据，速度都很快。若 DSP 的指令周期为 T，不加等待时(零等待)要求外部存储器的读/写周期要小于 T×60%才行。例如一个 DSP 指令周期为 25ns，则不加任何逻辑电路的情况下，要求零等待外部存储器的读写周期小于 15ns，必须选择高速的存储器与之匹配。当存储器的速度无法实现与 DSP 的同步时，则 DSP 需要以软件或硬件的方式插入等待周期，以便和外部存储器或外设交换数据。

(3) 容量　外部存储器的容量大小应由系统需求来决定。在选取外部存储器时，除应注意总容量的大小外，还要注意数据总线的位数。在系统设计时，建议选用具有相同数据总线位数的 DSP 芯片和外部存储器，这样将有助于简化软件设计。如 DSP 芯片采用 16 位数据总线，则应尽量采用 16 位并口外部存储器。

根据以上的分析，如果外部存储器的存取速度可与 DSP 芯片同步，则可以采用直接接口法，接口电路如图 7.2 所示，其中 ADDRESS 为地址总线，DATA 为数据总线，R/$\overline{\text{W}}$ 为读/写信号(输出)，$\overline{\text{MSTRB}}$ 为外部存储器选通信号(输出)，$\overline{\text{DS}}$ 为数据空间选择信号(输出)，$\overline{\text{PS}}$ 为程序空间选择信号(输出)，READY 为数据准备好信号(输入)，$\overline{\text{MSC}}$ 为微状态完成信号(输出)。READY 信号用来检测外部存储器是否已经准备好传送数据，这里被上拉为高电平，实现高速无等待传送。下面结合具体的芯片说明存储器的扩展方法。

1. 外扩数据存储器电路设计

TMS320C54x 根据型号的不同，可以配置不同大小的内部 RAM。考虑程序的运行速度、系统的整体功耗以及电路的抗干扰性能，在选择芯片时应尽量选择内部 RAM 空间大的芯片。但在一些情况下需要大量的数据运算和存储，因此必须考虑外部数据存储器的扩展问题。DSP 外扩数据存储器使用可读写存储器 RAM。下面以 CY7C1041V33 存储器和 C54x 接口电路来说明 DSP 外部 RAM 并行的扩展方法。

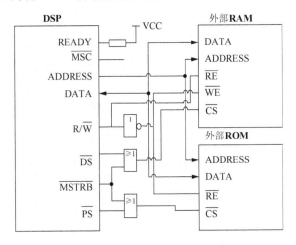

图 7.2　DSP 与外部存储器的接口

CY7C1041V33 是一款高性能 16 位 CMOS 静态 RAM，容量为 256K×16 字。分别有 18 位地址线和 16 位数据线，控制线包括片选信号 $\overline{CE}$、写使能线 $\overline{WE}$、低字节使能线 $\overline{BLE}$、高字节使能线 $\overline{BHE}$、输出使能线 $\overline{OE}$。工作电压为 3.3V，与 C54x 外设电压相同。工作速度根据型号不同而不同。存取时间从 12ns 到 25ns 可选。CY7C1041V33 的结构如图 7.3 所示，功能表如表 7-2 所示。

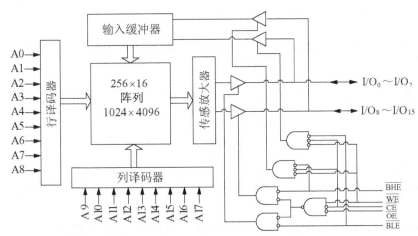

图 7.3　CY7C1041V33 结构

图 7.4 所示的是 DSP 与 CY7C1041V33 的使用接口电路图。地址、数据线分别相连，其控制逻辑电路选用了可编程逻辑器件 EMP7128 来实现，片选信号、输出使能、写使能信号的逻辑关系可用 VHDL 语言描述如下：

表 7-2 CY7C1041V33 功能表

$\overline{CE}$	$\overline{OE}$	$\overline{WE}$	$\overline{BLE}$	$\overline{BHE}$	$I/O_1 \sim I/O_7$	$I/O_8 \sim I/O_{15}$	MODE
H	×	×	×	×	高阻	高阻	未选中
L	L	H	L	L	数据输出	数据输出	读全部位操作
L	L	H	L	H	数据输出 t	高阻	读低 8 位操作
L	L	H	H	L	高阻	数据输出	读高 8 位操作
L	×	L	L	L	数据输入	数据输入	写全部位操作
L	×	L	L	H	数据输入	高阻	写低 8 位操作
L	×	L	H	L	高阻	数据输入	写高 8 位操作
L	H	H	×	×	高阻	高阻	输出关闭

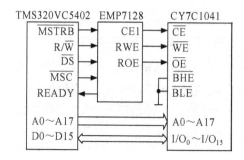

图 7.4 VC5402 与 CY7C1041V33 的接口电路

```
ENTITY EPM7128 IS
PORT(nMSTRB,R/W,DS,nMSC :IN STD_LOGIC;
CE1,RWE,ROE,READY :OUT STD_LOGIC);
END EPM7128;
ARCHITECTURE bhv OF EPM7128 IS
CE1<= DS;
RWE <= R/W OR nMSTRB;
ROE <= NOT R/W OR nMSTRB;
READY <= nMSC;
END bhv;
```

低字节读写控制线 $\overline{BLE}$ 和高字节读写控制线 $\overline{BHE}$ 均接地，实现字的读写。

2. 外扩程序存储器电路设计

由于 DSP 对片内存储器的操作速度远大于对片外存储器的操作速度，因此系统设计时，应尽量选用能满足系统要求而不进行程序存储器扩展的一款 DSP。当 DSP 确实不能满足系统代码及数表空间的要求时，才进行程序存储器的扩展。

外部程序存储器扩展使用 RAM/EPROM/EEPROM/Flash，可分为非易失性和易失性两种，EPROM/EEPROM/Flash 为非易失性的存储器，具有掉电数据不丢失的特点，但读取速度慢。如果 DSP 直接从非易失存储器读取代码，将会大大限制 DSP 的运行速度。RAM 读写速度快，但掉电不能保存代码。因此 EPROM/EEPROM/Flash 功能是为 DSP 提供固化的程序代码和数据表，而 RAM 的作用是为 DSP 提供运行指令码。目前流行的 DSP(如 C54x)在片内 ROM 中固化了引导加载程序(Bootloader)，加电复位后，DSP 启动这一程序，将片外非易失存储器的程序指令搬移到片内/外高速程序 RAM 后，然后在 RAM 中运行程序，使指令的执行速度大大提高。有关 Bootloader 更为具体的说明，将在本章第 7 节中讨论。

下面用 Am29LV400B Flash 与 C54x 接口来说明程序存储器扩展的方法。

Am29LV400B 是 AMD 公司新推出的 256K×16 位 Flash 存储器，采用 CMOS 工艺，可直接与 3.3V 的 DSP 接口，最快的存取速度高达 55ns，功耗低，是一款性价比极高的 Flash 存储器。Am29LV400B 采用 48 脚 FBGA 或 44 脚 SO 封装，引脚功能如表 7-3 所示。

表 7-3　Am29LV400B 引脚功能表

引　脚　名	功能说明
A0～A17	地址线
DQ0～DQ15	数据输入/输出线
BYTE#	8 位或 16 位模式选择端，高电平为 16 位模式
CE#	片选使能端
OE#	输出使能端
RESET#	硬件复位引脚，低电平有效
RY/BY#	准备就绪或忙输出端

由于 C5402 的外设存储器、I/O 外设共用地址和数据总线，在不进行程序读操作时，Am29LV400B 一定处于高阻状态，否则，将影响与地址、数据总线相连接的存储器和 I/O 的正常工作。

扩展的程序存储器电路图如图 7.5 所示，根据程序存储器的读写时序，EMP7128 的逻辑使用 VHDL 语言描述如下：

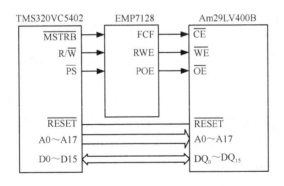

图 7.5　DSP 与外扩的程序存储器接口电路

```
ENTITY EPM7128 IS
PORT
(
nMSTRB,R/W :IN STD_LOGIC;
```

```
FCF,RWE,ROE :OUT STD_LOGIC);
END EPM7128;
ARCHITECTURE bhv OF EPM7128 IS
FCF <= PS;
RWE <= R/W OR nMSTRB;
ROE <= NOT R/W OR nMSTRB;
END bhv;
```

从程序存储器的读写时序可知：当 $\overline{PS}$ =0 时，$\overline{MSTRB}$ =0，可以对存储器进行读操作；当 $\overline{PS}$ =1 时，程序存储器被挂起，$\overline{MSTRB}$ 的状态对存储器没有影响。所以控制信号在 EMP7128 内的逻辑关系为：读 ROE<=NOT R/$\overline{W}$ OR nMSTRB；写 RWE <= R/$\overline{W}$ OR nMSTRB。

7.2.2 外扩 I/O 接口电路设计

由于 TMS320C54x 的 I/O 资源与其他硬件资源复用，例如串口、并口、数据和地址总线等，所以 I/O 的使用无论从硬件连接还是从软件驱动方面都需要考虑更多的影响因素。下面以常用的 I/O 输入键盘和 I/O 输出为例，介绍 TMS320C54x 的 I/O 扩展应用需要注意的规则。

1. I/O 配置

TMS320C54x 的 I/O 资源由以下 3 部分构成。

1) 通用 I/O 引脚：$\overline{BIO}$ 和 XF

分支转移控制输入引脚 $\overline{BIO}$ 用来监控外围设备。在时间要求苛刻的循环中，不允许受干扰。此时可以根据 $\overline{BIO}$ 引脚的状态(即外围设备的状态)决定分支转移的去向，以代替中断。外部标志输出引脚 XF 可以通过软件命令向外部器件发信号，例如，通过指令：

```
SSBX XF
RSBX XF
```

可将该引脚置 1 和复位。

2) BSP 引脚用作通用 I/O

在满足下面两个条件的情况下就能将串口的引脚(CLKX、FSX、DX、CLKR、FSR 和 DR)用做通用的 I/O 引脚。

(1) 串口的相应部分处于复位状态，即寄存器 SPC[1，2]中的(R/X)IOEN＝1。
(2) 串口的通用 I/O 功能被使用，即寄存器 PCR 中的(R/X)IOEN＝1。

串口的引脚控制寄存器中含有控制位，以便将串口的引脚设置为输入或输出。表 7-4 给出了串口引脚的 I/O 设置。

3) HPI 的 8 条数据线引脚用作通用 I/O 引脚

HPI 接口的 8 位双向数据总线可以用做通用的 I/O 引脚。这一用法只有在 HPI 接口不被允许，即在复位时 HPIENA 引脚为低的情况下才能实现。通用 I/O 控制寄存器(GPIOCR)和通用 I/O 状态寄存器(GPIOSR)用来控制 HPI 数据引脚的通用 I/O 功能。表 7-5 为通用 I/O 控制寄存器(GPIOCR)各位的意义及功能说明。表 7-6 为通用 I/O 状态寄存器(GPIOSR)各位的意义及功能说明。

表 7-4 串口引脚 I/O 设置

引脚	设置条件	设为输出	输出值设置位	设为输入	读入值显示位
CLKX	XRST=0 XIOEN=0	CLKM=1	CLKXP	CLKM=0	CLKXP
FSX	与上同	FSXM=1	FSXP	FSXM=0	FSXP
DX	与上同	总是为输出	DX-STAT	不能	无
CLKX	RRST=0 RIOEN=1	CLKRM=1	CLKRP	CLKRM=0	CLKRP
FSR	与上同	FSRM=1	FSRP	FSRM=0	FSRP
DR	与上同	不能为输出	无	总是输出	DR-STAT
CLKS	RRST-XRST=0 RIOEN=XIOEN=1	不能为输出	无	总是输出	CLKS-STAT

表 7-5 通用 I/O 控制寄存器各位功能

位	名称	复位时的值	功能
15	TOUT1	0	定时器 1 输出允许。该位允许或禁止定时器 1 的输出到 HINT 引脚。该输出只有在 HPI-8 不允许时才有效。注意：在只有一个定时器的器件上该位保留
14~8	保留位	0	
7~0	DIR7~DIR0	0	I/O 引脚方向位，DIRX 设置 HDx 引脚为输入还是输出 DIRX=0　HD_X 引脚设置为读入 DIRX=1　HD_X 引脚设置为输出 (其中 X=0, 1, …, 7)

表 7-6 通用 I/O 状态寄存器各位功能

位	名称	复位时的值	功能
15~8	保留	0	
7~0	IO_7~IO_0	任意	IO_X 引脚的状态位，该位反映 HD_X 引脚的电平，当该引脚设置为输入时，则该位锁存该引脚的电平逻辑值(1 或 0)；当该引脚设置为输出时，则根据该位的值驱动引脚上的状态。 IO_X=0：HD_X 引脚电平为低 IO_X=1：HD_X 引脚电平为高 (其中 X=0, 1, …, 7)

2. I/O 接口扩展

由于 TMS320C54x 的通用 I/O 端口引脚只有两个，输出 XF 和输入 $\overline{\text{BIO}}$。而主机接口 HPI 和同步串口可以通过设置通用 I/O 口。除此之外，TMS320C54x 的 64K 字 I/O 空间必须通过外加缓冲或锁存电路，配合外部 I/O 读写控制时序构成片外外设的控制电路。在图 7.6 中采用数据/地址锁存器(74HC273)和 CPLD(EMP7128SLC84)给 TMS320C54x 扩展了一个 8 位输出口。DSP 的前 8 位数据线经过 74LVC4245A 完成 3.3V 到 5V 的电平转换送往锁存器 74HC273 输出。图中的 CS1 是 74HC273 的清零信号，CS2 是锁存器的锁存信号，这两种信号经过 CPLD 的逻辑组合而来，逻辑功能描述如下：

```
ENTITY EPM7128 IS
PORT(nIOSTRB, nIS,nRST,A0,A1,A2,A14,A15 R/W:IN STD_LOGIC;
CS1,CS2:OUT STD_LOGIC);
END EPM7128;
ARCHITECTURE bhv OF EPM7128 IS
CS1<=nRST; --DSP 的复位信号来对锁存器清零。
CS2<=nIOSTRB OR nIS OR R/W OR NOT A15 OR NOT A14 OR A2 OR NOT A1 OR A0;
END bhv;
```

以 DSP 的控制线 $\overline{\text{IOSTRB}}$、$\overline{\text{IS}}$、$R/\overline{W}$ 和地址线组合来锁存器送出的数据，其地址是 C002H。图中，74LVC4245A 完成 DSP 数据线的 3.3V 到 5V 的电平转换。

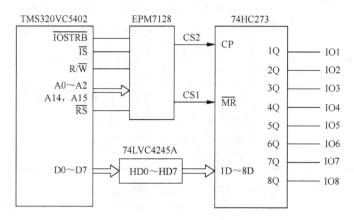

图 7.6 74HC273 扩展的 I/O 接口

例：键盘的连接和驱动。

键盘作为常用的输入设备应用十分广泛。由于 TMS320C54x 芯片的 I/O 资源较少，通过 74HC573 锁存器扩展了一个 3×5 的矩阵键盘。表 7-7 为锁存器 74HC573 的真值表。TMS320C54x 扩展键盘占用两个 I/O 端口地址：读键盘端口地址 0EFFFH 和写键盘端口地址 0DFFFH。TMS320C54x 的键盘扩展 I/O 连接如图 7.7 所示。

第7章 TMS320C54x 基本系统设计

表 7-7 74HC573 真值表

输入			输出
OE	LE	D	
L	H	H	H
L	H	L	L
L	L	X	Q_0
H	X	X	Z

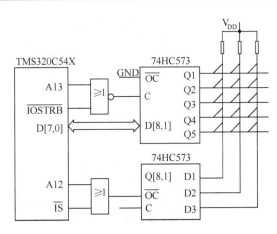

图 7.7 TMS320C54x 的键盘扩展 I/O 连接图

TMS320C54x 键盘 I/O 扩展驱动程序清单如下：

```
;KEYSET.ASM
;键盘识别程序
    LD      #key_w, DP         ;确定页指针
    LD      key_w, A           ;取行输出数据
    AND     #00H, A            ;全0送入A
    STL     A, key_w           ;送入行输出单元
    PORTW   key_w, WKEYP       ;全0数据行输出
    CALL    delay              ;调用延时程序
    PORTR   RKEYP, key_w       ;输入列数据
    CALL    delay              ;调用延时程序
    ANDM    #07H, key_r        ;屏蔽列数据高位，保留低三位
    CMPM    key_r, #007h       ;列数据与007比较
    BC      nokey, TC          ;若相等，无按键按下，转nokey
                               ;若不相等，有按键按下，继续执行
;防按键抖动程序
    CALL    wait10ms           ;延时10ms，软件防抖
    PORTR   RKEYP, key_r       ;重新输入列数据
    CALL    delay              ;调延时程序
    ANDM    #07h, key_r        ;保留低三位
    CMPM    key_r, #07h        ;判断该行是否有按键
```

```
        BC      nokey,  TC              ;没有转移,有继续
;键扫描程序
Keyscan:
        LD      #X0,    A               ;扫描第一行,行代码X0送A
        STL     A,      key_w           ;X0送行输出单元
        PORTW   key_w,  WKTYP           ;X0行代码输出
        CALL    delay                   ;调延时程序
        PORTR   RKEYP,  key_r           ;读列代码
        CALL    delay                   ;调延时程序
        ANDM    #07h,   key_r           ;屏蔽、比较列代码
        CMPM    key_r,  #07h            ;判断该行是否有按键
        BC      keyok,  #NTC            ;若有按键按下,则转keyok
        LD      #X1,    A               ;若无按键按下,扫描第二行
        STL     A,      key_w
        PORTW   key_w,  WKEYP
        CALL    delay
        PORTR   RKEYP,  key_r
        CALL    delay
        ANDM    #07h,   key_r           ;屏蔽、比较列代码
        CMPM    key_r,  #07h            ;判断该行是否有按键
        BC      keyok,  NTC             ;若有按键按下,则转keyok
        LD      #X2,    A               ;若无按键按下,扫描第三行
        STL A,  key_w
        PORTW   key_w,  WKEYP
        CALL    delay
        PORTR   RKEYP,  key_r
        CALL    delay
        ANDM    #07h,   key_r           ;屏蔽、比较列代码
        CMPM    key_r,  #07h            ;判断该行是否有按键
        BC      keyok,  NTC             ;若有按键按下,则转keyok
        LD      #X3,    A               ;若无按键按下,扫描第四行
        STL A,  key_w
        PORTW   key_w,  WKEYP
        CALL    delay
        PORTR   RKEYP,  key_r
        CALL    delay
        ANDM    #07h,   key_r           ;屏蔽、比较列代码
        CMPM    key_r,  #07h            ;判断该行是否有按键
        BC      keyok,  NTC             ;若有按键按下,则转keyok
        LD      #X4,    A               ;若无按键按下,扫描第五行
        STL A,  key_w
        PORTW   key_w,  WKEYP
        CALL    delay
        PORTR   RKEYP,  key_r
        CALL    delay
```

第7章 TMS320C54x 基本系统设计

```
        ANDM    #07h,   key_r       ;屏蔽、比较列代码
        CMPM    key_r,  #07h        ;判断该行是否有按键
        BC      keyok,  NTC         ;若有按键按下,则转keyok
nokey:
        ST      #00h,   key_v       ;若无键按下,存储00标志
        B       keyend              ;返回
keyok:
        SFTA    A,      3           ;行代码左移3位
        OR      key_r,  A           ;行代码与列代码组合
        AND     #0FFh,  A           ;屏蔽高位,形成键码
        STL     A,      key_v       ;保存键码
Keyend:
        NOP
        RET
```

7.3 A/D 和 D/A 接口设计

在由 DSP 芯片组成的数字信号处理系统中,A/D、D/A 转换器是非常重要的器件。一个典型实时信号处理系统如图 7.8 所示。

图 7.8 典型实时信号处理系统结构

由图 7.8 可以看出,系统首先将模拟输入信号经预处理后变换为数字信号。经数字信号处理之后,再变换为模拟信号输出。这就涉及到模拟信号与数字信号之间相互转换的问题。本节主要介绍常用 A/D、D/A 转换器的使用原理以及与 DSP 芯片的接口。

7.3.1 A/D 接口设计

选用 A/D 转换器主要有两个指标:位数和转换速率。此外还可能要考虑输入/输出模拟信号的极性、信号幅度、阻抗匹配、数字接口、电源数量等,对于极高速 A/D 还要考核其孔径误差等。

A/D 的转换位数由数字信号处理的精度要求决定,同时要考虑到电路在非理想条件下 A/D 的转换位数有一定损失。A/D 的速度必须满足信号处理的要求。

DSP 与 A/D 之间的连接线通常包括数据线、读/写线、片选线。数据线连接有并行、串行两种方式。串行连接线少,硬件简单,有很多 ADC 芯片可以与 DSP 串口实现无缝连接,即不需要任何外围电路,因此有很广泛的应用,例如 TLC320AD50C 与 DSP 的接口电路,但由于串行接口速度较低,满足不了对 A/D 数据传输速度高的场合。并行总线和 ADC 连接时,ADC 相当于一个 I/O 设备或存储器设备,DSP 的总线经过译码来访问和控制 ADC。

下面以 10 位并行 ADC TLV1571 为例说明 DSP 与 A/D 转换器接口电路设计方法。

1. 有关 A/D 转换器 TLV1571 的说明

1) TLV1571 的结构及特点

TLV1571 是一款专门为 DSP 配套制作的 10 位并行 A/D 转换器。其功能方框图如图 7.9 所示,它由高速 10 位 ADC、并行接口和时钟电路组成,内部包含两个片内控制器(CR0 和 CR1),通过双向并行端口可以控制 A/D 转换启动、读写控制等。

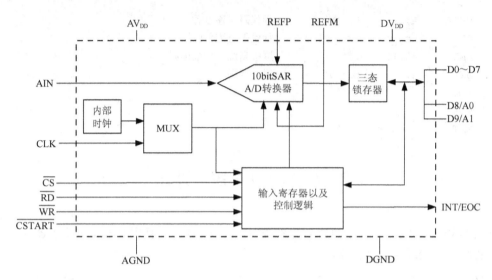

图 7.9　TLV1571 功能方框图

TLV1571 用 2.7V～5.5V 的单电源工作,接受 0～3.3V 的模拟输入电压,在 5V 电压下,以最大为 1.25Mbit/S 的速度使输入电压数字化。使用 3V 电源时功耗仅 12 mW,5V 电源时仅 35mW。极高的速度、简单的并行接口以及低功耗使得 TLV1571 成为需要模拟输入的高速数字信号处理的理想选择。

TLV1571 的特点如下:

(1) 与 DSP 和微控制器兼容的并行接口。

(2) 二进制/2 的补码输出。

(3) 硬件控制的扩展采样。

(4) 硬件或软件启动转换。

2) TLV1571 的工作条件

(1) 电源电压 GND 至 Vcc:$-0.3V \sim 6.5V$。

(2) 模拟输入电压范围:$-0.3 \sim (AV_{DD}+0.3)V$。

(3) 基准输入电压范围:$(AV_{DD}+0.3)V$。

(4) 数字输入电压范围:$-0.3 \sim (DV_{DD}+0.3)V$。

(5) 实际温度工作范围:$-40℃ \sim 150℃$。

3) TLV1571 的引脚功能

TLV1571 有 32 根引脚,引脚排列如图 7.10 所示,引脚功能如表 7-8 所示。

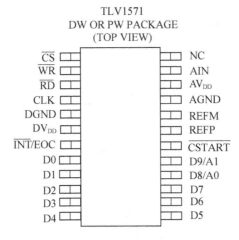

图 7.10 TLV1571 引脚排列图

表 7-8 TLV1571 的引脚功能

引脚名称	引脚号	I/O	引脚说明
AGND	21		模拟地
AIN	23	I	ADC 模拟输入(作为 TLV1571 输入模拟信号的的通道)
AV_{DD}	22		模拟电源电压，2.7～5.5V
CLK	4	I	外部时钟输入
$\overline{CS}$	1	I	片选，低电平有效
$\overline{CSTART}$	18	I	硬件采样和转换启动输入，下降沿启动采样，上升沿启动转换
DGND	5		数字地
DV_{DD}	6		数字电源电压，2.7～5.5V
D0～D7	8－12 13－15	I/O	双向三态数据总线
D8/A0	16	I/O	双向三态数据总线，与 D9/A1 一起作为控制寄存器的地址线
D9/A1	17	I/O	双向三态数据总线，与 D8/A0 一起作为控制寄存器的地址线
$\overline{INT}$/EOC	7	O	转换结束/中断
NC	24		空脚
REFM	20	I	基准电压低端值(额定值为地)通常接地
REFP	19	I	基准电压高端值(额定值为 AV_{DD})最大输入电压由加在 REFM 和 REFP 之间的电压差决定
$\overline{WR}$	2	I	写数据。当 $\overline{CS}$ 为低电平，$\overline{WR}$ 上升沿锁定配置数据。当使用软件转换启动时，$\overline{WR}$ 上升沿也能启动内部采样起始脉冲，当 $\overline{WR}$ 接地时，ADC 不能编程(硬件配置方式)

4) TLV1571 的采样频率

对于每一次转换，TLV1571 需要 16 个时钟(CLK)，因此使用给定的 CLK 频率所能达到的等效最大采样频率为 $(1/16)f_{CLK}$。

5) TLV1571 的采样和转换

TLV1571 片内所有的采样、转换和数据输出均由触发信号启动。根据转换方式和配置，可以是 $\overline{RD}$、$\overline{WR}$ 或 $\overline{CSTART}$ 信号。由于 $\overline{RD}$、$\overline{WR}$ 和 $\overline{CSTART}$ 信号的上升沿用于启动转换，所以它们极为重要。如果外部时钟用作 CLK，那么上述边沿需要紧靠外部时钟的上升沿。相对于外部时钟上升沿的最小建立和保持时间应当为 5μs(最小值)。当使用内部时钟时，因为这两个边沿将自启动内部时钟，因而，建立时间总是满足要求的。

6) TLV1571 的控制寄存器

TLV1571 中的两个控制寄存器 CR0 和 CR1 用来进行软件配置。数据总线上的两个最高有效位 D9、D8 用于设置哪一个寄存器寻址，其余的 8 位用作控制数据位。在写周期内所有寄存器位写入控制寄存器。两个控制寄存器的数据格式如图 7.11 所示。

CR0 A1A0=00	A1	A0	D7	D6	D5	D4	D3	D2	D1	D0

CR1 A1A0=01	A1	A0	D7	D6	D5	D4	D3	D2	D1	D0

图 7.11 控制寄存器的数据格式

通过写控制寄存器，可以选择工作方式，包括器件的工作方式、转换方式、输出方式、自测方式等。对于时钟源的选择，有内部时钟和外部时钟两种方式。TLV1571 具有内置的 10MHz 振荡器(OSC)，通过设置寄存器的 CR1.D6，振荡器的速度可置为 (10 ± 1)MHz 或 (20 ± 2)MHz。输出方式也有两种：二进制输出和补码输出。表 7-9 给出了 TLV1571 转换方式的说明。

表 7-9 TLV1571 转换方式

方　　式	转换的启动	操　　作
单通道输入 CR0.D3=0 CR1.D7=0	硬件启动 CR0.D7=0	$\overline{CSTART}$ 下降沿启动采样； $\overline{CSTART}$ 上升沿启动转换； INT 方式时，每次转换后产生一个 $\overline{INT}$ 脉冲； EOC 方式时，在转换开始时，EOC 将由高电平变至低电平，在转换结束时返回高电平
	软件启动 CR0.D7=1	最初由 $\overline{WR}$ 的上升沿启动采样，在 $\overline{RD}$ 的上升沿发生采样； 采样开始后的 6 个时钟后开始转换，INT 方式时，每次转换后产生一个 $\overline{INT}$ 脉冲； EOC 方式时，转换开始，EOC 由高电平变至低电平，转换结束时返回高电平

对于 TLV1571，如果是单通道输入，则 CR0.D3=0，CR1.D7=0；采用软件启动，则 CR0.D7

=1；采用内部时钟源方式，则 CR0.D5=0；时钟设置为 20MHz，则 CR1.D6=1；采用二进制输出方式，则 CR1.D3=0。所以此时控制寄存器的配置为 CR0=0080h，CR1=0140h。

7) TLV1571 的自测试方式

TLV1571 提供 3 种自测方式。采用这些方式，不提供外部信号，便可检查 A/D 转换器本身工作是否正常。通过写 CR1(D1、D0)来控制这 3 种测试方式。具体方法如表 7-10 所示。

表 7-10 TLV1571 自测方式

CR1(D1、D0)	所加的自测试电压	数字输出
0H	正常，不加自测试	N/A
1H	将 V_{REFM} 作为基准输入电压加至 A/D 转换器	000h
2H	将 $(V_{REFP}-V_{REFM})/2$ 作为基准输入电压加至 A/D 转换器	200h
3H	将 $V_{IN}=V_{REFM}$ 作为基准输入电压加至 A/D 转换器	3FFh

8) TLV1571 的基准电压输入

TLV1571 具有两个基准输入引脚：REFP 和 REFM 。REFP、REFM 以及模拟输入不应超出正电源电压或低于 GND，它们应符合规定的极限参数。当输入信号等于或高于 REFP 时，数字输出为满度；当输入信号等于或小于 REFM 时，数字输出为零。外部基准如表 7-11 所示。

表 7-11 TLV1571 基准电压方式

外部基准电压	AV_{DD}	MIN	MAX
V_{REFP}	3V	2V	AV_{DD}
	5V	2.5V	AV_{DD}
V_{REFM}	3V	AGND	1V
	5V	AGND	2V
$V_{REFP}\sim V_{REFM}$		2V	$AV_{DD}\sim GND$

9) TLV1571 的输出格式

当器件工作于单端输入方式时，数据输出格式是单极性的(代码为 0～1023)。通过设置寄存器位 CR1.D3，输出代码格式可以是二进制或 2 的补码。

10) TLV1571 的上电和初始化

上电之后，$\overline{CS}$ 必须为低电平以开始 I/O 周期，$\overline{INT}$、$\overline{EOC}$ 最初为高电平。TLV1571 要求两个写周期以配置两个控制寄存器。芯片从掉电状态返回后的首次转换可能无效，应当不予考虑。

11) TLV1571 的接地和去耦考虑

为了限制反馈到电源和基准线的高频瞬变和噪声，要注意印制电路板的设计。这要求充分旁路电源和基准引脚。在大多数情况下，0.1μF 瓷片电容足以在宽频带范围内保持低阻抗。由于它们的频率在很大程度上取决于对各电源引脚的靠近程度，所以要把电容放在尽可能靠近电源引脚的地方。为了减少高频和噪声耦合，推荐把数字和模拟地在封装之外立即短路。这可能通过在封装下面 DGND 和 AGND 之间布一条低阻抗线来实现，如图 7.12 所示。

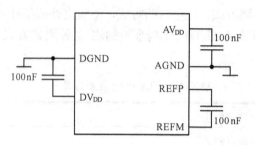

图 7.12　TLV1571 的接地图

2. TLV1571 与 TMS320VC5402 的接口

TLV1571 与 VC5402 的连接如图 7.13 所示。时钟信号这里采用内部时钟，不需要连接，否则可以由 DSP 提供一个精确并且可以根据需要随时变化的时钟信号。TLV1571 作为扩展的 I/O 设备，占用一个 I/O 地址，其地址为 7FFFH。

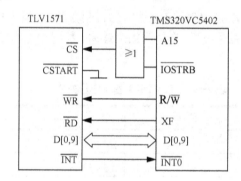

图 7.13　TLV1571 与 TMS320VC5402 的接线图

对 TLV1571 的操作过程如下：

(1) 通过 DSP 选通 TLV1571(置信号 $\overline{CS}$ 为低)，同时通过数据总线向内部控制寄存器写入两个寄存器 CR0、CR1 写入控制字(置 $\overline{WR}$ 为低)；

(2) 等待 TLV1571 产生中断信号($\overline{INT}$ 信号产生下降沿)；

(3) DSP 响应 TLV1571 的中断，读入数据到 DSP，同时通知 TLV1571 读入完成，TLV1571 得到读入完成信号(置 $\overline{RD}$ 低)，开始下一次采样过程。

在响应中断过程中，TLV1571 留出 6 个指令周期等待 DSP 读数据，如果 DSP 一直没有读数据，也就是 TLV1571 收不到 $\overline{RD}$ 为低信号，TLV1571 将不再采样直到 $\overline{RD}$ 接收到低信号，TLV1571 才开始采样。

7.3.2　D/A 接口设计

DSP 系统有时需要将产生的数字信号或处理结果转换成模拟信号，这就需要选择转换速度和位数能满足要求的 D/A 转换器。TI 公司为本公司生产的 DSP 芯片提供了多种配套的数模转换器,根据信号传送方式的不同,可分为并行和串行转换器。典型的有 TLC7528、TLC5510(8 位并行接口)、TLC5617、TLC320AD50C (16 位串行接口)。DSP 与并行 D/A 转换器可实现高速的 D/A 转换,而串行 D/A 转换器具有接口方便、电路设计简单的特点,可以和 DSP 实现无缝连接。本节以 TI 公司生产的 D/A 转换器 TLC7528 和 TLC5617 为例,说明 DAC 和 DSP 的接口方法。

1. TLC7528 与 TMS320C5402 的接口设计

TLC7528 是双路、8 位并口数字模拟转换器,被设计成具有单独的片内数据锁存器。数据通过公共 8 位输入口传送至两个 DAC 数据锁存器的任何一个。控制输入端 $\overline{DACA}$/DACB 决定哪一个 DAC 被装载。TLC7528 的装载周期与随机存取存储器的写周期类似,能方便地与大多数通用微处理器总线和输出端口相连接。TLC7528 采用 5~15V 的电源工作,功耗小于 15mV(典型值)。2 或 4 象限乘法功能使此器件成为许多微处理器控制的增益设置和信号控制应用的良好选择。它可工作于电压方式,此方式产生电压输出而不是电流输出。

1) TLC7528 工作特点
(1) 易与微处理器接口。
(2) 片内数据锁存。
(3) 在每个 A/D 转换范围内具有单调性。
(4) 可与模拟器件 AD7528 和 PMI PM-7528 互换。
(5) 适合于 TMS320 接口的数字信号应用的快速控制信号。
(6) 电压方式(Voltage-Mode)工作。

2) TLC7528 工作原理

TLC7528 包括两个相同的 8 位乘法 D/A 转换器 DACA 和 DACB。每一个 DAC 由反相 R-2R 梯形网络、模拟开关以及数据锁存器组成。二进制加权电流在 DAC 输出与 AGND 之间切换,于是在每一梯形网络分支中保持恒定的电流,与开关状态无关。大多数应用仅需加上外部运算放大器和电压基准。其原理图如图 7.14 所示。

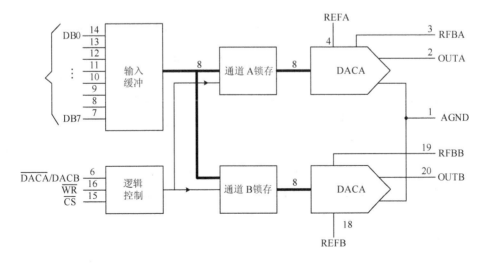

图 7.14 TLC7528 的功能方框图

TLC7528 通过数据总线、$\overline{CS}$、$\overline{WR}$ 以及 $\overline{DACA}$/DACB 等控制信号与微处理器接口。当 $\overline{CS}$ 和 $\overline{WR}$ 均为低电平时，TLC7528 模拟输出(由 $\overline{DACA}$/DACB 控制线指定)对 DB0～DB7 数据总线输入端的活动做出响应。在此方式下，输入锁存器是透明的，输入数值直接影响模拟输出。直到 $\overline{CS}$ 或 $\overline{WR}$ 信号再次变低为止。当 $\overline{CS}$ 为高电平时，不管 $\overline{WR}$ 信号状态如何，数据输入被禁止。

当用 5V 电源电压工作时，TLC7528 的数字输入提供 TTL 兼容性。器件可以用 5～15V 范围内的任何电源电压工作，但是电源电压在 5V 以上时，输入逻辑电平与 TTL 不兼容。

3) 引脚功能

TLC7528 的引脚如图 7.15 所示。AGND 为模拟地输入端；DGND 为数字地输入端；DB0～DB7 为待转换的并行数据输入端；OUTA 与 OUTB 分别为通道 A 与通道 B 的模拟输出脚；$\overline{DACA}$/DACB 为输出通道选择信号输入端，低电平选通道 A，高电平选通道 B；$\overline{CS}$ 为片选线，低电平时芯片被选中；$\overline{WR}$ 写信号线，低电平有效；REFA 与 REFB 为 A/B 通道基准电压输入端；RFBA 与 RFBB 为 A/B 通道反馈输入端。

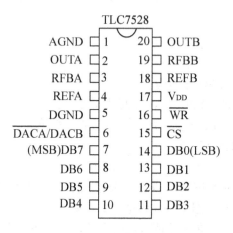

图 7.15　TLC7528 的引脚图

4) 工作方式选择

表 7-12 是 TLC7528 的工作方式选择，根据管脚的电平可以选择不同的工作方式。

表 7-12　TLC7528 工作方式选择

工作方式	$\overline{DACA}$/DACB	$\overline{CS}$	$\overline{WR}$	DACA	DACB
1	L	L	L	写	保持
2	H	L	L	保持	写
3	X	H	X	保持	保持
4	X	X	H	保持	保持

注：L 表示低电平；H 表示高电平；X 表示不关心。

5) TLC7528 与 TMS320VC5402 的接口设计

TLC7528 与 TMS320VC5402 的接口电路如图 7.16 所示。TLC7528 电源采用 5V 供电，

因此 DB0~DB7 与 D0~D7 直接相连。$\overline{CS}$ 是片选脚,可以利用 DSP 的 $\overline{IS}$ 与地址线 A15 经过译码产生片选信号,其地址为 7FFFH,$\overline{DACA}$/DACB 为输出通道选择信号,本电路只使用一个输出 DACA,因此直接将此引脚和 $\overline{CS}$ 短接。选择单极性输出,RFBA 端输入运放反馈信号。模拟电压信号从 V_{OA} 输出。

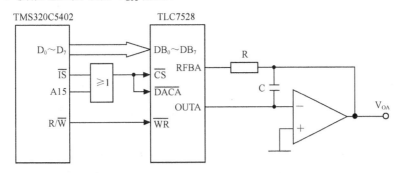

图 7.16 TLC7528 与 TMS320VC5402 的接口电路

2. TLC5617 串行 DAC 与 TMS320C5402 的接口设计

1) TLC5617 工作原理

TLC5617 是带有缓冲基准输入的双路 10 位电压输出数模转换器。单电源 5V 供电,输出电压范围为基准电压的 2 倍,且单调变化。TLC5617 通过与 CMOS 兼容的 3 线串行接口实现数字控制,器件接收的用于编程的 16 位字的前 4 位用于产生数据的传送模式,中间 10 位产生模拟输出,最后两位为任意的 LSB 位。TLC5617 数字输入端带有施密特触发器,且具有较高的噪声抑制能力。输入数据更新速率为 1.21MHz,数字通信协议符合 SPI、QSPI、Microwire 标准。由于 TLC5617 功耗极低(慢速方式 3mW,快速方式 8mW),采用 8 引脚小型 D 封装,因此可用于移动电话、电池供电测试仪表以及自动测试控制系统等领域。

TLC5617 的 D 封装引脚排列如图 7.17 所示,表 7-13 所示为 TLC5617 的引脚功能说明。

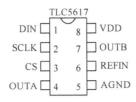

图 7.17 TLC5617 的 D 封装引脚排列

表 7-13 TLC5617 引脚功能说明

引脚名称	编号	I/O	功能说明
AGND	5	—	模拟地
$\overline{CS}$	3	I	片选,低电平有效
DIN	1	I	串行数据输入 VIH=0.7V_{DD},VIL=0.3V_{DD}
OUTA	4	O	DAC A 模拟输出

续表

引脚名称	编号	I/O	功能说明
OUTB	7	O	DAC B 模拟输出
REFIN	6	I	基准电压输入，$1V \sim V_{DD}-1.1V$
SCLK	2	I	串行时钟输入，$f(SCLK)_{max} = 20MHz$
V_{DD}	8	—	电源正极 $4.5 \sim 5.5V$

TLC5617 的功能框图如图 7.18 所示，时序图如图 7.19 所示。当片选信号 $\overline{CS}$ 为低电平时，输入数据在时钟控制下，以最高有效位在前的方式读入 16 位移位寄存器，在 SCLK 的下降沿把数据移入寄存器 A、B。当片选端 $\overline{CS}$ 信号上升沿到来时，再把数据送至 10 位 D/A 转换器开始 D/A 转换。16 位数据的前 4 位(D15～D12)为可编程控制位，其功能如表 7-14 所示，中间 10 位(D11～D2)为数据位，用于模拟数据输出，最后两位(D1～D0)为任意填充位。

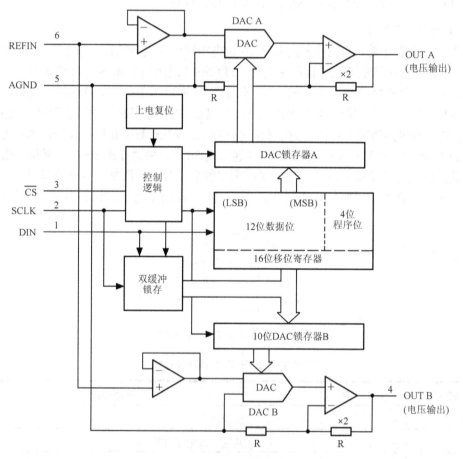

图 7.18 TLC5617 的功能框图

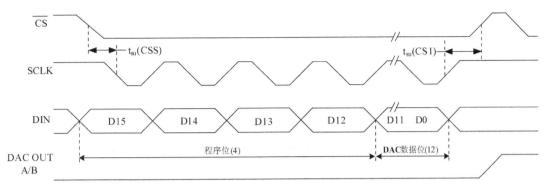

注:第16个时钟下降沿之后,SCLK必须变成高电平。

图 7.19 TLC5617 的时序图

表 7-14 可编程控制位(D15～D12)功能表

可编程控制位				TLC5617 功能
D15	D14	D13	D12	
1	×	×	×	串行寄存器数据写入 A 锁存器,并用缓冲锁存器更新 B 锁存器
0	×	×	0	写入 B 锁存器和双缓冲锁存器
0	×	×	1	只写入双缓存锁存器
×	1	×	×	12.5μs 建立时间
×	0	×	×	2.5μs 建立时间
×	×	0	×	加电操作
×	×	1	×	断电方式

TLC5617 有三种数据传输方式:方式一,(D15=1,D12=×)为锁存器 A 写,锁存器 B 更新,此时串口寄存器的数据写入锁存器 A(latch A),双缓冲锁存器(double buffer latch)的内容写入锁存器 B(latch B),而双缓冲锁存器的内容不受影响,这种方式允许 DAC 的两个通道同时输出。方式二,(D15=0,D12=0)为锁存器 B 和双缓冲锁存器写,即将串口寄存器的数据写入锁存器 B 和双缓冲锁存器中,此方式锁存器 A 不受影响。方式三,(D15=0,D12=1)为仅写双缓存锁存器,即将串口寄存器的数据写入双缓存锁存器,此时锁存器 A 和 B 的内容不受影响。

双缓存锁存器的使用可以使 A、B 两个通道同时输出。先将 B 通道的数据打入双缓冲锁存器,而不输出(只要输出到 B 通道的数据的 D15=0、D12=1 即可),然后在向 A 通道写数据时,只要写到 A 通道数据的 D15=1,就可以使 A、B 通道同时输出。

2) TLC5617 与 TMS320C5402 的 McBSP 接口设计

TLC5617 符合 SPI 数字通信协议,而 TMS320C54xx 系列 DSP 芯片的多通道缓冲串口(McBSP)工作于时钟停止模式时与 SPI 协议兼容。发送时钟信号(CLKX)对应于 SPI 协议中的串行时钟信号(SCLK),发送帧同步信号(FSX)对应于从设备使能信号($\overline{CS}$)。TLC5617 与 TMS320C5402 的 McBSP0 接口连接如图 7.20 所示。

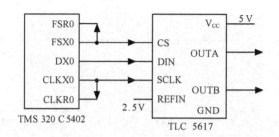

图 7.20 TLC5617 与 TMS320C5402 的 McBSP0 接口连接图

  TLC5617 时序要求在数据传输过程中 $\overline{\text{CS}}$ 信号必须为低电平，此信号由 McBSP0 的 FSX0 引脚提供，因为必须正确设置 DSP 的发送帧同步信号 FSX0，使之在开始传输数据的第 1 位时变为有效状态(低电平)，然后保持此状态直到数据传输结束。因此，设置 FSXP=1，使发送帧同步脉冲 FSX 低电平有效。设置 SRGR10 中 FWID=1111b，即帧的宽度=16×CLKX。

  由图 7.19 可知，TLC5617 要求在 SCLK 变低之前的半个周期开始传输数据，因此需要设置 McBSP0 为适合的时钟方案，本应用实例中设置 McBSP0 为时钟停止模式 4，即 CLKSTP=11b，CLKXP=1，这样即可保证 McBSP0 与 TLC5617 的时序相配合。

3) 软件设计

  以下给出了较完整的软件程序，包括主程序、串口初始化程序和 CPU 中断服务程序，中断服务程序分别对数据进行处理，然后在 TLC5617 的 A、B 两个通道同时输出。TMS320C5402 的主时钟频率为 81.925MHz，数模转换速率为 128kHz。汇编源程序如下：

```
STACK        .usect "STACK",100h
DK_SPCR10    .set 0001100010100001b    ;CLKSTP=11,时钟停止模式;
                                       ;DXENA=1, DX 使能
DK_SPCR20    .set 0000001011000001b    ;FREE=1,soft=0;GRST=1,使采样率
                                       ;发生器工作;
                                       ;FRST=1,产生帧同步脉冲信号
DK_RCR10     .set 0000000001000000b    ;每帧一个字，字长为16bit
DK_RCR20     .set 0000000001000000b
DK_XCR10     .set 0000000001000000b
DK_XCR20     .set 0000000001000000b
DK_SRGR10    .set 0000111100010011b    ;帧的宽度=16×CLKG,
                                       ;CLKG=CPU CLK/(1+CLKGDV)=CPU
                                       ;CLK/20
DK_SRGR20    .set 0011000000011111b    ;GLKSM=1,采样率发生器时钟来源于
                                       ;CPU 时钟
                                       ;FSGM=1,发送帧同步信号 FSX 由采样
                                       ;率发生器
                                       ;FSG 驱动,帧周期
                                       ;=(FPER+1)×CLKG=32 CLKG
DK_PCR0      .set 0000101000001111b    ;CLKXM=1, CLKX 为输出引脚,由采样
                                       ;率发生器驱动 CLKXP=1,在 CLKX 的下
                                       ;降沿对发送数据采样
                                       ;FSXP=1，发送帧同步脉冲 FSX
                                       ;低电平有效
```

第7章 TMS320C54x 基本系统设计

```
           SPSA0      .set 38h              ;串口 0 子地址寄存器
           McBSP0     .set 39h              ;串口 0 子数据寄存器
           DXR10      .set 23h              ;数据发送寄存器 1
           DXR20      .set 22h              ;数据发送寄存器 2
           TMP        .set 6Fh
           TMPL       .set 70h
           TMPH       .set 71h
                      .text
_c_int00:
                      b     start
                      nop
                      nop
                      ...
XINT0:                B     XT
                      nop
                      nop
                      nop
                      ...
Start:                LD    #0,DP
                      STM   #STACK+100h,SP
                      STM   #1020h,PMST
                      STM   #3FFFh,IFR
                      SSBX  INTM
                      CALL  DACBSP
                      STM   #0020h,IMR  ; BXINT0
                      RSBX  INTM
                      ST    #1,TMP
WAIT:                 B     WAIT
**以下为接收中断服务程序***************
XT:                   CMPM  TMP,#0
                      BC    XT1,TC
                      ...
                                                ;对数据进行处理,得到 B 通道输出数据
                                                ;存放在累加器 A 中
                      STL   A,TMPL
                      LD    TMPL,2,A
                      AND   #0FFCh,A
                      OR    #1000h,A            ;D15=0、D12=1
                      ST    #0,TMP
                      B     XT2                 ;先将 B 通道的数据打入双缓冲锁存器,
                                                ;而不输出
XT:
                      ...
                                                ;对数据进行处理,得到 A 通道输出
                                                ;数据存放在累加器 A 中
```

```
            STL     A,TMPH
            LD      TMPH,2,A
            AND     #0FFCh,A
            OR      #8000h,A           ;D15=1,将累加器AL中的数据打入
                                       ;DAC的A锁存器则DAC的A、B两通
                                       ;道同时输出
            ST      #1,TMP
     XT2:   STLM    A,DXR10
*************以下为McBSP0初始化程序***************
DACBSP:     STM     #00h,SPSA0         ;00h 串口控制寄存器1子地址
            STM     #0000h,McBSP0      ;RESET R
            STM     #01h,SPSA0         ;01h 串口控制寄存器2子地址
            STM     #0000h,McBSP0      ;RESET X
            STM     #00h,SPSA0
            STM     #DK_SPCR10,McBSP0  ;ENBLE R
            STM     #01h,SPSA0
            STM     #DK_SPCR20,McBSP0  ;ENBLE X
            STM     #02h,SPSA0         ;02h 接收控制寄存器1子地址
            STM     #DK_RCR10,McBSP0
            STM     #04h,SPSA0         ;04h 发送控制寄存器1子地址
            STM     #DK_XCR10,McBSP0
            STM     #0Eh,SPSA0         ;0Eh 引脚控制寄存器子地址
            STM     #DK_PCR10,McBSP0
            STM     #06h,SPSA0         ;06h 采样率发生器寄存器1子地址
            STM     #DK_SRGR10,McBSP0
            STM     #07h,SPSA0         ;07h 采样率发生器寄存器2子地址
            STM     #DK_SRGR20,McBSP0
            STM     #03h,SPSA0         ;03h 接收控制寄存器2子地址
            STM     #DK_RCR20,McBSP0
            STM     #05h,SPSA0         ;05h 发送控制寄存器2子地址
            STM     #DK_XCR20,McBSP0
            NOP
            RET
```

以上详细讨论了 TLC5617 与 DSP 串口通信的硬件接口及软件设计。将中断服务程序中对数据进行处理部分，根据需要加入合适的处理程序代码，即可构成一个完整的应用程序。

7.4 时钟及复位电路设计

时钟及复位电路是 DSP 应用系统必须具备的基本电路，TMS320C54x 可以通过锁相环 PLL 为芯片提供高稳定频率的时钟信号，同时实现时钟的倍频或分频。对于一个 DSP 系统而言，上电复位电路虽然只占很小的一部分，但它的好坏将直接影响系统的稳定性。下面分别来介绍这两种电路。

7.4.1 时钟电路

时钟电路用来为 TMS320C54x 芯片提供时钟信号,由内部振荡器和一个锁相环 PLL 组成,可通过晶振或外部的时钟驱动。

1. 时钟信号的产生

为 DSP 芯片提供的时钟一般有两种方法:一种是使用外部时钟源的时钟信号,连接方式如图 7.21(a)所示。将外部时钟信号直接加到 DSP 芯片的 X2/CLKIN 引脚,而 X1 引脚悬空。外部时钟源可以采用频率稳定的晶体振荡器,具有使用方便,价格便宜,因而得到广泛应用。另一种方法是利用 DSP 芯片内部的振荡器构成时钟电路,连接方式如图 7.21(b)所示。在芯片的 X1 和 X2/CLKIN 引脚之间接入一个晶体,用于启动内部振荡器。

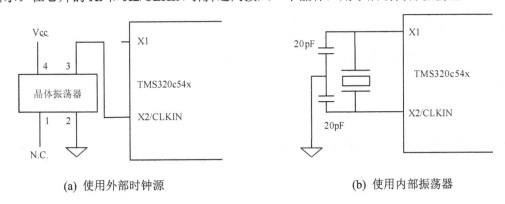

(a) 使用外部时钟源　　　　　　　　(b) 使用内部振荡器

图 7.21　DSP 的时钟电路

2. 锁相环

锁相环(PLL)具有频率放大和时钟信号提纯的作用,利用 PLL 的锁定特性可以对时钟频率进行锁定,为芯片提供高稳定频率的时钟信号。除此之外,锁相环还可以对外部时钟频率进行倍频,使外部时钟源的周期低于 CPU 的机器周期,以降低因高速开关时钟所引起的高频噪声。TMS320C54x 的锁相环有两种形式,即硬件配置的 PLL 和软件可编程 PLL,下面分别进行讨论。

1) 硬件配置的 PLL

所谓硬件配置的 PLL,就是通过设定 DSP 的 3 个引脚(CLKMD1、CLKMD2 和 CLKMD3)的状态来选择时钟方式。上电复位时,DSP 根据这三个引脚的电平,决定 PLL 的工作状态,并启动 PLL 工作。具体的配置方式如表 7-15 所示。表中时钟方式的选择方案是针对不同C54x 芯片的。对于同样的 CLKMD 引脚状态,使用芯片不同,所对应的选择方案就不同,其选定的工作频率也不同。因此,在使用硬件配置的 PLL 时,应根据所选用的芯片型号来选择正确的引脚状态。另外,表中的停止方式等效于 IDLE3 省电方式。但是,这种工作方式必须通过改变引脚状态才能使时钟正常工作,而用 IDLE3 指令产生的停止工作方式,可以通过复位或中断唤醒 CPU 恢复正常工作。

表 7-15 时钟方式的配置方法

引脚功能			时钟方式	
CLKMD1	CLKMD2	CLKMD3	选择方案 1	选择方案 1
0	0	0	用外部时钟源，PLL×3	用外部时钟源，PLL×5
1	1	0	用外部时钟源，PLL×2	用外部时钟源，PLL×4
1	0	0	用内部振荡器，PLL×3	用内部振荡器，PLL×5
0	1	0	用外部时钟源，PLL×1.5	用外部时钟源，PLL×4.5
0	0	1	用外部时钟源，频率除以 2	用外部时钟源，频率除以 2
1	1	1	用内部振荡器，频率除以 2	用内部振荡器，频率除以 2
1	0	1	用外部时钟源，PLL×1	用外部时钟源，PLL×1
0	1	1	停止方式	停止方式

从表 7-15 可以看出，进行硬件配置时，其工作频率是固定的。若不使用 PLL，则对内部或外部时钟分频，CPU 的时钟频率等于内部振荡器频率或外部时钟频率的 $\frac{1}{2}$；若使用 PLL，CPU 的时钟频率等于内部振荡器或外部时钟源频率乘以系数 N，即对内部或外部时钟倍频，其频率为 PLL×N。需要特别说明的是，在 DSP 正常工作时，不能重新改变和配置 DSP 的时钟方式。但 DSP 进入 IDLE3 省电方式后，其 CLKOUT 输出高电平时，可以改变和重新配置 DSP 的时钟方式。

2) 软件可编程 PLL

软件可编程 PLL 具有高度的灵活性。它是利用编程对时钟方式寄存器(CLKMD)的设定，来定义 PLL 时钟模块中的时钟配置。它的时钟定标器提供各种时钟乘法器系数，并能直接接通和关断 PLL。而它的锁定定时器可以用于延迟转换 PLL 的时钟方式，直到锁定为止。

通过软件编程，可以使软件可编程 PLL 实现两种工作方式：

(1) PLL 方式。即倍频方式，芯片的工作频率等于输入时钟 CLKIN 乘以 PLL 的乘系数。PLL 的方式共有 31 个乘系数，取值范围为 0.25～15。

(2) DIV 方式。即分频方式，对输入时钟 CLKIN 进行 2 分频或 4 分频。当采用 DIV 方式时，所有的模拟电路，包括 PLL 电路将关断，以使芯片功耗最小。

软件可编程 PLL 受时钟方式寄存器 CLKMD 的控制，CLKMD 用来定义 PLL 时钟模块中的时钟配置，其各位的定义如图 7.22 所示。

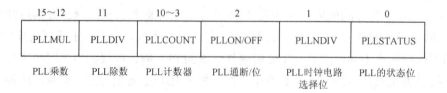

图 7.22 CLKMD 各位的定义

时钟方式寄存器(CLKMD)各位段的功能见表 7-16。

表 7-16 CLKMD 寄存器各位段的功能

位	符号	名称	功能
15～12	PLLMUL	PLL 乘数 (读/写位)	与 PLLDIV 以及 PLLNDIV 一道定义 PLL 的乘系数，见表 7-17
11	PLLDIV	PLL 除数 (读/写位)	与 PLLMUL 以及 PLLNDIV 一道定义 PLL 的乘系数，见表 7-17
10～3	PLLCOUNT	PLL 计数器值 (读/写位)	PLL 计数器是一个减法计数器，每 16 个输入时钟脉冲 CLKIN 来到后减 1。对 PLL 开始工作之后到 PLL 成为 CPU 时钟之前的的一段时间进行记数定时，PLL 计数器能确保在 PLL 锁定之后以正确的时钟信号加到 CPU
2	PLLON/$\overline{\text{OFF}}$	PLL 通/关位 (读/写位)	PLL 开/关。与 PLLNDIV 位一起决定 PLL 部件的通和断。见下表 PLLON/$\overline{\text{OFF}}$　　PLLNDIV　　PLL 状态 0　　　　　　　0　　　　　　关 0　　　　　　　1　　　　　　开 1　　　　　　　1　　　　　　开 1　　　　　　　1　　　　　　开
1	PLLNDIV	PLL 时钟电路选择位(读/写位)	与 PLLMUL 和 PLLDIV 一起定义 PLL 的乘系数，并决定时钟电路的工作方式，PLLDIV=0，采用 DIV 方式，即分频方式 PLLNDIV=1，采用 PLL 方式，即倍频方式
0	PLLSTATUS	PLL 的状态位 (只读位)	用来只是时钟的工作方式： PLLSTAUTS=0，时钟电路为 DIV 方式 PLLSTAUTS=1，时钟电路为 PLL 方式

PLL 的乘系数的选择见表 7-17。

表 7-17 CLKMD 寄存器 PLLNDIV，PLLDIV 和 PLLMUL 位所确定的 PLL 的乘系数

PLLNDIV	PLLDIV	PLLMUL	PLL 乘系数
0	×	0～14	0.5
0	×	15	0.25
1	0	0～14	PLLMUL+1
1	0	15	1
1	1	0 或偶数	(PLLMUL+1)÷2
1	1	奇数	PLLMUL÷2

根据 PLLNDIV，PLLDIV 和 PLLMUL 的不同组合，可以得出 31 个乘系数，分别为 0.25、0.5、0.75、1、1.25、1.5、1.75、2、2.25、2.5、2.75、3、3.25、3.5、3.75、4、4.5、5、5.5、6、6.5、7、7.5、8、9、10、11、12、13、14、15。

下面以 C5402 为例来说明 DSP 从上电复位时的时钟模式到 PLL 倍频的过程。表 7-18

为 TMS320VC5402 复位时设置的时钟方式。前面提到，当芯片复位后，时钟方式寄存器 CLKMD 的值是由 3 个外部引脚(CLKMD1、CLKMD2 和 CLKMD3)的状态设定的，从而确定了芯片的工作时钟。

表 7-18 TMS320VC5402 复位时设置的时钟方式

CLKMD1	CLKMD2	CLKMD3	CLKMD 的复位值	时钟方式
0	0	0	E007h	PLL×15
0	0	1	9007h	PLL×10
0	1	0	4007h	PLL×5
1	0	0	1007h	PLL×2
1	1	0	F007h	PLL×1
1	1	1	0000h	2 分频(PLL 无效)
1	0	1	F000h	4 分频(PLL 无效)
0	1	1	—	保留

通常，DSP 系统的程序需要从外部低速 EPROM 中调入，可以采用较低工作频率的复位时钟方式，待程序全部调入内部快速 RAM 后，再用软件重新设置 CLKMD 寄存器的值，使 DSP 芯片工作在较高的频率上。例如，设 C5402 外部引脚状态为 CLKMD1～CLKMD3=111，外部时钟频率为 10MHz，则时钟方式为 2 分频，复位后 C5402 芯片的工作频率为 10MHz/2=5MHz。用软件重新设置 CLKMD 寄存器，就可以改变 DSP 的工作频率，如设定 CLKMD=9007h 则 DSP 的工作频率为 10MHz×10。

为了改变 PLL 的倍频，必须先将 PLL 的工作方式从倍频方式(PLL 方式)切换到分频方式(DIV 方式)，然后再切换到新的倍频方式。不允许从一种倍频方式直接切换到另一种倍频方式。为了实现倍频之间的切换，可以采用以下步骤。

步骤 1：复位 PLLNDIV，选择 DIV 方式；

步骤 2：检测 PLL 的状态，读 PLLSTATUS 位，若该位为 0，表明 PLL 已切换到 DIV 方式；

步骤 3：根据所要切换的倍频，确定 PLL 的乘系数，选择 PLLNDIV、PLLDIV 和 PLLMUL 的组合；

步骤 4：根据所需要的牵引时间，设置 PLLCOUNT 的当前值；

步骤 5：设定 CLKMD 寄存器，一旦 PLLNDIV 位被置位，PLLCOUNT 计数器开始减 1 计数，为 PLL 提供复位、重新锁定时间。当计数器减到 0 时，在经过 6 个 CLKIN 周期和 3.5 个 PLL 周期的时间后，新的 PLL 方式开始工作。

【例 7.1】 从某一倍频方式切换到 PLL×1 方式。

解：必须先从倍频方式(PLL 方式)切换到分频方式(DIV 方式)，然后再切换到 PLL×1 方式。其程序如下：

```
         STM    #00h              ;CLKMD 切换到 DIV 方式
Status:  LDM    CLKMD             ;A
         AND    #01h, A           ;测试 PLLSTATUS 位
```

```
        BC      Status, ANEQ    ;若 A≠0.则转移，表明还没有切换到 DIV 方式
                                ;若 A=0.则顺序执行，表明已切换到 DIV 方式
        STM     #03EFh, CLKMD   ;切换到 PLL×1 方式
```

值得注意的是，2 分频与 4 分频之间也不能直接切换。若要切换，则必须先切换到 PLL 的整数倍频方式，然后再切换到所需要的分频方式。

7.4.2 DSP 复位电路

复位输入引脚 RS 为 C54x DSP 提供了硬件初始化的方法。这个引脚上电平的变化可以使程序从指定的存储地址 FF80h 开始运行。当时钟电路工作后，只要在 RS 引脚上出现两个以上外部时钟周期的低电平，芯片内部所有相关寄存器都初始化复位。只要 RS 保持低电平，则芯片始终处于复位状态。只有当此引脚变为高电平后，芯片内的程序才可以从 FF80h 地址开始运行。

对于 DSP 系统而言，上电复位电路虽然只占很小的一部分，但它的好坏将直接影响系统的稳定性。C54x DSP 复位有三种方式，即上电复位、手动复位、软件复位，前两种是通过硬件电路实现的复位，后一种是通过指令方式实现的复位。这里主要介绍硬件复位电路。

1. RC 复位电路

图 7.23 所示为简单的上电复位电路，利用 RC 电路的延迟特性给出复位需要的低电平时间。在上电瞬间，由于电容 C 上的电压不能突变，所以通过电阻 R 进行充电，充电时间由 RC 的乘积值决定，一般要求大于 5 个外部时钟周期，可根据具体情况选择。为防止复位不完全，参数可选择大一些。图 7.24 所示为可以分别通过上电或按钮两种方式复位的电路，参数选择与上电复位相同。按钮的作用是当按钮按下时，将电容 C 上的电荷通过按钮串联的电阻 R1 释放掉，使电容 C 上的电压降为 0。当按钮松开时，电容 C 的充电过程与上电复位相同，从而实现手动按钮复位。

实际应用系统设计中，若有外部扩展的 I/O 接口电路复位端与 DSP 的复位端相连，RC 参数会受到影响，可能会由于同时提供多路复位致使充电电流增大，相当于 RC 的值减小，充电时间减少，影响到芯片的复位效果。因此，这种情况下复位电路的参数应增大。为保证可靠复位一般都在初始化程序中为 DSP 安排一定的延迟时间。

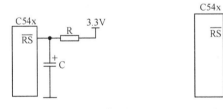

图 7.23 RC 上电复位电路　　　图 7.24 RC 按钮复位电路

图 7.25 所示为一个实际设计的系统复位电路(这是从 DSP 最小系统设计中截取的一部分电路图)。

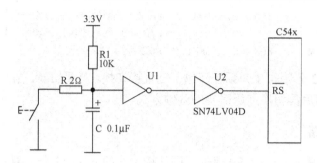

图 7.25 复位电路连接实例

2. 专用的复位电路

在 DSP 应用系统中,电源的投入和切除及由电网串进来的干扰脉冲很容易造成 DSP 的误动作和数据的丢失。对于来自电网的干扰,通常人们采用低通电源滤波器、加强屏蔽、使用 UPS 电源,有的甚至给系统配上了专用电源。但采用这些措施仍不能有效地解决干扰问题。以 UPS 为例,它可以保证在干扰期间,RAM 中的数据不丢失,但其反应时间(毫秒级)跟不上微秒级的干扰脉冲,以至于造成系统工作状态混乱,使数据出现差错,甚至导致系统崩溃的现象发生。在干扰侵袭、电源降压或瞬间电源掉电时,系统能提供一个准确的复位信号是解决上述问题的一个有效手段。从这个意义上说,复位电路很大程度上决定着一个 DSP 系统运行的可靠性。

前面介绍的使用 RC 设计的复位电路,电路结构简单,但可靠性差,在恶劣的环境中很容易受到干扰影响,引起误动作。因此,在要求比较高的场合,为保证设备的正常运行,必须设置硬件监控电路。

下面以 MAX706 监控芯片为例介绍 DSP 中的"看门狗"的复位电路。MAX706 是 MAXIM 公司推出的集复位、掉电检测、看门狗功能于一体的多功能芯片。该芯片具有电源投入时的复位功能,能够检测出电源掉电和电源瞬时短路并给出复位信号。同时具有电源电压上升时复位信号的解除功能。当程序走飞后,它也能够使 DSP 系统复位。

MAX706 为 DIP8 脚封装,各引脚功能如表 7-19 所示。它提供如下四种功能:

(1) 上电、掉电以及降压情况下的复位输出。

(2) 独立的看门狗输出。如果在 1.6s 内看门狗输入端未被触发,看门狗输出将变为低电平。

(3) 1.25V 门限检测器,用于电源故障报警、低电压检测或+5V 以外的电源的监控。

(4) 低电平有效的人工复位输出。

表 7-19 MAX706 引脚功能

名 称	功 能
$\overline{MR}$	人工复位输入端,电压拉到 0.8V 以下可触发复位脉冲
V_{CC}	+5V 电源输入端
GND	接地端,所有信号的 0V 参考点
PFI	电源故障电压监控输入端

第 7 章 TMS320C54x 基本系统设计

续表

名称	功能
$\overline{\text{RESET}}$	电源故障输出端
WDI	看门狗输入端
$\overline{\text{RESET}}$	低电平有效的复位输出端
$\overline{\text{WDO}}$	看门狗输出端

MAX706 应用在 DSP 中的接线如图 7.26 所示。MR 手动复位引脚内部有上拉电阻，可直接通过一个按键接地。不管是上电、手动、掉电或程序走飞等引起的复位，$\overline{\text{RESET}}$ 脚至少会保持 140ms 的低电平，保证 DSP 系统复位，大大提高了系统抗干扰的能力。本电路包括以下功能：

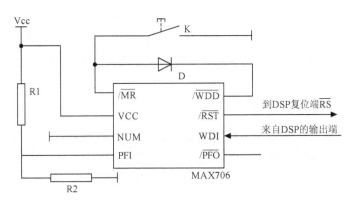

图 7.26 MAX706 与 DSP 的接口电路

1) 复位输出

MAX706 无论何时都可通过复位端使 DSP 复位到初始状态，它能在上电、掉电或欠压时复位，防止 DSP 误操作。上电后，一旦 V_{cc} 升至 1.1V，$\overline{\text{RESET}}$ 输出一个高电平，V_{cc} 继续升高，$\overline{\text{RESET}}$ 保持不变。当升至门限电压时，$\overline{\text{RESET}}$ 再保持高电平至少 140ms(典型为 200ms)后变为低电平，保证正确复位。无论什么时候 V_{cc} 低于门限电压即欠压，则 $\overline{\text{RESET}}$ 为高电平。掉电时，一旦 V_{cc} 低于门限电压，RESET 为高电平并持续到 V_{cc} 降至 1.1V 以下。

2) 看门狗定时器

看门狗电路起着监视 DSP 动作的作用。系统在运行过程中通过 I/O 输出给看门狗的输入端 WDI 脚正脉冲，两次脉冲时间间隔不大于 1.6s，则 $\overline{\text{WDO}}$ 引脚永远为高电平，说明 DSP 程序执行正常。但如果程序跑飞，就不可能按时通过 I/O 输出发出正脉冲。当两次发出正脉冲的时间间隔大于 1.6s 时，看门狗便使 $\overline{\text{WDO}}$ 置为低电平，将使系统复位。

7.5 供电系统设计

TMS320C54x 系列芯片大部分采用低电压设计，这样可以大大地节约系统的功耗，该系列芯片的电源分为两种，即内核电源与 I/O 电源，其中 I/O 电源一般采用 3.3V 设计，而内核电源采用 3.3V、2.5V 或 1.8V 电源,降低内核电源的主要目的是为了降低功耗。下面以目前使用流行的 TMS320VC5402 为例来介绍 C54x DSP 的电源部分的设计。

7.5.1 DSP 供电电源设计

1. DSP 电源电压及电流要求

TMS320VC5402 芯片采用了双电源机制,以获得更好的电源性能,其工作电压为 3.3V 和 1.8V,其中 3.3V 电压供 I/O 接口用,便于直接与外部低压器件接口;1.8V 主要供器件内部逻辑提供电压,包括 CPU 和其他所有的外设逻辑。与 3.3V 相比,1.8V 供电可以大大降低功耗。

TMS320VC5402 的电流消耗主要取决于器件的运算负载能力,就是说如果器件处于全速运行时,那么电流就达到该芯片电流消耗的极大值,当 CPU 处于等待状态时,其电流消耗就很小,因此在系统设计时,当 CPU 空闲时,应尽量使其处于等待状态或者使 CPU 处于休眠状态,这样可以降低系统的功耗;相对于 CPU 来说,外设消耗的电流是比较小的,它由 I/O 电源提供,消耗的电流主要取决于外部输出总线的速度,以及这些在输出引脚上的负载电容。

2. TMS320VC5402 的电源设计

采用什么供电机制,主要取决于应用系统中提供什么样的电源。考虑到大部分数字系统工作于 5V 和 3.3V,因此可以采用以下两种电源解决方案:

(1) 从 5V 电源产生:电路框图如图 7.27 所示。在这种方案中,第 1 个电压调节器提供 3.3V 电压,第 2 个电压调节器提供 1.8V 电压;

(2) 从 3.3V 电源产生:电路框图如图 7.28 所示。在这种方案中,电压调节器提供 1.8V 电压。

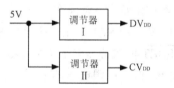

图 7.27 DSP 的电源设计方案

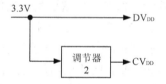

图 7.28 DSP 的电源设计方案

3. TMS320VC5402 的典型电源电路

目前,能产生 DSP 需要的电源的芯片比较多,如 Maxim 公司的 MAX604 和 MAX748,TI 公司的 TPS72x 和 TPS73x 系列,这些芯片可以分为线性和开关两种,在设计的时候应根据实际的需要来选择。如果在系统对功耗要求不是很高的情况下,可以使用线性稳压器,它的使用方法较为简单,而且电源的纹波电压较小,对系统的干扰也小;而在系统对功耗要求比较苛刻的情况下,应使用开关电源芯片,一般的开关电源芯片的效率可以达到 90%以上,但是一般而言,开关电源比线性电源产生的纹波电压要大,而且开关电源的振荡频率在几千赫到几百千赫的范围内,会对 DSP 系统产生干扰。特别是开关电源产生的电压用于 A/D 和 D/A 转换电路时应加滤波电路,以减小电源噪声对模拟电路的影响。下面介绍几种常用的电源电路。

(1) 3.3V 单电源供电。可选用 TI 公司的 TPS7133、TPS7233、TPS7333 芯片，也可以选用 Maxim 公司的 MAX604、MAX748 芯片。图 7.29 所示为使用 MAX748 芯片产生 3.3V 电源的原理图，采用这种方式的电源最大限制电流为 2A。

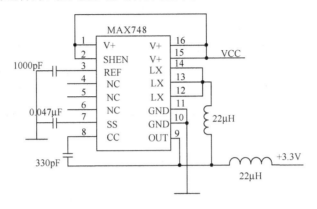

图 7.29　使用 MAX748 芯片产生 3.3V 电源的原理图

(2) 采用双电源供电。可以采用 TPS73HD301、TPS73HD325、TPS73HD318 等系列芯片。其中，TPS73HD301 可提供一路 3.3V 输出电压和一路可调的输出电压(1.2～9.75V)；TPS73HD325 的输出电压分别为 3.3V，2.5V，每路的最大输出电流为 750mA；TPS73HD318 输出电压分别为 3.3V，1.8V，每路的最大输出电流为 750mA，并且提供两个宽度为 200ms 的低电平复位脉冲。图 7.30 所示为利用 TPS73HD318 芯片产生线性电源的原理图。

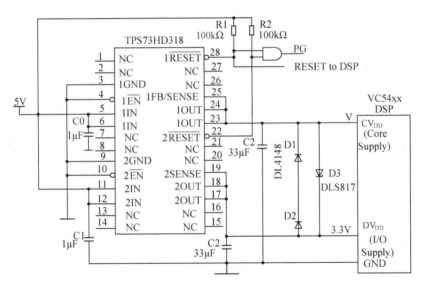

图 7.30　利用 TPS73HD318 芯片产生双电源原理图

7.5.2　3.3V 和 5V 混合逻辑设计

DSP I/O 口的工作电压一般是 3.3V，因此，其 I/O 电平也是 3.3V 逻辑电平。在设计 DSP 系统时，除了 DSP 芯片外，必须设计 DSP 芯片与其他外围芯片的接口，如果外围芯片的工作电压也是 3.3V，那么就可以直接连接。但是，由于现有很多外围芯片的工作电压都是 5V，如 EPROM、SRAM，模数转换芯片等，因此系统设计时必然涉及到如何将 3.3V DSP 芯片与这些 5V 供电芯片可靠接口的问题。

1. 各种电平的转换标准

图 7.31 所示为 5V CMOS、5V TTL 和 3.3V TTL 电平的转换标准。其中，V_{OH} 表示输出高电平的最低电压，V_{IH} 表示输入高电平的最低电压，V_{IL} 表示输入低电平的最高电压，V_{OL} 表示输出低电平的最高电压。由图可以看出，5V TTL 和 3.3V TTL 的转换标准是一样的，而 5V CMOS 的转换电平是不同的。因此，3.3V 系统与 5V 系统接口时，必须考虑到两者的不同。

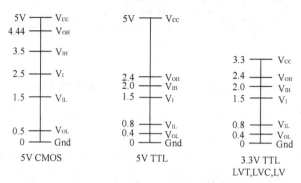

图 7.31 各种电平的转换

2. 3.3V 与 5V 电平转换的 4 种情形

根据实际应用场合的不同，考虑 4 种情况，如图 7.32 所示。

(1) 5V TTL 器件驱动 3.3V TTL 器件(LVC)，由于 5V TTL 和 3.3V TTL 的电平转换标准是一样的。因此，如果 3.3V 器件能够承受 5V 电压，从电平上来说直接相接是完全可以的。

(2) 3.3V TTL 器件(LVC)驱动 5V TTL 器件。由于两者的电平转换标准是一样的，因此不需要额外器件就可以将两者直接相接，不需要额外的电路。直接从 3.3V 器件驱动 5V 器件看起来不可思议，但只要 3.3V 器件的 V_{OH} 和 V_{OL} 电平分别是 2.4V 和 0.4V，5V 器件就可以将输入读为有效电平，因为它的 V_{IH} 和 V_{IL} 电平分别是 2V 和 0.8V。

(3) 5V CMOS 驱动 3.3V TTL 器件(LVC)。显然，两者的转换电平是不一样的，进一步分析 5V CMOS 的 V_{OH} 和 V_{OL} 以及 3.3V LVC 的 V_{IH} 和 V_{IL} 的转换电平可以看出，虽然两者存在一定的差别，但是能够承受 5V 电压的 3.3V 器件能够正确识别 5V 器件送来的电平值。采用能够承受 5V 电压的 LVC 器件，5V 器件的输出是可以直接与 3.3V 器件的输入端直接相接的。

(4) 3.3V TTL 器件(LVC)驱动 5V CMOS 两者的电平转换标准化是不一样的，从图 7.31 可以看出，3.3V LVC 输出的高电平的最低电压值是 2.4V 可以高到 3.3V，而 5V CMOS 器件要求的输入高电平的最低电压值是 3.5V，因此 3.3V 器件(LVC)的输出不能直接与 5V CMOS 器件的输入相接。在这种情况下，可以采用双电压供电(一边是 3.3V，另一边是 5V)的驱动器，如 TL 的 SN74ALVC164245、SN74LVC4245 等。

第 7 章 TMS320C54x 基本系统设计

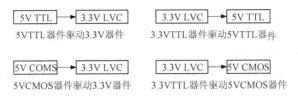

图 7.32　3.3V 与 5V 电平转换的 4 种情形

【例 7.2】 TMS320VC5402 与 Am27C010EPROM 接口的设计。

解：首先分析它们的电平转换标准。从 TMS320VC5402 与 Am27C010 的电气性能中得知，其电平转换标准如表 7-20 所示。

表 7-20　TMS320VC5402 与 Am27C010 的电平转换标准

电平 器件	V_{OH}	V_{OL}	V_{IH}	V_{IL}
TMS320LVC5402	2.4V	0.4V	2.0V	0.8V
Am27C010	2.4V	0.4V	2.0V	0.8V

从表中可以看出，TMS320VC5402 与 Am27C010 的转换标准是一致的，因此，从 TMS320VC5402 到 Am27C010 的单方向地址线和信号线可以直接连接。但是，由于 TMS320LVC5402 不能承受 5V 电压，因此从 Am27C010 到 TMS320LVC5402 方向的数据线不能直接连接，必须进行电平转换或缓冲。可以选择双电压供电的缓冲器，也可以选择 3.3V 供电并能承受 5V 电压的缓冲器。这里选用 74LVC16245 缓冲器。

74LVC16245 器件是一个工作电压为 2.7V～3.6V 的双向收发器，可以用作 2 个 8 位或 1 个 16 位收发器。基本功能如表 7-21 所示。

表 7-21　74LVC16245 基本功能表

$\overline{OE}$	DIR	功　　能
L	L	B → A
L	H	A → B
L	×	隔离

$\overline{OE}$ 为输出使能控制脚，低电平有效；

DIR 为数据方向控制脚，用于控制数据的流向。

由于 Am27C010 是 EPROM，因此数据是单向的，从 Am27C010 流向 DSP 芯片。DSP 与 Am27C010 的接口如图 7.33 所示。

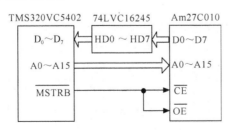

图 7.33　DSP 与 Am27C010 的接口电路

7.5.3 省电工作方式与设计

TMS320VC54x 有几种省电模式，这几种模式可以使 CPU 暂时处于休眠状态，这时的功耗比正常模式要低，但能保持 CPU 的内容并在恢复正常供电后，恢复正常工作。

可以通过执行 IDLE1、IDLE2、IDLE3 指令，或者使 $\overline{\text{HOLD}}$ 信号变低，同时将 HM 状态位置 1 以进入省电模式。表 7-22 给出了各种省电操作。

表 7-22 4 种省电模式的操作

操作/特征	IDLE1	IDLE2	IDLE3	$\overline{\text{HOLD}}$
CPU 停止工作	Y	Y	Y	Y[注]
CPU 时钟停止	Y	Y	Y	N
外设时钟停止	N	Y	Y	N
锁相环(PLL)停止工作	N	N	Y	N
外部地址线处于高阻状态	N	N	N	Y
外部数据线处于高阻状态	N	N	N	Y
外部控制信号线处于高阻状态	N	N	N	Y
退出省电模式的方式:置 $\overline{\text{HOLD}}$ 为高	N	N	N	Y
不可屏蔽硬件中断	Y	N	N	N
不可屏蔽软件中断	Y	Y	Y	N
$\overline{\text{NMI}}$	Y	Y	Y	N
$\overline{\text{RS}}$	Y	Y	Y	N

注：省电模式取决与 HM 的状态，除非指令的执行需要访问外部存储器，CPU 继续执行。

1. 闲置模式 1 (IDLE I)

除时钟外所有的操作都停止。由于系统时钟也用于外设，所以外设电路继续操作，CLKOUT 引脚保持有效。因此，串口和定时器等外设可以使 CPU 结束省电状态。用 IDLE1 指令可以进入 IDLE1 模式，用唤醒(wake-up)中断可以结束闲置模式 1。如果在唤醒中断时 INTM=0，则闲置模式 1 结束时 VC54x 进入中断服务程序；如果 INTM=1，VC54x 继续执行 IDLE1 后的指令。无论 INTM 值如何，所有的唤醒中断都被置位，以允许 IMR 寄存器中相应位为开中断，但非屏蔽中断 RS、NMI 除外。

2. 闲置模式 2（IDLE2）

使片内外设和 CPU 停止工作。因为片内外设在这种模式时是不工作的，所以不能产生唤醒 VC54x 的闲置模式 1 的中断。但是，由于设备完全停止，所以功耗明显减小。用 IDLE2 指令进入闲置模式 2，用最短 10ns 的脉冲施加到外部中断引脚(/RS、/NMI 和/INTx)，可以有效地结束闲置模式 2。如果 INTM=0，有唤醒中断请求，那么在闲置模式 2 结束时，VC54x 进入中断服务程序；如果 INTM=1，VC54x 继续执行跟在 IDLE2 后的指令。无论 INTM 的值如何，所有的唤醒中断都必须将 IMR 寄存器的相应位设置为[0]开中断。闲置模式 2 结束时，所有的外设都复位，尤其当其用外部时钟时。当闲置模式 2 中用/RS 唤醒中断时，/RS

的最短 10ns 的脉冲可以使得复位序列有效。

3. 闲置模式 3（IDLE3）

除了与闲置模式 2 有同样的功能外，还可以终止锁相环 PLL 的工作 IDLE3 是 VC54x 的一种完全关闭模式，这种模式比 IDLE2 模式能更大幅度地降低电源消耗。而且，如果系统允许 VC54x 低速操作以节能，在 IDLE3 状态可以使用户在外部重新设置 PLL。

用 IDLE3 指令可以进入闲置模式 3,用最短 10ns 的脉冲施加在外部中断引脚(/RS、NMI 和/INTx)，可以有效地结束闲置模式 3。如果 INTM=0，有唤醒中断时，在闲置模式 3 结束时，VC54x 进入中断服务程序；如果 INTM=1，VC54x 继续执行跟在 IDLE3 后的指令。无论 INTM 的值如何,所有的唤醒中断都必须将 IMR 寄存器的相应位设置为[0]开中断，IDLE3 结束时所有的外设都复位，尤其当用外部时钟时。要结束闲置模式 3，外部中断必须是大于 10ns 的脉冲，才能使得复位序列有效。

VC54x 在唤醒中断序列中可接受多个中断，在 IDLE3 后先响应优先级最高的中断。当闲置模式 3 中用/RS 唤醒中断时，最短 10ns 的脉冲可使得复位序列有效。但是/RS 必须保持 50μS 的有效时间，以便 PLL 可以提供稳定的内部逻辑的系统时钟。

4. 保持模式

这是另外一种省电模式。在这种模式下，地址、数据和控制总线处于高阻状态，根据 HM 位的值，也可以用这种模式终止 CPU 的运行。

这种省电模式由 $\overline{HOLD}$ 信号初始化，但这个信号的作用还要取决于 HM 的值。如果 HM=1，则 CPU 停止运行，地址、数据、控制总线进入高阻状态；如果 HM=0，则地址、数据、控制总线进入高阻状态，但 CPU 继续运行如果系统不需要扩展外部存储器，可以用 HM=0 时的 $\overline{HOLD}$ 信号。除非有一条指令需要访问外部存储器，那么 VC54x 继续运行，然后处理器停止运行直到 $\overline{HOLD}$ 无效为止。

这种模式不能停止片内外设的操作，如定时器和串口等，无论 $\overline{HOLD}$ 和 HM 位如何，它们都会一直运行。当 $\overline{HOLD}$ 信号无效时这种模式结束。

5. 其他省电功能

VC54x 还有两个功能影响省电操作：外部总线关断和 CLKOUT 关断。

外部总线关断使得 VC54x 停止外部接口的内部时钟，这样可使接口处于低耗电模式。将块切换控制寄存器(BSCR)的第 0 位置 1 可以关断外部接口时钟。复位时，这一位被清 0，外部接口时钟开放。时钟关断功能使得 VC54x 可以用软件指令禁止 CLKOUT 信号 PMST 的 CLKOFF 位决定了 CLKOUT 是否有效。复位时，CLKOUT 有效。

7.6 JTAG 在线仿真调试接口电路设计

目前流行的 DSP 都备有标准的 JTAG(Joint Test Action Group)接口。JTAG 口连接只要和仿真器上给出的引脚一致就可以了。TI 仿真器的 14 脚 JTAG 口的引脚如图 7.34 所示。

一般情况下自己开发的电路板引出双排的 14 脚插针可以和图 7.34 中的一致。在大多数情况下，只要电路板和仿真器之间的连接电缆不超过 6in(1in=2.54cm)就可以采用如图 7.35 所示接法。

这里，需要注意的是其中 DSP 的 EMU0 和 EMU1 引脚需要用电阻上拉，推荐阻值为 4.7kΩ 或 10kΩ。

如果 DSP 和仿真器之间的连接电缆超过 6in，可采用如 7.36 所示接法，将数据传输脚加上驱动。

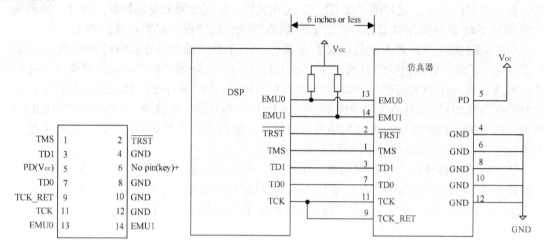

图 7.34　14 脚 JTAG 口引脚图　　　　图 7.35　DSP 与仿真口连接图 1

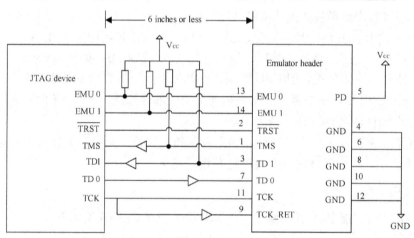

图 7.36　DSP 与仿真口连接图 2

JTAG 是一种通用标准接口，允许不同类型的 DSP、甚至其他带有 JTAG 信号引脚的任何器件组成 JTAG 链，DSP 仿真启用软件设置后，可以将仿真器支持的 1 个或几个 DSP 选择出来进行调试。

使用仿真器时一定要注意安全操作，避免不正确的使用方法损坏仿真器和电路板，在保证电路设计正确、仿真器接口符合要求的前提下，还应注意以下几点：

(1) 要求安装仿真器的计算机的地与电路板的地必须可靠连接。

(2) 不应带电插拔仿真器插头，特别是计算机正在仿真调试状态时，更不能把仿真头从电路板上拔下。

(3) 电路板断电前，应先退出仿真器软件调试环境，否则仿真器虽不至于损坏，但可能会工作不正常，可能需要重启计算机才能恢复正常工作。

7.7 TMS320C54x 的引导方式及设计

在 CCS 开发环境下,PC 机通过不同类型的 JTAG 电缆与用户目标系统中的 DSP 通信,帮助用户完成调试工作。当用户在 CCS 环境下完成开发任务,编写完成用户软件之后,需要脱离依赖 PC 机的 CCS 环境,并要求目标系统上电后可自行启动并执行用户软件代码,这就需要用到 Bootloader 技术。同时 Bootloader 也指由 TI 在生产芯片时预先烧制在 TMS320VC5402 片内 ROM 中,完成该功能段的一般代码名称。本节以 TMS320VC5402(以下简称 VC5402)为例,介绍 DSP 的 Bootloade 技术。

7.7.1 Bootloader 技术

因为 C5402 是 RAM 型器件,掉电后不能保持任何用户信息,所以需要用户把执行代码存放在外部的非易失存储器内,在系统上电时,通过 Bootloader 将存储在外部媒介中的代码搬移到 C5402 高速的片内存储器或系统中的扩展存储器内,搬移成功后自动去执行代码,完成自启动过程。

Bootloader 技术提供很多种不同的启动模式,包括并行 8bit/16bit 的总线型启动、串口型启动和 HPI 口启动等模式,兼容多种不同系统需求。当 C5402 芯片复位时,如果其处于微计算机模式(MP/MC 引脚为逻辑 0),那么复位后在 C5402 程序空间地址为 0F800h 处,可以通过 CCS 看到 TI 预先烧制在其片内 ROM 的 Bootloader 代码。C5402 复位后,程序指针指向 0FF80h 处的中断向量表,执行指令"BD 0F80h",即跳至 Bootloader 入口,开始执行 Bootloader 代码。在搬移用户代码之前,Bootloader 会设置 C5402 的状态寄存器,包括将 INTM 位置 1,禁止全局中断;OVLY 置 1,将片内 DARAM 映射到程序/数据空间;设置整个程序/数据空间均插入 7 个等待状态,以适应可能慢速的 EEPROM。

为了兼容不同系统需求,VC5402 提供很多种启动模式,包括:

(1) HPI 启动模式:由外部处理器(即主机)将执行代码通过 C5402 的 HPI 口搬移到 C5402 片内 RAM。当主机搬移完所有程序代码后,还要将程序入口地址写入 C5402 数据空间 007Fh 内。这样,C5402 一旦检测到 007Fh 处不再为 0 值,即判断为代码转移完毕,并跳转到 007Fh 里存放的地址去执行,从而完成启动。

(2) 8bit/16bit 的并行启动模式:在这种模式下,C5402 通过其数据和地址总线从数据空间读取自举启动表(Boot Table)。自举启动表内容包括:需要搬移的代码段,每个段的目的地址,程序入口地址和其他配置信息。自举启动表具体内容将在下文介绍。

(3) 8bit/16bit 的标准串口启动模式:在这种模式下,C5402 通过工作在标准模式的多通道缓冲串口(McBSP)接收自举启动表,并根据自举启动表中的信息装载代码。McBSP0 支持 8bit 模式,MCBSP1 支持 16bit 模式。

(4) 8bit 串行 EEPROM 启动模式:在这种模式下,C5402 通过工作在 SPI 模式的 McBSP1 接收来自外部串行的 EEPROM 中的自举启动表,并根据自举启动表中的信息装载代码。

(5) 8bit/16bit 的 I/O 启动模式:在这种模式下,C5402 使用 XF 和 BIO 引脚,与外部设备达成异步握手协议,从地址 0h 处的 I/O 端口读取自举启动表。

一旦 VC5402 复位,Bootloader 会做循环检测操作,以决定执行哪种启动模式。Bootloader 首先检测 HPI 启动模式条件是否成立,如果条件不满足,则继续检测下一种,直到找到一种满足条件的启动模式。它检测的顺序如下：

(1) HPI 启动模式第一次检测：通过检测 INT2 引脚是否有中断发生来判断是否进入 HPI 启动模式。

(2) 串行 EEPROM 模式。

(3) 并行模式。

(4) 通过 McBSP1 的标准(8bit)串口启动。

(5) 通过 McBSP0 的标准(16bit)串口启动。

(6) I/O 启动模式。

(7) HPI 启动模式第二次检测：通过检测数据空间 007Fh 是否为非 0 值来决定程序入口点。

需要注意的是，当 Bootloader 检测完所有可能的启动模式后，而没有发现一种有效的启动模式，则 Bootloader 仅会从标准串口启动模式开始重新检测启动模式，而并不是重新检测所有可能的启动模式。整个过程如图 7.37 所示。

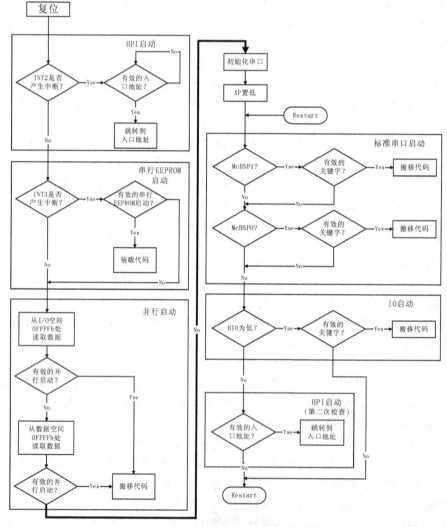

图 7.37　BOOTLOADER 模式选择流图

7.7.2 并行启动模式

在上述各种启动模式中，并行启动模式实现简单，速度较快，在实际系统中应用也最为广泛，下面重点介绍这种启动模式。当检测完毕串行 EEPROM 启动模式无效后，Bootloader 会转入 8bit/16bit 并行启动模式检测。Bootloader 首先从 I/O 空间地址为 0FFFFh 处读取一个字的数据，并将该数据作为自举启动表在数据空间的起始地址。自举启动表起始地址处应包含用于判断 8bit/16bit 启动模式的关键字，对于 8bit 启动模式该关键字为 08AAh，需要放在两个连续的 8bit 空间；对于 16bit 启动模式，该关键字为 10AAh。如图 7.38 所示，如果 Bootloader 没有在自举启动表的起始地址处得到上述关键字，它会转到数据空间 0FFFFh 处再去读取一个字的数据，并将该数据作为自举启动表在数据空间的起始地址，再继续尝试通过该起始地址去读取上述关键字。因为 Bootloader 在读取自举启动表第一个字之前不知道存储器宽度，所以它需要检测两个位置，通过 0FFFFh 处得到该起始地址的低 8bit，通过 0FFFEh 处得到其高 8bit。整个流程如图 7.38 所示。

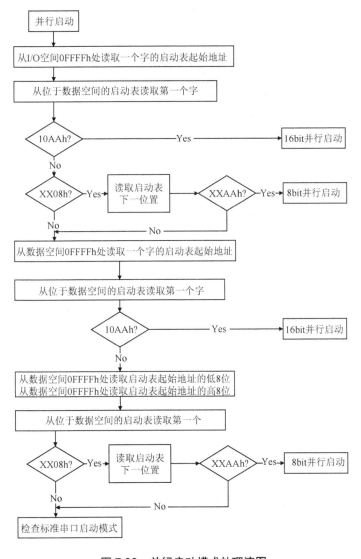

图 7.38 并行启动模式处理流图

7.7.3 自举启动表的建立及引导装载的过程

根据 Bootloader 这个特性，用户可以将自举启动表与其起始地址一起烧写到 DSP 片外扩展的 EEPROM/Flash 中，即可通过 EEPROM/Flash 存储器为 Bootloader 同时提供自举启动表及其起始地址。下面结合 VC5402 与外扩 Flash 存储器 Am29LV400B，举例说明自举启动表建立的步骤及引导装载方法的实现过程。

Am29LV400B 的相关特性和参数已在 7.2 节介绍过，这里不再赘述。与 VC5402 的连接方式如图 7.5 所示，只是 EMP7128 的逻辑关系稍作修改，将 Am29LV400B 配置为 DSP 外扩的数据存储空间。即将 FCF <= PS 改为 FCF <= DS，其余逻辑关系不变。

为了完成系统自启动，Flash 中的数据必须按照自举启动表的格式"烧写"。自举启动表的作用是：DSP 运行此表时，首先根据表中前部分用户起始地址，把后面的用户程序代码加载到 DSP 片内程序空间中相应的用户地址区域(由于 Flash 与 DSP 时间不匹配，要设置好 SWWR 和 BSCR 寄存器)，然后，根据自举启动表中的程序入口地址，在程序空间相应的地址开始运行程序。图 7.39 为 16 位并行自启动的代码结构。

10AAh(16 位启动并型方式)
SWWR 寄存器的初始值
BSCR 寄存器的初始值
用户程序入口的 XPC
用户程序入口的地址 PC
用户程序长度
用户程序起始的 XPC
用户程序起始地址 PC
用户程序代码…
0000H(表示自举启动表结束)

图 7.39　16 位并行自启动的代码结构

自举启动表可以使用 TMS320C54x 汇编语言工具包提供的十六进制转换工具来生成，该工具文件名为 hex500.exe。

十六进制转换工具 hex500 调用格式为：

hex500　　[-options]　　filename

filename：COFF 文件名或命令文件名；

-options：提供附加信息，控制十六进制转换处理过程； 可在命令行里或一个命令文件里使用多个选项；不区分顺序与大小写；

为了适应不同系统的应用，hex500 支持多种可选项，常用选项如下：

1) 通用选项

-map filename:该选项使 hex500 生成转换报告，可用任何文本编辑器阅读；

-o　filename:指定转换输出的十六进制文件名；

2) 存储器选项

-memwidth　value：定义 DSP 系统存储器宽度(默认为 16bit)；

-romwidth　value：定义用户 EEPROM 存储器宽度(默认值由输出选项确定)；

3) 输出选项：输出指定格式的十六进制文件，如表 7-23 所示。

表 7-23　输出选项含义

输出选项	输出格式	默认用户存储器宽度	可寻址宽度
-a	ASCII	8	16
-i	Intel	8	32
-m1	Motorola-S1	8	16
-m2/-m	Motorola-S2	8	24
-m3	Motorola-S3	8	32
-t	TI-Tagged	16	16
-x	Tektronix	8	32

其中，可寻址宽度决定了输出格式所支持的地址信息 bit 数，所以 16bit 寻址宽度最高仅支持 64k 地址。

4) 启动选项

-boot：定义转换所有的段至自举启动表里；

- bootorg　value：定义自举启动表的起始偏移地址；

-e value：指定代码搬移完成后开始执行的入口地址，value 可为数值地址或全局符号。

5) 其他选项

-swwsr　value：设置并行启动模式下软件等待状态寄存器(SWWSR)的初值。

- bscr　value：设置并行启动模式下段转移控制寄存器(BSCR)的初值。

设所编写的一个用户程序名为 myblink.c，在编译链接成功后生成的输出文件名为 myblink；程序空间的开始地址为 0x1400，程序执行的入口地址为 0x144F。利用 hex500 工具，生成文件名为 myblink.hex 的二进制数据，hex500 命令后添加如下条件：

```
myblink.out              ; 要转换的 .out 文件
-a                       ; 生成 ASCII 码的形式
-a  0x144F               ; 程序空间中程序运行的开始地址
-boot                    ; 转换成自举启动表的形式
-bootorg PARALLEL        ; 并行模式
-byte                    ; 按字节分配地址
-memwidth 16             ; 系统存储器字宽度为 16 位
-romwidth 16             ; ROM 物理宽度为 16 位
-swwsr 0x7FFF            ; SWWSR 设置软件等待周期
-bscr 0xF800             ; BSCR 设置段开关控制寄存器值 0xF800
-o myblink.hex           ; 输出的二进制数据文件名
```

生成的 Inter 格式二进制数据文件 myblink.hex 的数据为：

```
0x10AA 0x7FFF 0xF800 0x0000 0x144E 0x00D1 0x0000 0x1400(用户程序代码) 0x0000；
前 8 个数据解释分别为：
0x10AA              ：16 位并行寻址格式；
0x7FFF              ：SWWSR 初始值为 0x7FFF，因为 Flash 的运行速度比 DSP
                     ；慢，所以等待 7 个周期；
0xF800              ：BSCR 初始值为 0xF800；
0x0000              ：自举启动表程序入口的 XPC=0；
0x144F              ：自举启动表程序入口的地址=0x144F；
0x00D1              ：自举启动表程序的长度=0x00D1；
0x0000              ：自举启动表起始地址 XPC=0；
0x1400              ：自举启动表的起始地址=0x1400；
```

由于 Flash 可实现在线编程和擦除，因此可利用 DSP 系统板和仿真器通过 JTAG 接口实现对 Flash 的"烧写"。根据 Am29VF400B 的命令定义(参考 Am29VF400B 数据手册)，可用 C 语言或汇编语言编制 Flash 的"烧写"和"擦除"程序，在 CCS 环境下，通过仿真器下载到 DSP 中，并运行 DSP，用户程序就被"烧入"到 Flash 中。在这里自举启动表放入 Flash(即外部数据存储器)中以 0X9000 开始的单元，因此在数据空间地址的 0XFFFF 中，"烧写"数据 0X9000。并从 Flash 的地址 0x9000 开始，"烧写"用户自举启动表数据，完成程序代码的固化工作。

根据引导装载过程，DSP 系统上电后，Bootloader 程序运行直到寻址数据空间 0xFFFF 地址处，得到自举启动表的起始地址 0x9000；PC 指针指向 0x9000，执行自举启动表的数据；根据自举启动表写入的信息，把后面的程序载入程序空间起始地址 0x1400 (XPC=0)。然后，DSP 的 PC 指针指向程序入口地址 0x144F(XPC=0)，开始执行用户程序，完成了 DSP 利用 Flash 实现 16 位并行引导装载的过程。

7.8 习题与思考题

1. 一个典型的 DSP 系统通常由哪些部分组成？画出原理框图。
2. 一个 DSP 系统采用了 TMS320VC5402 芯片，而其他外部接口芯片为 5V 器件，试为该系统设计一个合理的电源。
3. 将 TMS320VC5402 芯片从 2 分频方式切换到 4 分频方式，试编写相应的程序。
4. TMS320VC5402 外接一个 128K×16 位的 RAM，其结构如图 7.40 所示。试分析程序区和数据区的地址范围，并说明其特点。
5. 如何设计 DSP 芯片的模数接口电路？并行转换接口和串行转换接口与 DSP 芯片连接有何不同？
6. 如何在 DSP 系统中实现看门狗功能？
7. 在 JTAG 接口电路设计中，仿真器与 DSP 芯片的距离很重要。如何根据它们的距离完成硬件电路的接口设计？
8. DSP 的并口总线与串口各有何用途？哪种速度快？哪种连线简单？

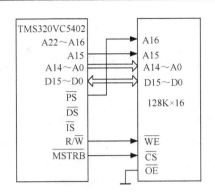

图 7.40 题 7.4 图

9. 设计 TMS20CV5402 所需要的外扩 16 位 32K 数据存储器空间、外扩 16 位 32K 程序存储器空间(假设 32K 数据存储器占用数据存储空间的 0000h～7FFFh 段；32K 程序存储器空间的 8FFFh～FFFFh 段；外扩存储器芯片有如下控制端：$\overline{WE}$ 为写允许控制端信号，$\overline{CE}$ 为片选信号和 $\overline{OE}$ 读允许端信号)。

第8章 TMS320C54x 应用系统设计举例

教学提示：对于 DSP 工程技术人员来说，面对具体的开发目标，分析其技术指标和要求，确定适当的算法、估计运算量、存储器的使用量和功耗，从而选择适当的 DSP 处理器，进行软硬件的设计、实现和调试，是难度和工作量都很大的工作。只有在大量的实践工作中，不断地积累经验，不断地学习与完善，才能越做越好。本章通过 DSP 应用中几个典型的案例讨论，希望对读者在 DSP 系统的设计、方案的选择和实现等方面有所帮助。

教学要求：了解 DSP 应用系统设计基本步骤，掌握正弦信号发生器、FIR 数字滤波器的设计和实现方法，了解快速傅里叶变换、语音信号采集和回放的实现方法，并简单了解 C 语言编程的基本方法。

8.1 DSP 应用系统设计基本步骤

一个 DSP 应用系统设计包括硬件设计和软件设计两部分。硬件设计又称为目标板设计，是基于算法需求分析和成本、体积、功耗核算等全面考虑的基础上完成的，典型的 DSP 目标板结构如图 8.1 所示。

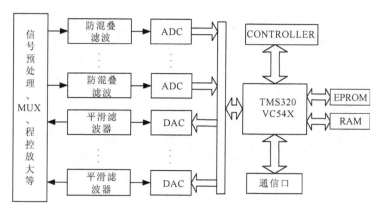

图 8.1 典型的 DSP 目标板结构框图

从结构框图可以看出，典型的 DSP 目标板包括 DSP 及 DSP 基本系统、存储器、模拟数字信号转换电路、模拟控制与处理电路、各种控制口与通信口、电源处理以及为并行处理或协处理提供的同步电路等。

软件设计是指设计包括信号处理算法的程序，用 DSP 汇编语言或通用的高级语言 (C/C++)编写出来并进行调试。这些程序要放在 DSP 片内或片外存储器中运行，在程序执行时，DSP 会执行与 DSP 外围设备传递数据或互相控制的指令，因此，DSP 的软件与硬件设计调试是密不可分的。

图 8.2 是一般 DSP 系统的设计开发过程。主要有以下几个步骤：

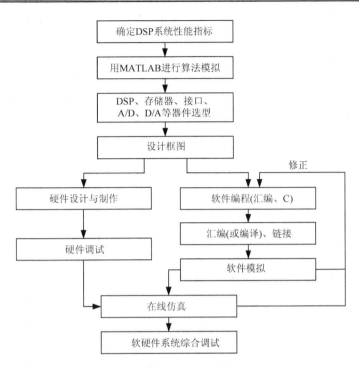

图 8.2 DSP 系统的设计开发过程

1. 确定系统的性能指标

设计一个 DSP 系统，首先要根据系统的使用目标确定系统的性能指标、系统功能的要求。

2. 进行算法模拟

对一个实时数字信号处理的任务，选择一种方案和多种算法，用计算机高级语言(如 C、MATLAB 等工具)验证算法能否满足系统性能指标，然后从多种信号处理算法中找出最佳的算法。现代信号处理的理论和方法很多，在具体实现时，这些算法对实际处理设备的要求是不同的。有些算法所要求的运算量、数据存储量、处理设备的计算精度是很高的，实现时成本上是难以承受的，因此算法的选择还应注重其性能/价格比，尽量以较低的成本达到性能满足要求的实际系统。由于 MATLAB 等工具提供强有力的模拟手段，设计者可以在较短的时间内选择出有效的算法，避免后续设计工作中由于算法选择不当而造成的浪费和反复。

3. 选择合适的器件

包括 DSP 芯片、存储器、接口、A/D、D/A 转换器、电平转换器、供电电源等。对于 DSP 芯片，由于它是整个处理系统的核心，因而对它的选择至关重要，应从具体应用要求出发，选择合适的 DSP 型号。主要考虑以下因素：

(1) 速度指标。DSP 最基本的速度指标是 MIPS(百万条指令每秒)和 MFLOPS(百万次浮点运算每秒)，还有 FFT 和 FIR 滤波的速度以及除法、求平方根等特殊运算的速度，如果一片 DSP 不能满足运算速度要求，那么可以考虑多片 DSP 并行处理。

(2) 注意不同的 DSP 有它特别适合处理的领域。例如 TMS320C54x 系列就特别适合通信领域的应用,而 TMS320C24x 系列特别适合家电产品领域。

(3) 片上资源。DSP 芯片选择时,要综合考虑 DSP 片上存储器资源、外设配置等,充分利用 DSP 片上资源,既可以保证算法的高效运行,也可以减少外围电路设计、缩小体积。

(4) 从系统设计的角度考虑。DSP 与其他元件和部件的配套性是不可忽略的因素,例如 DSP 和外部元件的接口的方便性。

(5) 其他应考虑的因素。如购买是否方便、功耗、在线仿真控制、与其他 CPU 的同步方式等。

4. 进行硬件电路的设计

由 DSP 构成的电路一般包括以下类型的器件:EPROM/FlashROM、RAM、A/D、D/A、同步/异步串口、电源模块、电平转换器、FPGA/CPLD、接口电路、仿真器接口、时钟等。要根据选定的主要元器件建立电路原理图、设计印刷板、制板、器件安装、加电调试。硬件设计涉及较多的电路技术,这里要强调的是,在进行 DSP 硬件设计时,要注意 DSP 和 FPGA/CPLD 的结合使用。在一个 DSP 电路中,由于 DSP 的 I/O 管脚数有限,可以把大量的数字接口电路转移到 FPGA/CPLD 中完成。FPGA/CPLD 通常负责以下功能:计数、译码、状态机、接口、电平转换、加密等功能。由于 FPGA/CPLD 有硬件可编程修改的优点,因此,即使电路板设计有错误,也不必在板上飞线或重新制板,只要在 FPGA 中修改就可以了。

5. 进行软件设计

软件设计分三个阶段:

(1) 用汇编或 C 语言编写程序,再用 DSP 开发工具包中的编译器生成可执行的代码。

(2) 用 PC 机上的 DSP 软件模拟器(Simulator)调试和验证程序及算法的功能。这时,DSP 不能从外部得到实际数据,通常的做法是:用户自编 PC 程序,产生一个模拟数据文件,放在 DSP 的存储器中,再将 DSP 对这块数据的处理结果显示在 PC 机上或输出到一个文件中,将其与期望的结果进行对比。模拟器可以观察到 DSP 内部所有控制/状态寄存器和片内/片外存储器内容,也可以对这些内容进行修改。模拟器既可以单步运行每条指令,也可以设置断点分段检查程序,同时可以统计出各段程序的执行时间。

(3) 通过 PC 机以及 DSP 仿真器和连接电缆,对实际的 DSP 电路板进行在线仿真(ICE)。仿真器的软件界面及调试方法和模拟器一样,但由于它是直接对 DSP 电路调试,因此 DSP 的运行效果更加真实,也能得到 DSP 和外围设备数据交换的真实效果,使用仿真器时,同样可以单步调试或让 DSP 全速运行。

这里需要强调两点:第一,由于 DSP 软件和硬件密切相关。因此两者基本内容的设计应同时进行。一般来说,开发 DSP 系统时,在电路原理图设计的同时就应该开始软件设计。在等待印制板制作时继续软件设计,并用模拟器进行实时调试。第二,在软件、硬件设计时应留有较大的设计余量,包括选择的 DSP 在速度、存储量上有足够的富余。硬件上可以采用现场可编程器件 FPGA/CPLD 和若干跳线开关等措施来保证电路板修改时不必飞线,还应考虑在高密度电路板上加易于测试的探测点或指示灯等。

6. 进行软硬件综合调试

充分利用仿真器和 DSP 的开发环境对 DSP 进行联调。对于 DSP 外围器件的信号测量，还要借助于示波器或逻辑分析仪等测量工具进行信号测量。

当软硬件的联调满足要求后，还需要将程序固化到系统中，TI 公司提供了将仿真器生成 COFF 文件转化为一般编程器能支持的 HEX 或 BIN 格式，并写入到 EPROM/FlashROM 中。

将代码固化后，DSP 电路板就可以脱离仿真器独立运行了，对系统的完整测试和验证也应在这种条件下进行。

7. 系统的测试和验证

系统的硬件和软件全部设计完成后，还需要对系统进行完整的测试和验证。包括以下几方面：第一，系统功能进行验证和系统技术指标进行测试。如果满足设计要求，证明设计思路是正确的。如果没有达到预期目标，必须重新进行调试，必要时要重新设计与研制。第二，系统软件的完善性测试，一个 DSP 方案设计完毕后应提交给用户使用，在使用过程中进行系统功能的完善和修改。如果系统具有较好的智能化和可程控性，很多修改工作可以通过完善系统软件来实现。第三，其他测试与验证，包括软件可靠性验证，硬件可靠性验证，自检与自诊断能力验证，环境实验，如冲击实验、例行温度实验以及老化实验等。

8.2 正弦信号发生器

在电子、通信和信息传输中，常常要使用正弦信号发生器。用 DSP 实现正弦信号发生器的基本方法有三种：

(1) 查表法。即将某个频率的正弦/余弦值计算出来后制成一个表，DSP 工作时仅作查表运算即可。这种方法适用于信号精度要求不是很高的情况。当对于信号的精度要求较高时，其信号采样点的个数增多，占用的存储器空间也将增大。

(2) 泰勒级数展开法。与查表法相比，需要的存储单元少，但是泰勒级数展开一般只能取有限次项，精度无法得到保证。

(3) 迭代法。利用数字振荡器通过迭代方法产生正弦信号。

本节中介绍利用迭代法产生正弦信号的原理和 DSP 实现方法。

8.2.1 数字振荡器原理

正弦函数 $\sin x$ 可表示为指数形式

$$\sin x = \frac{1}{2j}(e^{jx} - e^{-jx}) \tag{8.1}$$

由此可以得到正弦序列

$$x[k] = \sin(k\omega T) \tag{8.2}$$

的 z 变换

$$X(z) = \frac{1}{2j}[\sum_{k=0}^{\infty}(e^{jk\omega T} - e^{-jk\omega T})z^{-k}]$$

$$= \frac{1}{2j} \sum_{k=0}^{\infty} [(e^{j\omega T} z^{-1} - e^{-j\omega T} z^{-1})^k]$$

$$= \frac{1}{2j} \left(\frac{z}{z - e^{j\omega T}} - \frac{z}{z - e^{-j\omega T}} \right)$$

$$= \frac{z \sin \omega T}{z^2 - 2z \cos \omega T + 1}$$

$$= \frac{Cz}{z^2 - Az - B} \tag{8.3}$$

式(8.3)在 $|z|>1$ 时成立，且式中的 $A = 2\cos(\omega T)$，$B = -1$，$C = \sin(\omega T)$。

设单位冲击序列经过一系统后，其输出为正弦序列 $C = \sin(k\omega T)$，则系统的传递函数为

$$H(z) = \frac{Cz}{z^2 - Az - B} = \frac{Cz^{-1}}{1 - Az^{-1} - Bz^{-2}} \tag{8.4}$$

就是正弦序列 $\sin(k\omega T)$ 的 Z 变换，即 $H(Z) = \frac{Y(Z)}{X(Z)}$

求其极点为

$$P_{1,2} = \frac{A \pm \sqrt{A^2 + 4B}}{2}$$

$$= \frac{2\cos(\omega T) \pm \sqrt{4\cos^2(\omega T) - 4}}{2} \tag{8.5}$$

$$= \cos(\omega T) \pm j\sin(\omega T)$$

由上式可以看出，$P_{1,2}$ 是一对复根，其幅值为 1，相角为 ωT。幅值为 1 的极点对应一个数字振荡器，其振荡频率由系数 A、B 和 C 来决定。因此，设计振荡器主要就在于确定这些系数。由式(8.4)得

$$Y(Z) - AZ^{-1}Y(Z) + BZ^{-2}Y(Z)$$
$$= CZ^{-1}X(Z)$$

设初始值为 0，求上式的 Z 反变换，得

$$y[k] = Ay[k-1] + By[k-2] + Cx[k-1] \tag{8.6}$$

这是个二阶差分方程，其单位冲击响应即为 $\sin(k\omega T)$。利用单位冲击函数 $x[k-1]$ 的性质，即仅当 $k=1$ 时，$x[k-1]=1$，代入上式得：

$$\begin{aligned}
k &= 0 \quad y[0] = Ay[-1] + By[-2] + 0 = 0 \\
k &= 1 \quad y[1] = Ay[0] + By[-1] + C = C \\
k &= 2 \quad y[2] = Ay[1] + By[0] + 0 = Ay[1] \\
k &= 3 \quad y[3] = Ay[2] + By[1] \\
&\cdots \\
k &= n \quad y[n] = Ay[n-1] + By[n-2]
\end{aligned} \tag{8.7}$$

当 $k>2$，$y[k]$ 能用 $y[k-1]$ 和 $y[k-2]$ 算出，这是一个递归的差分方程。

8.2.2 正弦波信号发生器的设计与实现

根据上述数字振荡器的原理，一个正弦波序列可以通过递归方法得到，系数 A、B 和 C

一旦确定后，代入上式就可得到期望频率的正弦序列。下面根据数字振荡器的原理在 TMS320VC5402 设计一正弦波信号发生器，并使用汇编语言完成源程序的编写。

设计产生频率为 $f_d = 2\text{kHz}$ 的正弦波，为了得到正弦波序列的输出，可以采用定时中断的方法输出 y[n]，再经过 D/A 转换和滤波后输出连续的正弦波。

设采样率为 $f_s = 40\text{kHz}$（即通过定时器中断，每隔 25μs 产生一个 y[n]），则递归的差分方程系数为

$$A = 2\cos\omega T = 2\cos 2\pi \frac{f_d}{f_s} = 2\cos 2\pi \frac{2}{40} = 2 \times 0.95105652$$

$$B = -1$$

$$C = \sin\omega T = \sin 2\pi \frac{f_d}{f_s} = \sin 2\pi \frac{2}{40} = 0.58778525229$$

为了便于定点 DSP 处理，我们将所有系数除以 2，然后用 16 位定点格式表示为

$$\frac{A}{2} \times 2^{15} = 79BC$$

$$\frac{B}{2} \times 2^{15} = C000$$

$$\frac{C}{2} \times 2^{15} = 259E$$

这便是产生 2kHz 正弦信号的三个系数。由前面的推导也可以看出，用式(8.7)产生的正弦波频率只是一个相对值，只有给定了采样频率，也就是确定了采样点之间的时间间隔后，才能最终决定模拟频率。为了得到精确的采样频率，我们用定时器产生 25μs 时间间隔，获得 40kHz 的采样频率。定时器的初值计算由下式决定

$$f_s = \frac{f_{\text{clk}}}{(\text{TDDR}+1)(\text{PRD}+1)}$$

式中 f_{clk} 为 DSP 时钟频率，f_s 为采样频率。设定时其预分频系数 TDDR=0，则定时器周期寄存器初值 PRD 为

$$\text{PRD} = \frac{f_{\text{clk}}}{f_s} - 1$$

本例中，$f_s = 40\text{kHz}$，$f_{\text{clk}} = 100\text{MHz}$，则 PRD=2499。

程序设计首先进行初始化，初始化包括计算出 y[1]和 y[2]，定时器相关寄存器设置，然后开放定时器中断。

1. 初始化 y[1]和 y[2]

```
SSBX    FRCT                ;置 FRCT =1，准备进行小数乘法运算
ST      #INIT_A, AA         ;将常数 A 装入变量 AA
ST      #INIT_B, BB         ;将常数 B 装入变量 BB
ST      #INIT_C, CC         ;将常数 C 装入变量 CC
PSHD    CC                  ;将变量 CC 压入堆栈
POPD    y2                  ;初始化 y2=CC
LD      AA, T               ;装 AA 到 T 寄存器
MPY     y2, A               ;y2 乘系数 A，结果放入 A 寄存器
STH     A, y1               ;将寄存器 A 的高 16 位存入变量 y1
```

2. 初始化定时器程序

```
STM    #10h, TCR       ; 停止定时器
STM    #2499, PRD      ; 设置 PRD 寄存器值为 2499，TINT 中断频率为 40KHz
STM    #20h, TCR       ; 重新装入 TIM 和 PSC，然后启动定时器
```

3. 中断初始化

中断初始化包括设置中断总开关和中断屏蔽寄存器，修改中断向量表的入口地址。中断服务程序代码片断：

```
LD     #0, DP          ; 设置 DP 页指针
SSBX   INTM            ; 关闭所有中断
LD     #vector         ; 读出中断向量(地址 vector 在中断向量表程序中定义)
AND    #0FF80h, A      ; 保留 PMST 的低 7 位
OR     PMST, A
STLM   A, PMST         ; 设置 PMST(其中包括 IPTR)
RSBX   INTM            ; 开所有中断
```

初始化完成后，主程序循环等待定时器中断。当程序进入定时器中断服务程序时，利用前面的 y[1]和 y[2]，计算出新的 y[n]，经过 D/A 转换后，得到一个正弦信号波形。中断服务程序如下：

```
_tint:
       LD   BB, T      ; 将系数 B 装入 T 寄存器
       MPY  y2, A      ; y2 乘系数 B，结果放入 A 寄存器
       LTD  y1         ; 将 y1 装入 T 寄存器，同时复制到 y2
       MAC  AA, A      ; 完成新正弦数据的计算，a 寄存器中为
                       ; y1*AA+y2*BB
       STH  A, 1, y1   ; 将新数据存入 y1，因所有系数都除过 2，所以
                       ; 在保存结果时转移一位，恢复数据正常大小
       STH  A, y0      ; 将新正弦数据存入 y0
       NOP
       RETE
```

要获得完整的程序，必须有中断向量表文件和内存定位文件。中断向量表清单如下：

```
        .mmregs
        .ref _ret
        .ref _c_int00
        .ref _tint
        .global vector
        .sect ".int_table"
; -----------------------------------------------------------------
; interrupte vector table !
; -----------------------------------------------------------------
vector:
rs      b _c_int00
        nop
```

```
                nop
nmi             b   __ret
                nop
                nop
sint17          b   __ret
                nop
                nop
sint18          b   __ret
                nop
                nop
sint19          b   __ret
                nop
                nop
sint20          b   __ret
                .word   0,0
sint21          b   __ret
                .word   0, 0
sint22          .word   01000h
                .word   0, 0, 0
sint23          .word   0ff80h
                .word   0, 0, 0
sint24          .word   01000h
                .word   0, 0, 0
sint25          .word   0ff80h
                .word   0, 0, 0
sint26          .word   01000h
                .word   0, 0, 0
sint27          .word   0ff80h
                .word   0, 0, 0
sint28          .word   01000h
                .word   0, 0, 0
sint29          .word   0ff80h
                .word   0, 0, 0
sint30          .word   01000h
                .word   0, 0, 0
int0            b   __ret
                nop
                nop
int1            b   __ret
                nop
                nop
int2            b   __ret
                nop
                nop
tint            b   _tint
                nop
                nop
```

```
brint0   b __ret
         nop
         nop
bxint0   b __ret
         nop
         nop
trint    b __ret
         nop
         nop
dmac1    b __ret
         nop
         nop
int3     b __ret
         nop
         nop
hpint    b __ret
         nop
         nop
q26      .word   0ff80h
         .word   0, 0, 0
q27      .word   01000h
         .word   0, 0, 0
dmac4    b __ret
         nop
         nop
dmac5    b __ret
         nop
         nop
q30      .word   0ff80h
         .word   0, 0, 0
q31      .word   01000h
         .word   0, 0, 0
;--------------------------------------------------------------;
end of interrupte vector table !
;--------------------------------------------------------------
         _ret   rete
```

内存定位文件清单如下：

```
MEMORY
{
    PAGE 0:
    VEC:    origin = 1000h,  length = 0ffh
    PROG:   origin = 1100h,  length = 8000h
    PAGE 1:
    DATA:   origin = 080h,   length = 0807fh
}
```

第 8 章 TMS320C54x 应用系统设计举例

```
SECTIONS
{
        .text     > PROG PAGE 0
        .cinit    > PROG PAGE 0
        .switch   > PROG PAGE 0
        .int_table > VEC PAGE 0
        .data     > DATA PAGE 1
        .bss      > DATA PAGE 1
        .const    > DATA PAGE 1
        .sysmem   > DATA PAGE 1
        .stack    > DATA PAGE 1
}
```

4. 观察输出信号波形以及频谱

编写完成以上程序后，就可以在 CCS 集成开发环境下运行，并通过 CCS 提供的图形显示窗口观察输出信号波形以及频谱。以上过程分以下几步完成：

(1) 启动 CCS，新建工程文件，如文件名为 sinewave.pjt。选择 Project 菜单中的 Add File to Project 选项，将汇编源程序 sin.asm、vec_table.asm 和连接定位 sinewave.cmd 文件依次添加到工程文件中。其中，sin.asm 包括初始化代码和中断服务程序，而 vec_talbe.asm 为中断向量表。

(2) 完成编译、连接，生成 .out 文件，并装载 .out 文件到片内存储器。

(3) 选择"View→Graph→Time/Frequency"，打开图形显示设置窗口。在弹出的对话框中按图 8.3 设置，主要修改"Star Address"为 y0(y0 为生成的正弦波输出变量)；"Acquisition Buffer Size"为 1，"DSP Data Type"为"16-bit signed integer"。

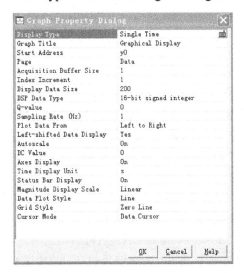

图 8.3　图形显示窗口参数设置

(4) 在汇编源程序的中断服务程序(_tint)中的"nop"语句处设置断点。该行前加一红色亮点。选择"Debug→Animate"，运行程序，可观察到输出波形，如图 8.4 所示。

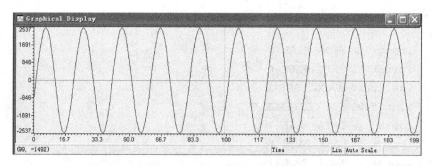

图 8.4 输出正弦波信号波形

(5) 用右键单击图形显示窗口,并选择"Proporties"项以便修改显示属性。将"Display Type"项改为"FFT Magnitude"以便显示信号频谱。修改"Sampling Rate(Hz)"项为 40000,然后退出,即可观察到生成的正弦波频谱,如图 8.5 所示。

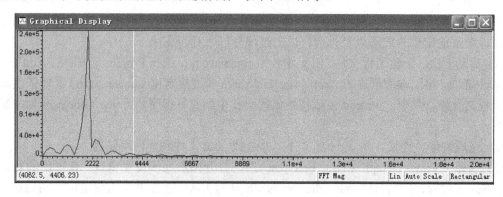

图 8.5 输出正弦波信号频谱

8.3 FIR 数字滤波器

在数字信号处理中,滤波占有极其重要的作用。数字滤波是谱分析、通信信号处理等应用中的基本处理算法,它能够满足滤波器对幅度和相位的严格要求,解决了模拟滤波器所无法克服的电压漂移、温度漂移和噪声等问题,同时又有很高的可编程性和灵活性。因此数字滤波器在各种领域有广泛的应用,例如数字音响、音乐和语言合成、噪声消除、数据压缩、频率合成、谐波消除、相关检测等。

数字滤波是 DSP 最基本的应用领域,一个 DSP 芯片执行数字滤波算法的能力反映了这种芯片的功能强弱,用 DSP 实现数字滤波器可以十分方便的改变滤波器特性。

数字滤波器有两种类型:有限冲激响应滤波器(FIR)和无限冲激响应滤波器(IIR)。本节主要讨论 FIR 滤波器的 DSP 实现原理和 C54x 编程技巧,并通过 CCS 的图形显示工具观察输入、输出信号波形以及频谱的变化。

8.3.1 FIR 滤波器的基本原理和结构

数字滤波是将输入的信号序列,按规定的算法进行处理,从而得到所期望的输出序列。

一个线性位移不变系统的输出序列 $y[n]$ 和输入序列 $x[n]$ 之间的关系,应满足常系数线性差分方程:

$$y[n]=\sum_{i=0}^{N-1}b_ix[n-i]-\sum_{j=1}^{M}a_jy[n-j] \quad n\geqslant 0$$

式中,$x[n]$ 为输入序列;$y[n]$ 为输出序列;b_i 和 a_j 为滤波器系数;N 为滤波器的阶数。

式中,若所有的 a_j 均为 0,则得到 FIR 滤波器的差分方程为:

$$y[n]=\sum_{i=0}^{N-1}b_ix[n-i] \tag{8.9}$$

对式(8.9)进行 z 变换,整理后可得 FIR 滤波器的传递函数为

$$H(z)=\frac{Y(z)}{X(z)}=\sum_{i=0}^{N-1}b_iz^{-i} \tag{8.10}$$

图 8.6 是直接型(又称卷积型)FIR 数字滤波器的结构图。

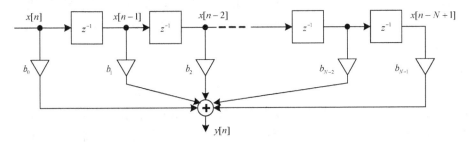

图 8.6 直接型 FIR 滤波器的结构图

由上面的公式和结构图可知,FIR 滤波算法实际上是一种乘法累加运算。它不断地从输入端读入样本值 $x[n]$,经延时(z^{-1})后做乘法累加,输出滤波结果 $y[n]$。

在数字滤波器中,FIR 滤波器最主要的特点是没有反馈回路,故不存在不稳定的问题。同时,可以随意设置幅度特性,却能保证精确、严格的线性相位。稳定和线性相位是 FIR 滤波器的突出特点。

8.3.2 FIR 滤波器的设计与实现

1. FIR 滤波器的设计方法

FIR 滤波器的设计方法主要有窗函数法和频率采样法,其中,窗函数法是最基本的方法。窗函数法的过程是:设期望的滤波器理想响应为 $H_d(e^{j\omega})$,需要寻找一个传递函数 $H_d(e^{j\omega})=\sum_{n=0}^{N-1}h[n]e^{-jn\omega}$ 去逼近 $H_d(e^{j\omega})$,其中最直接的方法就是将 $H_d(e^{j\omega})$ 的时域响应 $h_d[n]$ 用一个矩形窗 $R_N[n]$ 进行截断,从而得到一个长度为 N 的序列 $h[n]$,令

$$h[n]=h_d[n]R_N[n] \tag{8.11}$$

理想响应 $H_d(e^{j\omega})$ 与时域响应 $h_d[n]$ 也有 $H_d(e^{j\omega})=\sum_{n=-\infty}^{\infty}h[n]e^{-jn\omega}$ 的关系,通常 $h_d[n]$ 是一个关于原点 $n=0$ 对称的无限长序列,截断后的 $h[n]$ 还应进行右移以形成一个因果的 FIR 滤波器,即在 $n<0$ 时,$h[n]=0$。为了保证 $h[n]$ 的线性相位,还应使 $h[n]$ 关于中心点对称或反对

称。很明显，$h[n]$ 与期望的响应之间的误差随着窗长 N 的增加而减少。

矩形窗虽然简便，但存在明显的吉布斯效应，主瓣和第一旁瓣之比也仅有 13dB。为了克服这些缺陷，可以采用其他窗函数，如 Hanning 窗、Blackman 窗和 Kaiser 窗等。利用上述各种窗函数，DSP 设计者可以利用功能强大的 MATLAB 工具很方便的设计出逼近理想特性的 FIR 滤波器，然后将此 FIR 系数放入 DSP 程序中。

2. FIR 滤波器的 DSP 实现

FIR 滤波器的输出表达式为

$$y[n] = b_0 x[n] + b_1 x[n-1] + \cdots + b_{n-1} x[n-N+1] \tag{8.12}$$

式中，b_i 为滤波器系数；$x[n]$ 为滤波器在 n 时刻的输入；$y[n]$ 为 n 时刻的输出。

可见，FIR 滤波器不断地对输入样本 $x[n]$ 进行 $n-1$ 延时后，再进行乘法累加，最后输出滤波结果 $y[n]$，因此 FIR 滤波器实际上是一种乘法累加运算。在 DSP 中 FIR 是将待滤波的数据序列与滤波系数序列相乘后再相加，同时要模仿 FIR 结构中的延迟线将数据在存储器中滑动。为了实现 FIR 滤波器的延迟线 z^{-1}，C54x 可以通过两种方法实现，即线性缓冲区法和循环缓冲区法。

1）线性缓冲区法

线性缓冲区法又称延迟线法。实现 N 阶 FIR 滤波器，需要在数据存储器中开辟一个 N 单元的缓冲区(滑窗)，用来存放最新的 N 个输入样本。DSP 每计算一个输出值，都需要读取 N 个样本并进行 N 次乘法和累加，每当读取一个样本后，将此样本向后移动，读完最后一个样本后，最老的样本被推出缓冲区，输入最新样本存入缓冲区的顶部。

下面以 $N=8$ 为例，介绍线性缓冲区的数据寻址过程。

$N=8$ 的线性缓冲区如图 8.7 所示。顶部为低地址单元，存放最新样本，底部为高地址单元，存放最老样本，AR1 被用作间接寻址的数据缓冲区的辅助寄存器，指向最老样本单元。滤波系数存放在数据存储器中如图 8.7(c)所示，AR2 被用作间接寻址的系数区的辅助寄存器。

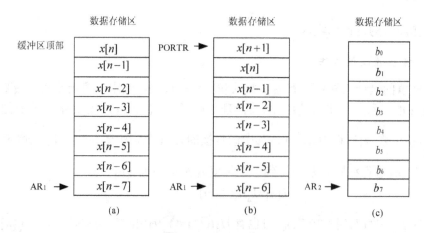

图 8.7 $N=8$ 的线性缓冲区

第 8 章 TMS320C54x 应用系统设计举例

求 $y[n] = \sum_{i=0}^{7} b_i x[n-i]$ 的过程如图 8.7(a)所示。

(1) 以 AR1 为指针，按 $x[n-7], \cdots, x[n]$ 的顺序取数，每取一次数后，数据向下移一位，并完成一次乘法/累加运算；

(2) 当经过 8 次取数、移位和运算后，得到 $y[n]$；

(3) 求得 $y[n]$ 后，输入新样本 $x[n+1]$，存入缓冲区顶部单元；

(4) AR1 指针指向缓冲区的底部，为下次计算做好准备。

求 $y[n+1] = \sum_{i=0}^{7} b_i x[n+1-i]$ 的过程如图 8.7(b)所示。

实现 Z^{-1} 的运算可通过执行存储器延时指令 DELAY 来实现，即将数据存储器中的数据向较高地址单元移位来进行延时。其指令为：

```
        DELAY   Smem         ;(Smen)→Smem+1
或      DELAY   *AR1-        ;AR1 指向源地址
```

将延时指令与其它指令结合使用，可在同样的机器周期内完成这些操作。例如：

```
        LD+DELAY→LTD 指令
        MAC+DELAY→MACD 指令
```

注意：用线性缓冲区实现 Z^{-1} 运算时，缓冲区的数据需要移动，这样在一个机器周期内需要一次读和一次写操作。因此，线性缓冲区只能定位在 DARAM 中。

线性缓冲区法具有存储器中新老数据位置直观明了的优点。下面我们举例说明在 C54x 中用线性缓冲区法实现 FIR 滤波器的汇编语言程序设计。如图 8.7 所示，滤波器系数 $b_0 \sim b_7$ 存放在数据存储器中，AR2 作为间接寻址中系数区的辅助寄存器。为了采用线性缓冲器实现延时，需要将系数和数据均放在 DARAM 中，这样程序的执行速度最快。以下程序是利用双操作数且带数据移动的 MACD 指令，实现数据存储器单元与程序存储器单元相乘、累加和移位。

```
         .title   "FIR1.ASM"
         .mmregs
         .def     start
X        .usect   "x",7                ; 自定义数据空间
PA0      .set     0
PA1      .set     1
         .data
COEF:
         .word    1*32768/10           ; 定义 b6
         .word    2*32768/10           ; 定义 b5
         .word    -4*32768/10          ; 定义 b4
         .word    3*32768/10           ; 定义 b3
         .word    -4*32768/10          ; 定义 b2
```

```
                .word   2*32768/10              ;定义b1
                .word   1*32768/10              ;定义b0
                .text
        start:
                SSBX    FRCT                    ;设置小数乘法
                STM     #x+7,   AR1             ;AR1指向缓冲区底部x(n-7)
                STM     #7,     AR0             ;AR0=7,设置AR1复位值
                LD      #x+1,   DP              ;设置页指针
                PORTR   PA1,    @x+1            ;输入x(n)
        FIR1:
                RPTZ    A,      #7              ;累加器A清0,设置迭代次数
                MACD    *AR1-,  COEF,A          ;完成乘法-累加并移位
                STH     A,      *AR1            ;暂存y(n)
                PORTW   *AR1+,  PA0             ;输出y(n)
                BD      FIR1                    ;循环输入最新样本,并修改AR1=AR1+AR0
                PORTR   PA1,    *AR1+0          ;输入最新样本,并修改AR1=AR0
                                                ;指向缓冲区底部
        .end
```

注意：MACD指令既完成乘法/累加操作，同时还实现线性缓冲区的数据移位。

用线性缓冲区实现FIR滤波器，除了用MACD指令(带移位双操作数寻址)外，还可以用直接寻址或间接寻址实现。

2) 循环缓冲区法

循环缓冲区方法实现N阶FIR滤波器时，需要在数据存储器中开辟一个称为滑窗为N个单元的缓冲区，用来存放最新的N个输入样本。每当输入新的样本时，以新样本改写滑窗中最老的数据，而滑窗的其他数据不需要移动。因此，在循环缓冲区新老数据不很直接明了，但它不用移动数据，不需要在一个机器周期中要求进行一次读和一次写的数据存储器，因此，可将循环缓冲区定位在数据存储器的任何位置，而不像线性缓冲区要求定位在DARAM中那样。

下面以$N=8$的FIR滤波器循环缓冲区为例，说明数据的寻址过程。8级循环缓冲区的结构如图8.8所示，顶部为低地址单元，底部为高地址单元，指针ARx指向最新样本单元，如图8.8(a)所示。由图可见，第1次运算，求$y[n]$的过程如下。

(1) 以ARx为指针，按$x[n],\cdots,x[n-7]$的顺序取数，每取一次数后，完成一次乘法累加运算；

(2) 当经过8次取数、运算之后，得到$y[n]$；

(3) 求得$y[n]$后，ARx指向最老样本$x[n-7]$单元；

(4) 从I/O口输入新样本$x[n+1]$，替代最老样本$x[n-7]$，为下次计算做好准备，如图8.8(b)所示。

第2次运算求得$y[n+1]$后，ARx指向$x[n-6]$，输入的新样本$x[n+2]$将替代$x[n-6]$样本，如图8.8(c)所示。

由此，实现循环缓冲区间接寻址的关键问题是，如何使N个循环缓冲区单元首尾单元

相邻，这就需要采用 C54x 所提供的循环寻址方式来实现。采用循环寻址，须注意以下两点：

第一，必须采用 BK(循环缓冲区长度)寄存器按模间接寻址来实现。常用的指令为

```
*ARx+%        ；加 1、按模修正 ARx：addr= ARx, ARx=circ(ARx+1)
*ARx-%        ；减 1、按模修正 ARx：addr= ARx, ARx=circ(ARx-1)
*ARx+0%       ；加 AR0、按模修正 ARx：addr= ARx, ARx=circ(ARx+AR0)
*ARx-0%       ；减 AR0、按模修正 ARx：addr= ARx, ARx=circ(ARx-AR0)
*+ARx(lk)%    ；加( lk )、按模修正 ARx：addr= ARx, ARx=circ(ARx+lk)
```

其中，符号"circ"是根据 BK 寄存器中的缓冲区长度 N，对(ARx+1)、(ARx-1)、(ARx+AR0)、(ARx-AR0)和(ARx+lk)的值取其模，使指针 ARx 始终指向循环缓冲区，实现循环缓冲区首尾单元相邻。在实现 N 阶 FIR 时，通过 STM #LK, BK 指令设定 BK 的值为 FIR 的阶数，就能保证循环缓冲区的指针 ARx 始终指向循环缓冲区，实现循环缓冲区顶部和底部的相邻。

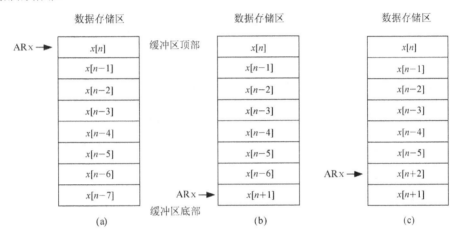

图 8.8 $N=8$ 的循环缓冲区

例如：(BK)= $N=8$，(AR1)=0060h，用"*AR1+%"间接寻址。
第 1 次间接寻址后，AR1 指向 0061h 单元；
第 2 次间接寻址后，AR1 指向 0062h 单元；
……
第 8 次间接寻址后，AR1 指向 0068h 单元；
再将 BK 按 8 取模，AR1 又回到 0060h。

第二，为使循环寻址正常进行，所开辟的循环缓冲区的长度必须是 $2^k>N$，其中 k 是整数，N 是 FIR 滤波器的级数，而且循环缓冲区的起始地址必须对准 2^k 的边界，即循环缓冲区的基地址的 k 个最低有效位必须为 0，如 $N=31$ 时，由于 $2^5=32>31$，$k=5$，该地址的最低 5 位为 0，所以循环缓冲区必须从二进制地址 xxxx xxx0 0000B 开始。

可见，在循环寻址实现 FIR 滤波器时，首先将 N 加载到 BK 寄存器中，然后指定一个辅助寄存器 ARx 指向循环缓冲区，并根据 ARx 的低 k 位作为循环缓冲区的偏移量进行所规定的寻址操作。寻址完成后，根据循环寻址算法(即以 BK 寄存器中的值为模对 ARx 的值

进行取模运算)修正这个偏移量,并返回 ARx 的低 k 位。下面是利用循环缓冲区和双操作数寻址方法实现的 FIR 滤波器的汇编语言程序。

设 $N = 7$,FIR 滤波器的算法为:
$$y[n] = b_0x[n] + b_1x[n-1] + b_2x[n-2] + b_3x[n-3] + b_4x[n-4] + b_5x[n-5] + b_6x[n-6]$$

存放输入数据的循环缓冲区和系数表均设在 DARAM 中,如图 8.9 所示。利用 MAC 指令,实现双操作数的相乘和累加运算。

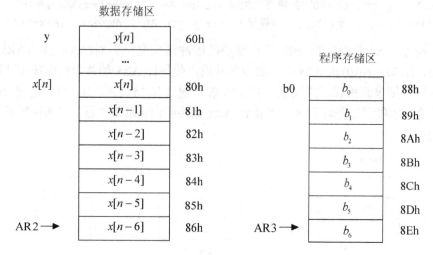

图 8.9 双操作数寻址循环缓冲区数据分配

循环缓冲区 FIR 滤波器的源程序如下:

```
        .title   "FIR2.ASM"
        .mmregs
        .def     start
        .bss     y,1
X       .usect   "x",7           ;定义数据存储器空间
b0      .usect   "b0",7
PA0     .set     0
PA1     .set     1
        .data
COEF:
        .word    1*32768/10      ;定义b6
        .word    2*32768/10      ;定义b5
        .word    -4*32768/10     ;定义b4
        .word    3*32768/10      ;定义b3
        .word    -4*32768/10     ;定义b2
        .word    2*32768/10      ;定义b1
        .word    1*32768/10      ;定义b0
        .text
start:
        SSBX     FRCT            ;设置小数乘法
        STM      #b0,    AR1     ;AR2指向缓冲区底部x[n-6]
```

```
        RPT     #6
        MVPD    table,  *AR1+
        STM     #xn+6,  AR2
        STM     #b0+6,  AR3
        STM     #7,     BK
        LD      #xn,    DP
        PORTR   PA1,    @xn             ;输入 x[n]
FIR2:
        RPTZ    A,      #6              ;累加器 A 清 0,设置迭代次数
        MAC     *AR2+0%, *AR3+0%, A     ;完成乘法-累加
        STH     A,      @y              ;暂存 y[n]
        PORTW   @y, PA0                 ;输出 y[n]
        BD      FIR2                    ;循环输入最新样本并修改 AR2=AR2+AR0
        PORTR   PA1,*AR2+0%             ;输入最新样本,并修改 AR2=AR0
                                        ;指向缓冲区底部
        .end
```

3. 系数对称 FIR 滤波器的实现方法

系数对称的 FIR 滤波器,由于具有线性相位特性,因此应用很广,特别是对相位失真要求很高的场合(如调制解调器)。

根据前面的讨论,对于系数对称的 FIR 而言,其乘法的次数减少了一半,这是对称 FIR 的一个优点。为了有效地进行系数对称 FIR 滤波器的实现,C54x 提供了一专门用于系数对称 FIR 滤波器指令:

```
FIRS    Xmem, Ymem, Pmad
```

该指令的操作如下:

执行: Pmad→PAR
当(RC)≠0
    (B)＋(A(32−16))×(由 PAR 寻址 Pmem)→B
    ((Xmem)＋(Ymem))≪16→A
    (PAR＋1)→PAR
    (RC)−1→RC

FIRS 指令在同一机器周期内,通过 C 和 D 总线读两次数据存储器,同时通过 P 总线读程序存储区的一个系数。因此,在用 FIRS 实现系数对称的 FIR 滤波器时,需要注意以下两点:

(1) 在数据存储器中开辟两个循环缓冲区,如 New 和 Old 缓冲区,分别存放 N/2 个新数据和老数据,循环缓冲区的长度为 N/2。设置了循环缓冲区,就需要设置相应的循环缓冲区指针,如用 AR2 指向 New 缓冲区中最新的数据,AR3 指向 Old 缓冲区中最老的数据;

(2) 将系数表存放在程序缓冲区内。

于是,对称的 FIR 滤波器(N=8)的源程序如下:

```
        .mmregs
        .def    start
```

```
            .bss      y, 1
x_new:      .usect    "DATA1",4
x_old:      .usect    "DATA2",4
size        .set      4
PA0         .set      0
PA1         .set      1
            .data
COEF        .word     1*32768/10,2*32768/10
            .word     3*32768/10,4*32768/10
            .text
start:  LD       #y, DP
        SSBX     FRCT
        STM      #x_new, AR2              ; AR2 指向新缓冲区第一个单元
        STM      #x_old+(size-1),AR3      ; AR3 指向老缓冲区最后 1 个单元
        STM      #size,BK                 ; 循环缓冲区长度
        STM      #-1, AR0
        LD       #x_new, DP
        PORTR    PA1,#x_new               ; 输入 x[n]
FIR:    ADD      *AR2+0%,*AR3+0%,A        ; AH=x[n]+x[n-7](第一次)
        RPTZ     B, #(size-1)             ; B=0,下条指令执行 size 次
        FIRS     *AR2+0%,*AR3+0%,COEF     ; B+=AH*a0,AH=x[n-1]+x[n-6],…
        STH      B, @y                    ; 保存结果
        PORTW    @y, PA0                  ; 输出结果
        MAR      *+AR2(2)%                ; 修正 AR2,指向新缓冲区最老数据
        MAR      *AR3+%                   ; 修正 AR3,指向新缓冲区最老数据
        MVDD     *AR2, *AR3+0%            ; 新缓冲区向老缓冲区传送一个数
        BD       FIR
        PORTR    PA1, *AR2                ; 输入新数据至新缓冲区
        .end
```

8.3.3 FIR 滤波器应用举例

设计一个 FIR 低通滤波器，通带边界频率为 1500Hz，通带波纹小于 1dB，阻带边界频率为 2000Hz，阻带衰减大于 40dB，采样频率为 8000Hz。根据设计要求，分以下几步进行：

(1) 利用 MATLAB 工具箱 Signal 中的 fir1 函数设计 FIR 滤波器，这里选择 Hamming 窗函数法进行设计，其程序为：

```
b=fir1(16,1500/8000*2);
```

FIR 数字滤波器系数 b 为：
```
b0=1.16797e-018
b1=0.00482584
b2=0.00804504
b3=-0.00885584
b4=-0.0429174
b5=-0.029037
```

b6=0.0972537
b7=0.283423
b8=0.374525
b9=0.283423
b10=0.0972537
b11=-0.029037
b12=-0.0429174
b13=-0.00885584
b14=0.00804504
b15=0.00482584
b16=1.16797e-018

将上述系数存盘,建立一个数据文件(如 fir01.txt)。

(2) 建立 DSP 汇编程序的 FIR 滤波器系数文件。

上述系数必须转换成 Q15 格式,并放置在 DSP 汇编程序的.inc 文件中,进行 FIR 滤波器的汇编程序的汇编、链接时,inc 文件将被自动地加入到工程中去。

从 MATLAB 中产生的 fir01.txt 文件,通过执行转换命令,将自动变换为 firdata.inc 滤波器系数文件。利用 MATLAB 中的转换命令:

```
! firdat fir01.txt
```

将产生 firdata.inc 文件。其内容如下:

```
N    .set    17
COFF_FIR: .sect   "COFF_FIR "
      .word   0
      .word   158
      .word   263
      .word   -290
      .word   -1406
      .word   -951
      .word   3186
      .word   9287
      .word   12272
      .word   9287
      .word   3186
      .word   -951
      .word   -1406
      .word   -290
      .word   263
      .word   158
```

(3) 产生滤波器输入信号的文件

在使用 CCS 的 Simulator 进行滤波器特性测试时,需要输入时间信号 $x[n]$。下面给出一个产生输入信号的 C 语言程序,这个信号是频率为 1000Hz 和 2500Hz 的正弦波合成的波形,文件名为 firinput.c。

```c
#include <stdio.h>
#include <math.h>
void main()
{
int i;
double f[256];
FILE *fp;
if((fp=fopen("firin.inc","wt"))==NULL)
    {
    printf("can't open file! \n");
    return;
    }
    fprintf(fp,"INPUT:    .sect    %cINPUT %c \n",'"','"');
for(i=0;i<=255;i++)
    {
    f[i]=sin(2*3.14159*i*1000/8000)+sin(2*3.14159*i*2500/8000);
        fprintf(fp,"    .word    %ld\n",(long)(f[i]*16384/2));
    }
fclose(fp);
}
```

该程序将产生名为 firin.inc 的输入信号程序。

(4) 编写应用 FIR 数字滤波器的汇编程序

************一个 FIR 滤波器源程序　fir.asm*****************

```
        .mmregs
        .global start
        .def    start,_c_int00
INDEX   .set    1
KS      .set    256
        .copy   "lpin.inc"              ; x[n]在程序区 0x00A6
        .copy   "lpdata.inc"            ; Bn
        .data
OUTPUT  .space  1024                    ; 输出在数据区 0x2400
FIR_DP  .usect  "FIR_VARS",     0
D_FIN   .usect  "FIR_VARS",     1
D_FOUT  .usect  "FIR_VARS",     1
COFFTAB .usect  "FIR_COFF",     N
DATABUF .usect  "FIR_BFR",      N
BOS     .usect  "STACK",        0Fh
TOS     .usect  "STACK",        1
        .text
        .asg    AR0,            INDEX_P
        .asg    AR4,            DATA_P
```

```
            .asg        AR5,            COFF_P
            .asg        AR6,            INBUF_P
            .asg        AR7,            OUTBUF_P
_c_int00:
        B start
        NOP
        NOP
start:
        STM         #COFFTAB,       COFF_P
        RPT         #N-1
        MVPD        #COFF_FIR,      *COFF_P+
        STM         #INDEX,         INDEX_P
        STM         #DATABUF,       DATA_P
        RPTZ        A,              #N-1
        STL         A,              *DATA_P+
        STM         #(DATABUF+N-1), DATA_P
        STM         #COFFTAB,       COFF_P
FIR_TASK:
        STM         #INPUT,         INBUF_P
        STM         #OUTPUT,        OUTBUF_P
        STM         #KS-1,          BRC
        RPTBD       LOOP-1
        STM         #N,             BK
        LD          *INBUF_P+,      A
FIR_FILTER:
        STL A,      *DATA_P+%
        RPTZ        A,              N-1
        MAC         *DATA_P+0%,     *COFF_P+0%,A
        STH         A,              *OUTBUF_P+
LOOP:
        EEND        B               EEND
        .end
```

对应以上 FIR 滤波器的汇编程序的链接文件 fir.cmd 如下:

```
fir.obj
-m  fir.map
-o  fir.out
MEMORY
{
PAGE 0: ROM1(RIX)    :ORIGIN=0080h,LENGTH=1000h
PAGE 1: INTRAM1(RW)  :ORIGIN=2400h,LENGTH=0200h
        INTRAM2(RW)  :ORIGIN=2600h,LENGTH=0100h
        INTRAM3(RW)  :ORIGIN=2700h,LENGTH=0100h
        INTRAM4(RW)  :ORIGIN=2800h,LENGTH=0040h
```

```
        B2B(RW)         :ORIGIN=0070h,LENGTH=10h
}
SECTIONS
{
        .text           : { }>ROM1       PAGE 0
        .data           : { }>INTRAM1    PAGE 1
     FIR_COFF           : { }>INTRAM2    PAGE 1
     FIR_BFR            : { }>INTRAM3    PAGE 1
     FIR_VARS           : { }>INTRAM4    PAGE 1
        .stack          : { }>B2B        PAGE 1
}
```

8.4 快速傅里叶变换(FFT)

在数字信号处理系统中，FFT作为一个非常重要的工具经常使用，甚至成为DSP运算能力的一个考核因素。FFT是一种高效实现离散傅氏变换的算法。离散傅氏变换的目的是把信号由时域变换到频域，从而可以在频域分析处理信息，得到的结果再由傅氏逆变换到时域。

本节我们简要介绍基2按时间抽取(DIF)的FFT算法及DSP的实现方法，并对一些技巧进行讨论，如存储器的分配、输入数据的组合和位倒序、C5000定点DSP编程时防溢出的算法等。这些对于编写正确高效的FFT至关重要。

8.4.1 基2按时间抽取FFT算法

对于有限长离散数字信号 $\{x[n]\}$，$0 \leqslant n \leqslant N$，其离散谱 $X(k)$ 可以由离散傅氏变换(DFT)求得。DFT的定义为：

$$X(k) = \sum_{n=0}^{N-1} x[n] e^{-j(\frac{2\pi}{N})nk} \qquad k = 0,1,\cdots,N-1 \qquad (8.13)$$

也可以方便的把它改写为如下形式：

$$X(k) = \sum_{n=0}^{N-1} x[n] W_N^{nk} \qquad k = 0,1,\cdots,N-1 \qquad (8.14)$$

其中 $W_N = e^{-j2\pi/N}$。不难看出，W_N^{nk} 是周期性的，且周期为 N，即

$$W_N^{(n+mN)(k+lN)} = W_N^{nk} \qquad m,l = 0,\pm 1,\pm 2,\cdots \qquad (8.15)$$

W_N^{nk} 的周期性是DFT的关键性质之一。由DFT的定义可以看出，在 $x[n]$ 为复数序列的情况下，完全直接运算 N 点DFT需要 N^2 次复数乘法和 $N(N-1)$ 次加法。因此，对于一些相当大的 N 值(如1024)来说，直接计算它的DFT所作的计算量是很大的。FFT的基本思想在于，将原有的 N 点序列分成两个较短的序列，这些序列的DFT可以很简单的组合起来得到原序列的DFT。例如，若 N 为偶数，将原有的 N 点序列分成两个($N/2$)点序列，那么计算 N 点DFT将只需要约 $N^2/2$ 次复数乘法，比直接计算少作一半乘法。上述处理方法可以反

复使用,即(N/2)点的 DFT 计算也可以化成两个(N/4)点的 DFT(假定 N/2 为偶数),从而又少作一半的乘法。这样一级一级的划分下去一直到最后就划分成两点的 FFT 运算的情况。比如,一个 N=8 点的 FFT 运算按照这种方法来计算 FFT 可以用图 8.10 所示的流程图来表示。关于蝶形运算的具体原理及其推导可以参照相关教材,在此就不再赘述。

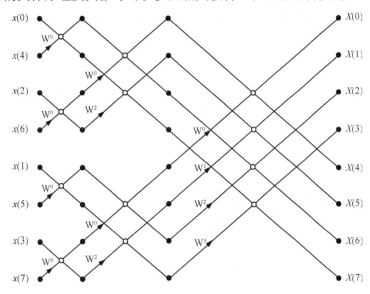

图 8.10 8 点基 2 FFT 流图与蝶形运算

8.4.2 FFT 算法的 DSP 实现

对于离散傅里叶变换(DFT)的数字计算,FFT 是一种有效的方法。一般假定输入序列是复数。当实际输入是实数时,利用对称性质可以使计算 DFT 非常有效。

一个优化的实数 FFT 算法是一个组合以后的算法。原始的 $2N$ 个点的实输入序列组合成一个 N 点的复序列,之后对复序列进行 N 点的 FFT 运算,最后再由 N 点的复数输出拆散成 $2N$ 点的复数序列,这 $2N$ 点的复数序列与原始的 $2N$ 点的实数输入序列的 DFT 输出一致。

使用这种方法,在组合输入和拆散输出的操作中,FFT 运算量减半。这样利用实数 FFT 算法来计算实输入序列的 DFT 的速度几乎是一般 FFT 算法的两倍。下面用这种方法来实现一个 256 点实数 FFT($2N$=256)运算。

1. 实数 FFT 运算序列的存储分配

如何利用有限的 DSP 系统资源,合理的安排好算法使用的存储器是一个比较重要的问题。本例中,程序代码安排在 0x3000 开始的存储器中,其中 0x3000～0x3080 存放中断向量表,FFT 程序使用的正弦表、余弦表数据(.data 段)安排在 0xc00 开始的地方,变量(.bss 段定义)存放在 0x80 开始的地址中。另外,本例中 256 点实数 FFT 程序的输入数据缓冲为 0x2300～0x23ff,FFT 变换后功率谱的计算结果存放在 0x2200～0x22ff 中。连接定位.cmd 文件程序如下:

```
MEMORY
{
    PAGE 0:     IPROG:      origin = 0x3080,len = 0x1F80
                VECT:       1origin = 0x3000,len = 0x80
                EPROG:      origin = 0x38000,len = 0x8000
    PAGE 1:     USERREGS:   origin = 0x60,len = 0x1c
                BIOSREGS:   origin = 0x7c,len = 0x4
                IDATA:      origin = 0x80,len = 0xB80
                EDATA:      origin = 0xC00,len = 0x1400
}
SECTIONS
{
    .vectors:   {} > VECT PAGE 0
    .sysregs:   {} > BIOSREGS PAGE 1
    .trcinit:   {} > IPROG PAGE 0
    .gblinit:   {} > IPROG PAGE 0
    .bios:      {} > IPROG PAGE 0
    frt:        {} > IPROG PAGE 0
    .text:      {} > IPROG PAGE 0
    .cinit:     {} > IPROG PAGE 0
    .pinit:     {} > IPROG PAGE 0
    .sysinit:   {} > IPROG PAGE 0
    .data       {} > EDATA PAGE 1
    .bss:       {} > IDATA PAGE 1
    .far:       {} > IDATA PAGE 1
    .const:     {} > IDATA PAGE 1
    .switch:    {} > IDATA PAGE 1
    .sysmem:    {} > IDATA PAGE 1
    .cio:       {} > IDATA PAGE 1
    .MEM$obj:   {} > IDATA PAGE 1
    .sysheap:   {} > IDATA PAGE 1
}
```

2. 基 2 实数 FFT 运算的算法

该算法主要分为以下四步进行：

1) 输入数据的组合和位倒序

首先，原始输入的 $2N = 256$ 个点的实数序列复制放到标记有 "d_input_addr" 的相邻单元，当成 $N = 128$ 点的复数序列 d[n]，其中奇数地址是 d[n]的实部，偶数地址是 d[n]的虚部，这个过程叫做组合(n 为序列变量，N 为常量)。然后，把输入序列作位倒序，是为了在整个运算最后的输出中得到的序列是自然顺序,复数序列经过位倒序，存储在数据处理缓冲器中，标记为 "fft-data"。

如图 8.11 所示，输入实数序列为 a[n], $n=0$，1，2，3，$\cdots$，255。分离 a[n]成两个序列，如图 8.12 所示，原始的输入序列是从地址 0x2300 到 0x23FF，其余的从 0x2200 到 0x22FF 的是经过位倒序之后的组合序列：$n=0$，1，2，3，$\cdots$，127。

第 8 章 TMS320C54x 应用系统设计举例

d[n]表示复合 FFT 的输入，r[n]表示实部，i[n]表示虚部：

```
d[n]=r[n]+j i[n]
```

按位倒序的方式存储 d[n]到数据处理缓冲中，如图 8.12 所示。

地址	数据
2200h	
2201h	
2202h	
2203h	
2204h	
2205h	
2206h	
2207h	
2208h	
2209h	
220Ah	
220Bh	
⋮	⋮
22FFh	
2300h	a[0]
2301h	a[1]
2302h	a[2]
2303h	a[3]
2304h	a[4]
2305h	a[5]
2306h	a[6]
2307h	a[7]
2308h	a[8]
2309h	a[9]
230Ah	a[10]
230Bh	a[11]
⋮	⋮
23FFh	a[255]

图 8.11 输入序列后存储器中的数据

地址	数据
2200h	r[0]=a[0]
2201h	i[0]=a[1]
2202h	r[64]=a[128]
2203h	i[64]=a[129]
2204h	r[32]=a[64]
2205h	i[32]=a[65]
2206h	r[96]=a[192]
2207h	i[96]=a[193]
2208h	r[16]=a[32]
2209h	i[16]=a[33]
220Ah	r[80]=a[160]
220Bh	i[80]=a[161]
⋮	⋮
22FEh	r[127]=a[254]
22FFh	i[127]=a[255]
2300h	a[0]
2301h	a[1]
2302h	a[2]
2303h	a[3]
2304h	a[4]
2305h	a[5]
2306h	a[6]
2307h	a[7]
2308h	a[8]
2309h	a[9]
230Ah	a[10]
230Bh	a[11]
⋮	⋮
23FEh	a[254]
23FFh	a[255]

图 8.12 位倒序后存储器中的数据

程序设计中，在用 C54x 进行位倒序组合时，使用位倒序寻址方式可以大大提高程序执行的速度和使用存储器的效率。在这种寻址方式中，AR0 存放的整数 N 是 FFT 点数的一半，一个辅助寄存器指向一个数据存放的单元。当使用位倒序寻址把 AR0 加到辅助寄存器中时，地址以位倒序的方式产生，即进位是从左到右，而不是从右到左。例如，当 AR0 = 0x0060，AR2 = 0x0040 时，通过指令：

```
MAR   AR2+0B
```

就可以得到 AR2 位倒序寻址后的值为 0x0010。

下面是 0x0060(1100000)与 0x0040(1000000)以位倒序方式相加的过程：

$$
\begin{array}{r}
1100000 \\
+1000000 \\
\hline
0010000
\end{array}
$$

实现 256 点数据位倒序存储的具体程序段如下：

```
bit_rev:
    STM     #d_input_addr,ORIGINAL_INPUT    ; 在 AR3(ORIGINAL_INPUT)
                                            ; 中放入输入地址
    STM     #fft_data,DATA_PROC_BUF         ; 在 AR7(DATA_PROC_BUF)中
                                            ; 放入处理后输出的地址
    MVMM    DATA_PROC_BUF,REORDERED_DA      ; AR2(REORDERED_DATA)
                                            ; 中装入第一个位倒序数据指针
    STM     #K_FFT_SIZE-1,BRC
    STM     #K_FFT_SIZE,AR0                 ; AR0 的值是输入数据数目的一半=128
    RPTB    bit_rev_end
    MVDD    *ORIGINAL_INPUT+,*REORDERED_DATA+
                                            ; 将原始输入缓冲中的数据放入到位倒序
                                            ; 缓冲中去之后，输入缓冲(AR3)指针加 1,
                                            ; 位倒序缓冲(AR2)指针也加 1
    MVDD    *ORIGINAL_INPUT-,*REORDERED_DATA+
                                            ; 将原始输入缓冲中的数据放入到位倒序
                                            ; 缓冲中去之后，输入缓冲(AR3)指针减 1
                                            ; 位倒序缓冲(AR2)指针加 1,
                                            ; 以保证位倒序寻址正确
    MAR     *ORIGINAL_INPUT+0B              ; 按位倒序寻址方式修改 AR3
bit_rev_end
```

注意，在上面的程序中，输入缓冲指针 AR3(即 ORIGINAL_INPUT)在操作时先加 1 再减 1，是因为我们把输入数据相邻的两个字看成一个复数，在用寄存器间接寻址移动了一个复数(两个字的数据)之后，对 AR3 进行位倒序寻址之前要把 AR3 的值恢复到这个复数的首字的地址，这样才能保证位倒序寻址的正确。

2) N 点复数 FFT 运算

在数据处理缓冲器里进行 N 点复数 FFT 运算。由于在 FFT 运算中要用到旋转因子 W_N，它是一个复数。我们把它分为正弦和余弦部分，用 Q15 格式将它们存储在两个分离的表中。每个表中有 128 项，对应从 0°～180°。因为采用循环寻址来对表寻址，$128=2^7<2^8$，因此每张表排队的开始地址就必须是 8 个 LSB 位为 0 的地址。按照系统的存储器配置，把正弦表第一项"sine_table"放在 0x0D00 的位置，余弦表第一项"cos_table"放在 0x0E00 的位置。

根据公式

$$D(k)=\sum_{n=0}^{N-1}d[n]W_N^{nk} \qquad k=0,1,\cdots,N-1 \qquad (8.16)$$

利用蝶形结对 d[n]进行 N=128 点复数 FFT 运算，其中

$$W_N^{nk} = e^{-j(\frac{2\pi}{N})nk} = \cos(\frac{2\pi}{N}nk) - j\sin(\frac{2\pi}{N}nk) \qquad (8.17)$$

所需的正弦值和余弦值分别以 Q15 的格式存储于内存区以 0x0D00 开始的正弦表和以 0x0E00 开始的余弦表中。把 128 点的复数 FFT 分为七级来算，第一级是计算 2 点的 FFT 蝶形结，第二级是计算 4 点的 FFT 蝶形结，然后是 8 点、16 点、32 点、64 点、128 点的

蝶形结计算。最后所得的结果表示为

$$D[k]=F\{d[n]\}=R[k]+jI[k]$$

其中，$R(k)$、$I(k)$ 分别是 $D(k)$ 的实部和虚部。

FFT 完成以后，结果序列 $D(k)$ 就存储到数据处理缓冲器的上半部分，如图 8.13 所示，下半部分仍然保留原始的输入序列 a[n]，这半部分将在第三步中被改写。这样原始的 a[n] 序列的所有 DFT 的信息都在 $D(k)$ 中了，第三步中需要做的就是把 $D(k)$ 变为最终的 $2N=256$ 点复合序列，$A[k]=F\{a(n)\}$。

地址	内容
2200h	R[0]
2201h	I[0]
2202h	R[1]
2203h	I[1]
2204h	R[2]
2205h	I[2]
2206h	R[3]
2207h	I[3]
2208h	R[4]
2209h	I[4]
220Ah	R[5]
220Bh	I[5]
⋮	⋮
22FEh	R[127]
22FFh	I[127]
2300h	a[0]
2301h	a[1]
2302h	a[2]
2303h	a[3]
2304h	a[4]
2305h	a[5]
2306h	a[6]
2307h	a[7]
2308h	a[8]
2309h	a[9]
230Ah	a[10]
230Bh	a[11]
⋮	⋮
23FEh	a[254]
23FFh	a[255]

图 8.13 第 2 步 FFT 完成后存储器中的数据

注意，在实际的 DSP 的编程中为了节约程序运行时间，提高代码的效率，往往要用到并行程序指令。比如：

```
ST    B, *AR3
||LD  *AR3+, B
```

并行指令的执行效果是，使原本分开要两个指令周期才能执行完的两条指令在一个指令周期中就能执行完。上述指令是将 B 移位(ASM-16)所决定的位数,存于 AR3 所指定的存储单元中,同时并行执行,将 AR3 所指的单元中的值装入到累加器 B 的高位中。由于指令的 src 和 dst 都是 Acc、B,所以存入*AR3 中的值是这条指令执行以前的值。

这一步中,实现 FFT 计算的具体程序如下:

```
fft:
                                    ;计算 FFT 的第一步,两点的 FFT
        .asg    AR1, GROUP_COUNTER  ;定义 FFT 计算的组指针
        .asg    AR2, PX             ;AR2 为指向参加蝶形运算第一个数据的指针
        .asg    AR3, QX             ;AR3 为指向参加蝶形运算第二个数据的指针
        .asg    AR4, WR             ;定义 AR4 为指向余弦表的指针
        .asg    AR5, WI             ;定义 AR5 为指向正弦表的指针
        .asg    AR6, BUTTERFLY_COUNTER ;定义 AR6 为指向蝶形结的指针
        .asg    AR7, DATA_PROC_BUF  ;定义在第一步中的数据处理缓冲指针
        .asg    AR7, STAGE_COUNTER  ;定义剩下几步中的数据处理缓冲指针
        pshm    st0
        pshm    ar0
        pshm    bk                  ;保存环境变量
        SSBX    SXM                 ;开启符号扩展模式
        STM     #K_ZERO_BK, BK      ;让 BK=0 使 *ARn+0% = *ARn+0
        LD      #-1, ASM            ;为避免溢出在每一步输出时右移一位
        MVMM    DATA_PROC_BUF, PX   ;PX 指向参加蝶形结运算的第一个数
                                    ;的实部(PR)
        LD      *PX, 16, A          ;AH:=PR
        STM     #fft_data+K_DATA_IDX_1, QX
                                    ;QX 指向参加蝶形运算的第二个数的实部(QR)
        STM     #K_FFT_SIZE/2-1, BRC ;设置块循环计数器
        RPTBD   stage1end-1         ;语句重复执行的范围到地址 stage1end-1 处
        STM     #K_DATA_IDX_1+1, AR0 ;延迟执行的两字节的指令(该指令不重复执行)
        SUB     *QX, 16, A, B       ;BH:=PR-QR
        ADD     *QX, 16, A          ;AH:=PR+QR
        STH     A, ASM, *PX+        ;PR':=(PR+QR)/2
        STB,    *QX+                ;QR':=(PR-QR)/2
        ||LD    *PX, A              ;AH:=PI
        SUB     *QX, 16, A, B       ;BH:=PI-QI
        ADD     *QX, 16, A          ;AH:=PI+QI
        STH     A, ASM, *PX+0%      ;PI':=(PI+QI)/2
        ST      B, *QX+0%           ;QI':=(PI-QI)/2
        ||LD    *PX, A              ;AH:=next PR
stage1end:
                                    ;计算 FFT 的第二步,四点的 FFT
        MVMM    DATA_PROC_BUF, PX   ;PX 指向参加蝶形运算第一个数据的实部(PR)
        STM     #fft_data+K_DATA_IDX_2, QX
                                    ;QX 指向参加蝶形运算第二个数据的实部(QR)
        STM     #K_FFT_SIZE/4-1, BRC ;设置块循环计数器
        LD      *PX, 16, A          ;AH:=PR
        RPTBD   stage2end-1         ;语句重复执行的范围到地址 stage1end-1 处
        STM     #K_DATA_IDX_2+1, AR0 ;初始化 AR0 以被循环寻址以下是第一个蝶形
```

```
                                        ; 运算过程
        SUB     *QX, 16, A, B           ; BH：=PR-QR
        ADD     *QX, 16, A              ; AH：=PR+QR
        STH     A, ASM, *PX+            ; PR'：= (PR+QR)/2
        ST      B, *QX+                 ; QR'：= (PR-QR)/2
        ||LD    *PX, A                  ; AH : = PI
        SUB     *QX, 16, A, B           ; BH : = PI-QI
        ADD     *QX, 16, A              ; AH : = PI+QI
        STH     A, ASM, *PX+            ; PI'：= (PI+QI)/2
        STH     B, ASM, *QX+            ; QI'：= (PI-QI)/2
                                        ; 以下是第二个蝶形运算过程
        MAR     *QX+                    ; QX 中的地址加一
        ADD     *PX, *QX, A             ; AH : = PR+QI
        SUB     *PX, *QX-, B            ; BH : = PR-QI
        STH     A, ASM, *PX+            ; PR'：= (PR+QI)/2
        SUB     *PX, *QX, A             ; AH : = PI-QR
        ST      B, *QX                  ; QR'：= (PR-QI)/2
        ||LD    *QX+, B                 ; BH : = QR
        ST      A, *PX                  ; PI'：= (PI-QR)/2
        ||ADD   *PX+0%, A               ; AH : = PI+QR
        ST      A, *QX+0%               ; QI'：= (PI+QR)/2
        ||LD    *PX, A                  ; AH : = PR
stage2end:
                                        ; Stage 3 thru Stage logN-1：从第三
                                        ; 个蝶形到第六个蝶形的过程如下
        STM     #K_TWID_TBL_SIZE, BK    ; BK = 旋转因子表格的大小值
        ST      #K_TWID_IDX_3, d_twid_idx
                                        ; 初始化旋转表格索引值
        STM     #K_TWID_IDX_3, AR0      ; AR0 = 旋转表格初始索引值
        STM     #cos_table, WR          ; 初始化 WR 指针
        STM     #sine_table, WI         ; 初始化 WI 指针
        STM     #K_LOGN-2-1, STAGE_COUNTER
                                        ; 初始化步骤指针
        ST      #K_FFT_SIZE/8-1, d_grps_cnt
                                        ; 初始化组指针
        STM     #K_FLY_COUNT_3-1, BUTTERFLY_COUNTER
                                        ; 初始化蝶形指针
        ST      #K_DATA_IDX_3, d_data_idx
                                        ; 初始化输入数据的索引
stage:                                  ; 以下是每一步的运算过程
        STM     #fft_data, PX           ; PX 指向参加蝶形运算第一个数据的实部(PR)
        LD      d_data_idx, A
        ADD     *(PX), A
        STLM    A, QX                   ; QX 指向参加蝶形运算第二个数据的实部(QR)
        MVDK    d_grps_cnt, GROUP_COUNTER
                                        ; AR1 是组个数计数器
group:                                  ; 以下是每一组的运算过程
        MVMD    BUTTERFLY_COUNTER, BRC  ; 将每一组中的蝶形的个数装入 BRC
        RPTBD   butterflyend-1          ; 重复执行至 butterflyend-1 处
```

```
        LD      *WR, T
        MPY     *QX+, A                     ; A : = QR*WR || QX*QI
        MAC     *WI+0%, *QX-, A             ; A : = QR*WR+QI*WI
        ADD     *PX, 16, A, B               ; B : = (QR*WR+QI*WI)+PR
                                            ; ||QX 指向 QR
        ST      B, *PX                      ; PR': =((QR*WR+QI*WI)+PR)/2
        ||SUB   *PX+, B                     ; B : = PR-(QR*WR+QI*WI)
        ST      B, *QX                      ; QR': = (PR-(QR*WR+QI*WI))/2
        ||MPY   *QX+, A                     ; A : = QR*WI   [T=WI]
                                            ; ||QX 指向 QI
        MAS     *QX, *WR+0%, A              ; A : = QR*WI-QI*WR
        ADD     *PX, 16, A, B               ; B : = (QR*WI-QI*WR)+PI
        ST      B, *QX+  ; QI': =((QR*WI-QI*WR)+PI)/2
                                            ; || QX 指向 QR
        ||SUB   *PX, B                      ; B: =PI-(QR*WI-QI*WR)
        LD      *WR, T                      ; T : = WR
        ST      B, *PX+                     ; PI': =(PI-(QR*WI-QI*WR))/2
                                            ; || PX 指向 PR
        ||MPY   *QX+, A                     ; A: =QR*WR || QX 指向 QI
butterflyend:
                                            ; 更新指针以准备下一组蝶形的运算
        PSHM    AR0                         ; 保存 AR0
        MVDK    d_data_idx, AR0             ; AR0 中装入在该步运算中每一组所用的蝶形
                                            ; 的数目
        MAR     *PX+0                       ; 增加 PX 准备进行下一组的运算
        MAR     *QX+0                       ; 增加 QX 准备进行下一组的运算
        BANZD   group, *GROUP_COUNTER-      ; 当组计数器减一后不等于零时, 延迟跳转
                                            ; 至 group 处
        POPM    AR0                         ; 恢复 AR0 (一字节)
        MAR     *QX-                        ; 修改 QX 以适应下一组的运算更新指针和
                                            ; 其他索引数据以便进入下一个步骤的运算
        LD      d_data_idx, A
        SUB     #1, A, B ; B=A-1
        STLM    B, BUTTERFLY_COUNTER        ; 修改蝶形个数计数器
        STL     A, 1, d_data_idx            ; 下一步计算的数据索引翻倍
        LD      d_grps_cnt, A
        STL     A, -1, d_grps_cnt           ; 下一步计算的组数目减少一半
        LD      d_twid_idx, A
        STL     A, -1, d_twid_idx           ; 下一步计算的旋转因索引减少一半
        BANZD   stage, *STAGE_COUNTER-
        MVDK    d_twid_idx, AR0             ; AR0 = 旋转因子索引 (两字节)
        popm    bk
        popm    ar0
        popm    st0 ; 恢复环境变量
fft_end:
        RET
```

3) 分离复数 FFT 的输出为奇部分和偶部分

分离 FFT 输出为相关的四个序列: RP、RM、IP 和 IM, 即偶实数, 奇实数、偶虚数和

奇虚数四部分，以便第四步形成最终结果。

利用信号分析的理论我们把 $D(k)$ 通过下面的公式分为偶实数 RP[k]、奇实数 RM[k]、偶虚数 IP[k]和奇虚数 IM[k]：

```
RP[k]=RP[N-k]=0.5*(R[k]+R[N-k])
RM[k]=-RM[N-k]=0.5*(R[k]-R[N-k])
IP[k]=IP[N-k]=0.5*(I[k]+I[N-k])
IM[k]=-IM[N-k]=0.5*(I[k]-I[N-k])
RP[0]=R[0]
IP[0]=I[0]
RM[0]=IM[0]=RM[N/2]=IM[N/2]=0
RP[N/2]=R[N/2]
IP[N/2]=I[N/2]
```

图 8.14 显示了第三步完成以后存储器中的数据情况，RP[k]和 IP[k]存储在上半部分，RM[k]和 IM[k]存储在下半部分。

地址	内容
2200h	RP[0]=R[0]
2201h	IP[0]=I[0]
2202h	RP[1]
2203h	IP[1]
2204h	RP[2]
2205h	IP[2]
2206h	RP[3]
2207h	IP[3]
2208h	RP[4]
2209h	IP[4]
220Ah	RP[5]
220Bh	IP[5]
⋮	⋮
22FEh	RP[127]
22FFh	IP[127]
2300h	a[0]
2301h	a[1]
2302h	IM[127]
2303h	RM[127]
2304h	IM[126]
2305h	RM[126]
2306h	IM[125]
2307h	RM[125]
2308h	IM[124]
2309h	RM[124]
230Ah	IM[123]
230Bh	RM[123]
⋮	⋮
23FEh	IM[1]
23FFh	RM[1]

图 8.14 第 3 步之后存储器中的数据

这一过程的程序代码如下删除两个字：

```
unpack
        .asg    AR2, XP_k
        .asg    AR3, XP_Nminusk
        .asg    AR6, XM_k
        .asg    AR7, XM_Nminusk
        STM     #fft_data+2, XP_k              ; AR2 指向 R[k] (temp RP[k])
STM     #fft_data+2*K_FFT_SIZE-2, XP_Nminusk
                                               ; AR 指 R[N-K] (temp RP[N-K])
STM     #fft_data+2*K_FFT_SIZE+3, XM_Nminusk
                                               ; AR7 指向 temp RM[N-K]
STM     #fft_data+4*K_FFT_SIZE-1, XM_k         ; AR6 指向 temp RM[K]
STM     #-2+K_FFT_SIZE/2, BRC                  ; 设置块循环计数器
RPTBD   phase3end-1                            ; 以下指令到 phase3end-1 处一直重复
                                               ; 执行 BRC 中规定的次数
STM     #3, AR0                                ; 设置 AR0 以备下面程序寻址使用
ADD     *XP_k, *XP_Nminusk, A                  ; A: =R[k]+R[N-K] = 2*RP[k]
SUB     *XP_k, *XP_Nminusk, B                  ; B: =R[k]-R[N-K]= 2*RM[k]
STH     A, ASM, *XP_k+                         ; 在 AR[k]处存储 RP[k]
STH     A, ASM, *XP_Nminusk+                   ; 在 AR[N-K]处存储 RP[N-K]=RP[k]
STH     B, ASM, *XM_k-                         ; 在 AI[2N-K]处存储 RM[k]
NEG     B                                      ; B: = R[N-K]-R[k] =2*RM[N-K]
STH     B, ASM, *XM_Nminusk-                   ; 在 AI[N+k]处存储 RM[N-K]
ADD     *XP_k, *XP_Nminusk, A                  ; A : = I[k]+I[N-K] = 2*IP[k]
SUB     *XP_k, *XP_Nminusk, B                  ; B : = I[k]-I[N-K] =2*IM[k]
STH     A, ASM, *XP_k+                         ; 在 AI[k]处存储 IP[k]
STH     A, ASM, *XP_Nminusk-0                  ; 在 AI[N-K]处存储 IP[N-K]=IP[k]
STH     B, ASM, *XM_k-                         ; 在 AR[2N-K]处存储 IM[k]
NEG     B                                      ; B: =I[N-K]-I[k] =2*IM[N-K]
STH     B, ASM, *XM_Nminusk+0                  ; 在 AR[N+k]处存储 IM[N-K]
phase3end:
```

4) 产生最后的 $N=256$ 点的复数 FFT 结果

产生 $2N = 256$ 个点的复数输出，它与原始的 256 个点的实输入序列的 DFT 一致。输出驻留在数据缓冲器中。

① 通过下面的公式由 RP[k]、RM[n]、IP[n]和 IM[n]四个序列可以计算出 a[n]的 DFT：

```
AR[k]=AR[2N-k]=RP[k]+cos(kπ/N)*IP[k]-sin(kπ/N)*RM[k]
AI[k]=-AI[2N-k]=IM[k]-cos(kπ/N)*RM[k]-sin(kπ/N)*IP[k]
AR[0]=RP[0]+IP[0]
AI[0]=IM[0]-RM[0]
AR[N]=R[0]-I[0]
AI[N]=0
```

其中：

第 8 章 TMS320C54x 应用系统设计举例

A[k]=A[2N-k]=AR[k]+j AI[k]=F{a(n)} 即是 a[n]的 DFT 结果

② 实数 FFT 输出按照实数/虚数的自然顺序填满整个 4N=512 个字节的数据处理缓冲器。如图 8.15 所示。

2200h	AR[0]
2201h	AI[0]
2202h	AR[1]
2203h	AI[1]
2204h	AR[2]
2205h	AI[2]
⋮	⋮
22FFh	AI[127]
2300h	AR[128]
2301h	AI[128]
2302h	AR[129]
2303h	AI[129]
2304h	AR[130]
2305h	AI[130]
⋮	⋮
23FFh	AI[255]

图 8.15 第 4 步之后存储器中的数据

这一段程序可以和上面的步骤 3 的程序合成一个子程序 unpack，这一步的程序代码如下：

```
ST      #0, *XM_k-              ; RM[N/2]=0
ST      #0, *XM_k               ; IM[N/2]=0
                                ; 计算 AR[0], AI[0], AR[N], AI[N]
    .asg    AR2, AX_k
        .asg    AR4, IP_0
        .asg    AR5, AX_N
        STM #fft_data, AX_k     ; AR2 指向 AR[0] (temp RP[0])
        STM #fft_data+1, IP_0   ; AR4 指向 AI[0] (temp IP[0])
STM     #fft_data+2*K_FFT_SIZE+1, AX_N
                                ; AR5 指向 AI[N]
ADD     *AX_k, *IP_0, A  ; A : = RP[0]+IP[0]
SUB     *AX_k, *IP_0, B  ; B : = RP[0]-IP[0]
STH     A, ASM, *AX_k+   ; AR[0] = (RP[0]+IP[0])/2
ST      #0, *AX_k        ; AI[0] = 0
MVDD    *AX_k+, *AX_N-   ; AI[N] = 0
STH     B, ASM, *AX_N    ; AR[N] = (RP[0]-IP[0])/2
                                ; 计算最后的输出值 AR[k], AI[k]
```

```
        .asg    AR3, AX_2Nminusk
        .asg    AR4, COS
        .asg    AR5, SIN
        STM     #fft_data+4*K_FFT_SIZE-1,AX_2Nminusk
                                        ; AR3 指向 AI[2N-1](temp RM[1])
        STM     #cos_table+K_TWID_TBL_SIZE/K_FFT_SIZE,COS
                                        ; AR4 指向 cos(k*π/N)
        STM     #sine_table+K_TWID_TBL_SIZE/K_FFT_SIZE,SIN
                                        ; AR5 指向 sin(k*π/N)
        STM     #K_FFT_SIZE-2, BRC
        RPTBD   phase4end-4
        STM     #K_TWID_TBL_SIZE/K_FFT_SIZE, AR0
                                        ; AR0 中存入旋转因子表的大小以备循环寻址时使用
        LD      *AX_k+, 16, A           ; A : = RP[k] ||修改 AR2 指向 IP[k]
        MACR    *COS, *AX_k, A          ; A : =A+cos(k*π/N)*IP[k]
        MASR    *SIN, *AX_2Nminusk-, A
                                        ;A := A-sin(k*π/N)*RM[k] ||修改 AR3 指向 IM[k]
        LD      *AX_2Nminusk+, 16, B    ; B : = IM[k] ||修改 AR3 指向 RM[k]
        MASR    *SIN+0%, *AX_k-, B
                                        ;B := B-sin(k*π/N)*IP[k] ||修改 AR2 指向 RP[k]
                MASR    *COS+0%, *AX_2Nminusk, B
                                        ; B : = B-cos(k*π/N)*RM[k]
        STH     A, ASM, *AX_k+          ; AR[k] = A/2
        STH     B, ASM, *AX_k+          ; AI[k] = B/2
        NEG     B                       ; B : = -B
        STH     B, ASM, *AX_2Nminusk-   ; AI[2N-K] = -AI[k]= B/2
        STH     A, ASM, *AX_2Nminusk-   ; AR[2N-K] = AR[k] = A/2
POWER_END:
        RET
```

③ 计算所求信号的功率

由于最后所得的 FFT 数据是一个复数，为了能够方便的在虚拟频谱仪上观察该信号的特征，我们通常对所得的 FFT 数据进行处理——取其实部和虚部的平方和，即求得该信号的功率。

```
Power:
        .asg    AR2, AX
        .asg    AR3, OUTPUT_BUF
        PSHM    ST0                     ; 保存寄存器的值
        PSHM    AR0
        PSHM    BK
        STM     #d_output_addr,OUTPUT_BUF
                                        ; AR3 指向输出缓冲地址
        STM     #K_FFT_SIZE*2-1,BRC     ; 块循环计数器设置为 255
        RPTBD   power_end-4             ; 带延迟方式的重复执行指令
        STM     #fft_data,AX            ; AR2 指向 AR[0]
```

```
        SQUR    *AX+,A              ; A := AR2
        SQURA   *AX+,A              ; A := AR2 + AI2
        STH     A,7,*OUTPUT_BUF     ; 将 A 中的数据存入输出缓冲中
        ANDM    #7FFFh,*OUTPUT_BUF+
                                    ; 避免输出数据过大在虚拟示波器中显示错误
                                    ; 保存各个寄存器值
        POPM    BK
        POPM    AR0
        POPM    ST0
power_end:
        RET
```

8.4.3 FFT 算法的模拟信号产生和输入

在 CCS 集成开发环境下利用 Simulator 进行 FFT 的调试并观察运行结果时,需要输入一个模拟信号,该信号可以有两种方法产生,第一种方法是用 C 语言程序产生 FFTdata.inc 文件,然后,在 DSP 汇编语言程序中通过.copy 汇编命令将数据文件 FFTdata.inc 复制到汇编程序中去。第二种方法是首先建立与信号对应的数据流文件 FFTdata.dat,其数据格式如下:

```
1651 1 0 0 0
0x1f40
⋮
```

第一行为头信息,其后为十六进制数据,然后,输入数据通过 CCS 开发环境下的 FileI/O 功能完成待处理的数据的输入,关于更详细的操作步骤,请参考第 5 章的相关内容。数据流文件 FFTdata.dat 的产生可以采用 C 语言编程来生成文本文件 FFTdata.txt,然后将其转化为 FFTdata.dat 文件。生成 FFT 模拟输入数据文件的 C 语言程序如下:

```c
#include "stdio.h"
main()
{   FILE  *fw;
    int i,j,t;
    fw=fopen("d:fft.dat","wt");
    fprintf(fw,"1651 1 0 0 0\n");
    for(i=0;i<1024;i++)
    {
       j=(i+1)%20;
       if(j<10)
       t=-9000;
       else
       t=9000;
       fprintf(fw,"0x%04x\n",t);
/*     printf("0x%04x\n",t);    */
    }
    fclose(fw);
}
```

8.4.4 观察信号时域波形及其频谱

以上程序完成 256 点的实数 FFT,编写完程序后,在 CCS 环境下运行和调试,并通过 CCS 的图形显示工具观察结果。在主程序利用探针工具读入 256 点方波数据(在文件 FFTdata.dat 中),该数据文件可以通过程序 fft_data.c 修改。输入的数据放在数据存储区 0x2300 开始的 256 个单元中,经程序运算后的结果放在数据存储器 0x2200 开始的 256 个单元中。在 CCS 中选择菜单命令 View→Graph→Time/Frequency,打开一个图形工具以便显示输入数据波形。选择数据区 0x2300 开始的 256 个单元,显示类型为 Single Time,则得到信号的时域波形图如图 8.16 上半部所示。将起始地址改为 0x2200,便可显示计算完成后的谱波形。如图 8.16 下半部所示。

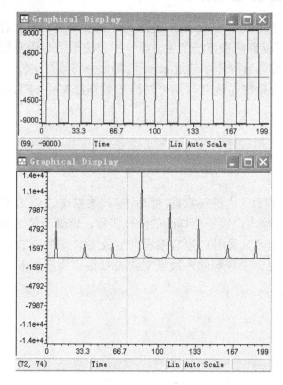

图 8.16 输入信号时域波形及功率谱图

8.5 语音信号采集

8.5.1 语音接口芯片 TLC320AD50C 简介

TLC320AD50C 是 TI 公司生产的音频接口芯片,集成了 16 位 A/D 和 D/A 转换器,可工作在主、从两种方式,由上电时 M/S 管脚的电平决定。当 M/S 为高电平时,TLC320AD50C 工作在主设备方式,也就是时钟和帧同步信号由 TLC320AD50C 发出;当 M/S 为低电平时,TLC320AD50C 工作在从设备方式,数据传输由输入的 FS 和 SCLK 同步。在与 DSP 的 McBSP

连接时，一般 TLC320AD50C 配置为主方式，而 McBSP 为从方式。

TLC320AD50C 支持主通信和辅助通信两种通信模式，主通信用于正常的 ADC 或 DAC 的数据传输，辅助通信用于控制寄存器的读写。辅助通信模式可由硬件和软件两种方式触发。在硬件触发方式下，TLC320AD50C 在 FS 的上升沿采集管脚 FC 的电平，如果为高则下一个帧同步为辅助通信模式。外部器件也可以通过将 DIN 上数据的 D0 位置 1 来软件触发辅助通信模式，当然此时 TLC320AD50C 必须工作在 15+1 数据格式下。其中的高 15 位用来传送 ADC 或 DAC 数据，DIN 上的 D0 位用来表示下一个帧同步是否为辅助通信模式，而 DOUT 上的 D0 位表示当前的数据是来自主设备还是从设备。

TLC320AD50C 的工作方式通过对其内部 7 个控制寄存器的设置来进行控制。其中寄存器 0(地址为 00000b)是无操作寄存器，辅助通信中对它的访问不改变任何其他寄存器的设置。寄存器 5 和 6 保留用于工厂测试，故只有 4 个寄存器可用。

4 个寄存器各位的意义见表 8-1～表 8-4。

表 8-1 控制寄存器 1

位	复位值	描述
7	0	D7=1：软件复位
6	0	D6=1：软件下电
5	0	D5=1：ADC 选择 AUXP 和 AUXM 作为输入， D5=0：ADC 选择 INP 和 INM 作为输入
4	0	D4=1：选择监控 AUXP 和 AUXM， D4=0：选择监控 INP 和 INM
3～2	00	D3D2=11b：监控放大器增益=−18dB D3D2=10b：监控放大器增益=−8dB D3D2=01b：监控放大器增益=0dB D3D2=00b：监控放大器关闭
1	0	D1=1：数字环路使能，D1=0：数字环路禁止
0	0	D0=1：16 比特 DAC 数据格式 D0=0：15+1 比特 DAC 数据格式

表 8-2 控制寄存器 2

位	复位值	描述
7	0	FLAG 管脚输出值
6	0	D6=1：电话模式使能，D6=0：电话模式禁止
5	0	抽取 FIR 滤波器溢出标志
4	0	D4=1：16 比特 ADC 数据格式，D4=0：15+1 比特 ADC 数据格式
3	0	D3=1：模拟环路使能，D3=0：模拟环路禁止
2～0	000	保留

表 8-3 控制寄存器 3

位	复位值	描述
7~6	00	从设备个数
5~0	000000	FSD 延迟于 FS 的 SCLK 个数，最小为 18

表 8-4 控制寄存器 4

位	复位值	描述
7	0	D7=1：旁通内部 PLL，D7=0：使能内部 PLL
6~4	000	采样频率选择(N)001b: N=1，010b: N=2，000b: N=8
3~2	00	D3D2=11b：模拟输入增益关闭 D3D2=10b：模拟输入增益=12dB D3D2=01b：模拟输入增益=6dB D3D2=00b：模拟输入增益=0dB
1~0	00	D1D0=11b：模拟输出增益关闭 D1D0=10b：模拟输出增益=12dB D1D0=01b：模拟输出增益=6dB D1D0=00b：模拟输出增益=0dB

TLC320AD50C 的采样频率 F_x 由控制寄存器 4 设置。

当内部 PLL 使能时： F_x=MCLK / (128×N)

当内部 PLL 禁止时： F_x=MCLK / (512×N)

8.5.2 TLC320AD50C 与 DSP 的连接

在实际应用中，一般将 TLC320AD50C 接至 DSP 的同步串行口，并将 TLC320AD50C 设置在主动工作方式，即由 TLC320AD50C 提供帧同步信号和移位时钟。另外不同型号 DSP 的管脚电压可以为 3.3V 或 5V，因此可根据 DSP 的电源特性为 TLC320AD50C 选择 3.3V 的电平，以实现管脚的直接连接。图 8.17 给出了 TLC320AD50C 与 TMS320C54x 系列 DSP 连接的例子。

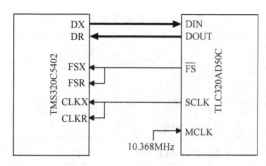

图 8.17 TLC320AD50C 与 TMS320C54x 系列 DSP 的连接

8.5.3 语音采集和回放程序

本例在实现初始化 DSP 后，打开 McBSP 串口，初始化 AD50C，然后使串口在 AD50C 的控制下接收数据。主函数用 C 语言编写(参考 8.6 节)，其中 InitC5402(void)是初始化 DSP，OpenMcBSP(void)是初始化串口和初始化 AD50C，READAD50(void)用来读取数据。

```
extern void InitC5402(void);
extern void OpenMcBSP(void);
extern void CloseMcBSP(void);
extern void READAD50(void);
extern void WRITEAD50(void);
void main(void)
{
InitC5402();
OpenMcBSP();
while (1)
{
READAD50();
}
}
```

以下为 McBSP 串口利用 TLC320AD50C 实现语音采集和回放的汇编实现程序：

```
    .global _InitC5402
    .global _OpenMcBSP
    .global _CloseMcBSP
    .global _READAD50
    .include MMRegs.h
_InitC5402:
; 略
; 初始化串口
; 略(见 6.2.4，McBSP 串口应用举例)
; 等待数据接收完毕
IfRxRDY1:
    NOP
    STM SPCR1, McBSP1_SPSA          ; 允许数据接收
    LDM McBSP1_SPSD, A
    AND #0002h, A                    ; 取 RRDY 位
    BC IfRxRDY1, AEQ
    NOP
    NOP
    RET
    NOP
    NOP
; 等待数据发送完毕
IfTxRDY1:
    NOP
```

```
            STM     SPCR2, McBSP1_SPSA          ; 允许发送
            LDM     McBSP1_SPSD, A
            AND     #0002h, A                   ; 取 TRDY 位
            BC      IfTxRDY1, AEQ ;
            NOP
            NOP
            RET
            NOP
            NOP
_OpenMcBSP:
            RSBX    XF                          ; 复位 AD50
            CALL    WAIT
            NOP
            STM     SPCR1, McBSP1_SPSA          ; 允许 McBSP1 接收数据
            LDM     McBSP1_SPSD, A
            OR      #0x0001, A
            STLM    A, McBSP1_SPSD
            STM     SPCR2, McBSP1_SPSA          ; 允许 McBSP1 发送数据
            LDM     McBSP1_SPSD, A
            OR      #0x0001, A
            STLM    A, McBSP1_SPSD
            LD      #0h, DP                     ; 数据放到第 0 页
            RPT     #23
            NOP
            SSBX    XF                          ; 使 AD50 开始工作
            NOP
            NOP
            CALL    IfTxRDY1                    ; 初始化 AD50 寄存器
            STM     #0x0001, McBSP1_DXR1        ; 要求辅助通信
            NOP
            CALL    IfTxRDY1
            STM     #0100h, McBSP1_DXR1         ; 写 00h 到寄存器 1, 15+1 模式
            CALL    IfTxRDY1
            STM     #0000h, McBSP1_DXR1
            NOP
            NOP
            RPT     #20h
            NOP
            CALL    IfTxRDY1
            STM     #0x0001, McBSP1_DXR1        ; 要求辅助通信
            CALL        IfTxRDY1
            STM     #0200h, McBSP1_DXR1         ; 写 00h 到寄存器 2
            CALL    IfTxRDY1
            STM     #0000h, McBSP1_DXR1
            CALL    IfTxRDY1
            STM     #0x0001, McBSP1_DXR1        ; 要求辅助通信
```

```
        CALL    IfTxRDY1
        STM     #0300h, McBSP1_DXR1         ; 写 00h 到寄存器 3
        STM     #0000h, McBSP1_DXR1
        CALL    IfTxRDY1
        STM     #0x0001, McBSP1_DXR1        ; 要求辅助通信
        CALL    IfTxRDY1
        STM     #0490h, McBSP1_DXR1         ; 写 90h 到寄存器 4, 不使用内部 PLL,
                                            ; 采样频率为 64kHz
        CALL    IfTxRDY1
        STM     #0000h, McBSP1_DXR1
        RET
        NOP
        NOP
_CloseMcBSP:                                ; 关串口
        STM     SPCR1, McBSP1_SPSA
        LDM     McBSP1_SPSD, A
        AND     #0xFFFE, A
        STLM    A, McBSP1_SPSD
        STM     SPCR2, McBSP1_SPSA ;
        LDM     McBSP1_SPSD, A
        AND     #0xFFFE, A
        STLM    A, McBSP1_SPSD
        RPT     #5
        RET
        NOP
        NOP
_READAD50:
        STM     0x00FF, AR3
        STM     0x1000, AR2
loop:
        CALL    IfRxRDY1
        LDM     McBSP1_DRR1, B
        STL     B, *AR2+
        BANZ    LOOP, *AR3-
        RET
wait:
                                            ; 延时函数, 略
        .end
```

8.6 C 语言编程及应用

使用 C/C++语言编程可以简化程序的开发过程, 提高程序的可移植性。故现在各个 DSP 厂商都非常重视 C/C++编译器的开发。TI 公司为 C54x DSP 开发了一套基于 ANSI 标准 C 语言的优化编译器。由以下几个部分组成: 分析器、优化器、代码产生器、内部列表

公用程序、汇编器和链接器。

8.6.1 C 语言编程的基本方法

虽然 TI 针对 DSP 的结构特点，对 C 语言编译器进行了优化，但在一般情况下仍然无法和汇编的效率相比，所以通常 DSP 应用程序需要用 C 语言和汇编语言的混合编程方法来实现。以达到最佳的利用 DSP 芯片软、硬件资源的目的。

用 C 语言和汇编语言混合编程方法主要有以下 3 种。

(1) 独立编写 C 程序和汇编程序，分开编译或汇编形成各自的目标代码模块，然后用链接器将 C 模块和汇编模块链接起来。例如，FFT 程序一般采用汇编语言编写，对 FFT 程序用汇编器进行汇编形成目标代码模块，与 C 模块链接就可以在 C 程序中调用 FFT 程序。

(2) 直接在 C 程序的相应位置嵌入汇编语句。

(3) 对 C 程序进行编译生成相应的汇编程序，然后对汇编程序进行手工优化和修改。

8.6.2 独立的 C 模块和汇编模块接口

采用这种方法需注意的是，在编写汇编程序和 C 程序时必须遵循有关的调用规则和寄存器规则。如果遵循了这些规则，那么 C 程序既可以调用汇编程序，也可以访问汇编程序中定义的变量。同样，汇编程序也可以调用 C 函数或访问 C 程序中定义的变量。

对于汇编模块，最重要的是必须遵守 C 编译器定义的函数调用规则和寄存器使用规则。遵循这两个规则就可以保证所编写的汇编模块不破坏 C 模块的运行环境。C 模块和汇编模块可以相互访问各自定义的函数或变量。在编写独立的汇编程序时，必须注意以下几点：

(1) 不论是用 C 语言编写的函数还是用汇编语言编写的函数，都必须遵循寄存器使用规则。

(2) 必须保护函数要用到的几个特定寄存器。这些特定寄存器包括 AR1、AR6、AR7 和 SP。其中，如果 SP 正常使用的话，则不必明确加以保护，换句话说，只要汇编函数在函数返回时弹出压入的对象，实际上就已经保护了 SP。其他寄存器则可以自由使用。

(3) 中断程序必须保护所有用到的寄存器。

(4) 从汇编程序调用 C 函数时，第一个参数(最左边)必须放入累加器 A 中，剩下的参数按自右向左的顺序压入堆栈。

(5) 调用 C 函数时，注意 C 函数只保护了几个特定的寄存器，而其他寄存器 C 函数是可以自由使用的。

(6) 长整型和浮点数在存储器中存放的顺序是低位字在高地址，高位字在低地址。

(7) 如果函数有返回值，则返回值存放在累加器 A 中。

(8) 汇编语言模块不能改变由 C 模块产生的.cinit 段，如果改变其内容将会引起不可预测的后果。

(9) 编译器在所有标识符(函数名、变量名等)前加下划线"_"。因此，编写汇编语言程序时，必须在 C 程序可以访问的所有对象前加"_"。例如，在 C 程序中定义了变量 x，如果在汇编程序中要使用，即为"_x"。如果仅在汇编中使用，只要不加下划线，即使与 C 程序中定义的对象名相同，也不会造成冲突。

(10) 任何在汇编程序中定义的对象或函数，如果需要在 C 程序中访问或调用，则必须用汇编指令.global 定义。同样，如果在 C 程序中定义的对象或函数需要在汇编程序中访问或调用，在汇编程序中也必须用.global 指令定义。

(11) 编译模式 CPL 指示采用何种指针寻址，如果 CPL=1，则采用堆栈指针 SP 寻址；如果 CPL=0，则选择页指针 DP 进行寻址。因为编译的代码在 ST1 的 CPL=1(编译模式)下运行，寻址直接地址的数据单元的方法只能采用绝对寻址模式。例如，汇编程序将 C 中定义的全局变量 global_var 的值放入累加器，可写为如下形式：

```
LD*(_global_var), A    ;当CPL=1 时
```

如果在汇编函数中设置 CPL=0，那么在汇编程序返回前必须将其重新设置为 1。

从 C 程序中访问在汇编程序中定义的变量或常数，需根据变量或常数定义的位置和方式采取不同的方法。总的来说，可以分为以下 3 种情况：

(1) 访问在.bss 块中定义的变量，可用以下方法实现：
① 采用.bss 命令定义变量。
② 用.global 命令定义为外部变量。
③ 在变量名前加下划线"_"。
④ 在 C 程序中将变量声明为外部变量。

采用上述方法后，在 C 程序中就可以像访问普通变量一样访问它。

(2) 对于访问不在.bss 块中定义的变量，其方法复杂一些。在汇编程序中定义的常数表是这种情形的常见例子。在这种情况下，必须定义一个指向该变量的指针，然后在 C 程序中间接访问这个变量。在汇编程序中定义常数表时，可以为这个表定义一个独立的块，也可以在现有的块中定义。定义完以后，说明指向该表起始地址的全局标号。在 C 程序中访问该表时，必须另外声明一个指向该表的指针。

(3) 对于在汇编程序中用.set 和.global 伪指令定义的全局常数，也可以使用特殊的操作从 C 程序中访问它们。一般在 C 程序或汇编程序中定义的变量，符号表实际上包含的是变量值的地址，而非变量值本身。然而，在汇编中定义的常数，符号包含的是常数的值。而编译器不能区分符号表中哪些是变量值，哪些是变量的地址，因此，在 C 程序中访问汇编程序中的常数不能直接用常数的符号名，而应在常数名前加一个地址操作符"&"。如在汇编中的常数名为 z，则在 C 程序中的值应为&z。

8.6.3 C 语言编程应用

用 C 语言编程只需将 rtb.Lib 添加到工程中，CCS5000 会自动完成相关操作。

以下程序为 FFT 算法的实现，利用 INT2 获得输入信号，数组 x 是来自 A/D 采样的数据，长度为 128，为 32 位浮点数，数组 mo 是 FFT 输出。

```
#include "stdio.h"
#include "math.h"
#define IMR   *(pmem+0x0000)
#define IFR   *(pmem+0x0001)
#define PMST  *(pmem+0x001D)
#define SWCR  *(pmem+0x002B)
#define SWWSR *(pmem+0x0028)
```

```c
#define AL      *(pmem+0x0008)
#define CLKMD 0x0058 /* clock mode reg*/
#define Length 128
unsigned int  *pmem=0;
ioport  unsigned char   port8001;
int in_x[Length];
int s,m = 0;
int intnum = 0;
int flag = 0;
double xavg;
double x[128],pr[128],pi[128],fr[128],fi[128],mo[128];
int n,k,l,il;
void kfft(double pr[128],double pi[128],int n,int k,double fr[128],double fi[128],int l,int il);
interrupt void int2()
{
    in_x[m] = port8001;
    in_x[m] &= 0x00FF;
    m++;
    intnum = m;
    if (intnum == Length)
    {
        intnum = 0;
        xavg = 0.0;
        for (s=0; s<Length; s++)
        {
xavg = in_x[s] + xavg;
        }
        xavg = xavg/Length;
        for (s=0; s<Length; s++)
        {
            x[s] = 1.0*(in_x[s] - xavg);
            pr[s] = x[s];
            pi[s] = 0;
        }
        kfft(pr,pi,128,7,fr,fi,0,1);
        for (s=0;s<Length;s++)
            {mo[s] = sqrt(fr[s]*fr[s]+fi[s]*fi[s]);}
        m=0;
        flag = 1;    }
}
void kfft(double pr[128],double pi[128],int n,int k,double fr[128],double fi[128],int l,int il)
{
    int it,m,is,i,j,nv,l0;
```

```c
    double p,q,s,vr,vi,poddr,poddi;
    for (it=0; it<=n-1; it++)
      { m=it; is=0;
        for (i=0; i<=k-1; i++)
          { j=m/2; is=2*is+(m-2*j); m=j;}
        fr[it]=pr[is]; fi[it]=pi[is];
      }
    pr[0]=1.0; pi[0]=0.0;
    p=6.283185306/(1.0*n);
    pr[1]=cos(p); pi[1]=-sin(p);
    if (l!=0) pi[1]=-pi[1];
    for (i=2; i<=n-1; i++)
      { p=pr[i-1]*pr[1]; q=pi[i-1]*pi[1];
        s=(pr[i-1]+pi[i-1])*(pr[1]+pi[1]);
        pr[i]=p-q; pi[i]=s-p-q;
      }
    for (it=0; it<=n-2; it=it+2)
      { vr=fr[it]; vi=fi[it];
        fr[it]=vr+fr[it+1]; fi[it]=vi+fi[it+1];
        fr[it+1]=vr-fr[it+1]; fi[it+1]=vi-fi[it+1];
      }
    m=n/2; nv=2;
    for (l0=k-2; l0>=0; l0--)
      { m=m/2; nv=2*nv;
        for (it=0; it<=(m-1)*nv; it=it+nv)
          for (j=0; j<=(nv/2)-1; j++)
            { p=pr[m*j]*fr[it+j+nv/2];
              q=pi[m*j]*fi[it+j+nv/2];
              s=pr[m*j]+pi[m*j];
              s=s*(fr[it+j+nv/2]+fi[it+j+nv/2]);
              poddr=p-q; poddi=s-p-q;
              fr[it+j+nv/2]=fr[it+j]-poddr;
              fi[it+j+nv/2]=fi[it+j]-poddi;
              fr[it+j]=fr[it+j]+poddr;
              fi[it+j]=fi[it+j]+poddi;
            }
      }
    if (l!=0)
      for (i=0; i<=n-1; i++)
        { fr[i]=fr[i]/(1.0*n);
          fi[i]=fi[i]/(1.0*n);
        }
    if (il!=0)
      for (i=0; i<=n-1; i++)
        { pr[i]=sqrt(fr[i]*fr[i]+fi[i]*fi[i]);
```

```
            if (fabs(fr[i])<0.000001*fabs(fi[i]))
              { if ((fi[i]*fr[i])>0) pi[i]=90.0;
                else pi[i]=-90.0;
              }
            else
              pi[i]=atan(fi[i]/fr[i])*360.0/6.283185306;
        }
    }
void set_int()
{
    asm(" ssbx intm");
    IMR=IMR|0x0004;
    asm(" rsbx intm");
}
void main(void)
{
    cpu_init();
    set_int();
    for(;;)
    {
        if (flag == 1)
        {
            flag = 0;   /* set breakpoint here */
        }
    }
}
```

另外，调用 DSP 库函数将使编程更为容易。

8.7 习题与思考题

1. 在 8.2 节中，正弦波信号发生器产生了一个 2kHz 的正弦信号，请修改程序，产生一个频率相同的余弦信号。

2. 在第 1 题的基础上，新建一个工程文件，使用'VC5402 的定时器 1 产生余弦信号，同时使用定时器 0 产生正弦信号。

3. 使用循环寻址的数据缓冲区的地址能否任意设置？

4. 在 FIR 滤波器设计中，请使用 C54x 的 FIRS 指令完成滤波运算。

5. 利用位倒序循址方式对 512 个数据进行位倒序排列，应如何编写程序代码？

6. 请编写一个 128 点的实数 FFT 程序。

参 考 文 献

[1] TMS320C54x DSP Reference Set，Volume 1：CPU and Peripherals，TI 公司

[2] TMS320 DSP/BIOS User's Guide，TI 公司

[3] TMS320C5000 DSP/BIOS Application Programming Interface (API) Reference Guide，TI 公司

[4] Code Composer Studio Getting Started Guide，TI 公司

[5] CCS Tutorial，TI 公司

[6] TMS320C54x DSP Reference Set，Volume 5：Enhanced Peripherals，TI 公司

[7] TMS320C54x DSP Reference Set Volume 4：Applications Guide.Texas Instruments，2001.

[8] TMS320VC5416 Fixed-Point Digital Signal Processor Data Manual. Texas Instruments，1996.

[9] 刘艳萍.DSP 技术原理及应用教程.北京：北京航空航天大学出版社，2005.

[10] 戴明桢，周建江.TMS320C54x DSP 结构原理及应用.北京：北京航天航空大学出版社，2001.

[11] 彭启宗.TMS320C54x 实用教程.成都：电子科技大学出版社.2004.

[12] 张雄伟，陈亮，徐光辉.DSP 芯片的原理与开发应用(第 3 版).北京：电子工业出版社，2003.

[13] 周霖.DSP 系统设计与实现.北京：电子工业出版社.2005.

[14] 刘益成.TMS320C54x DSP 应用程序设计与开发.北京：北京航空航天大学出版社，2002.

[15] 尹勇，欧光军，关荣峰.DSP 集成开发环境 CCS 开发指南.北京：北京航空航天大学出版社，2003.

[16] 陈金鹰.DSP 技术及应用.北京：机械工业出版社.2003.

[17] 李利.DSP 原理及应用.北京：中国水利水电出版社.2005.

[18] 清源科技.TMS320C54x DSP 硬件开发教程.北京：机械工业出版社.2002.

[19] 邹彦.DSP 原理及技术.北京：电子工业出版社，2005.

[20] 彭启琮，李玉柏，管庆.DSP 技术的发展与应用.北京：高等教育出版社，2002.

[21] 苏涛，蔺丽华.DSP 实用技术.西安：西安电子科技大学出版社.2005.

[22] 赵红怡.DSP 技术与应用实例.北京：电子工业出版社，2003.

[23] 汪安民.TMS320C54xxDSP 实用技术.北京：清华大学出版社，2002.

《21 世纪应用型本科电子通信系列实用规划教材》

序号	书号	书名	编著者	定价
1	978-7-301-10759-1/TN·0031	DSP 技术及应用	吴冬梅 张玉杰	26.00
2	978-7-301-10760-7/TN·0032	单片机原理与应用技术	魏立峰 王宝兴	25.00
3	978-7-301-10765-2/TN·0035	电工学(少学时、单册)	蒋 中 刘国林	29.00
4	978-7-301-10766-9/TN·0036	电工与电子技术(上册)	吴舒辞 朱俊杰	21.00
5	978-7-301-10767-6/TN·0037	电工与电子技术(下册)	徐卓农 李士军	22.00
6	978-7-301-10699-0/TN·0026	电子工艺实习	周春阳	19.00
7	978-7-301-10744-7/TN·0027	电子工艺学教程	张立毅 王华奎	32.00
8	978-7-301-10915-6/TN·0039	电子线路 CAD	吕建平 梅军进	34.00
9	978-7-301-10764-1/TN·0034	数据通信技术教程	吴延海 陈光军	29.00
10	978-7-301-10768-3/TN·0038	数字信号处理	阎 毅 黄联芬	24.00
11	978-7-301-10756-0/TN·0028	现代交换技术	茅正冲 姚 军	30.00
12	978-7-301-10761-4/TN·0033	信号与系统	华 容 隋晓红	33.00
13	978-7-301-10762-5/H·1669	信息与通信工程专业英语	韩定定 赵菊敏	24.00
14	978-7-301-10757-7/TN·0029	自动控制原理	袁德成 王玉德	29.00
15	978-7-301-11443-8/TN·0040	高频电子线路	宋述祥 周冬梅	31.00
16	978-7-301-11507-7/TP·0898	微机原理与接口技术	陈光军 傅越千	34.00
17	978-7-301-11442-1/TP·0892	MATLAB 基础及其应用教程	周开利 邓春晖	24.00
18	978-7-301-11508-4/TP·0899	计算机网络	郭银景	31.00
19	978-7-301-12178-8/TN·0025	通信原理	隋晓红 钟晓玲	32.00
20	978-7-301-12175-7/TM·0003	电子系统综合设计	郭 勇 余小平	25.00
21	978-7-301-11503-9/TN·0042	EDA 技术基础	赵明富 李立军	22.00
22	978-7-301-12176-4/TP·0868	数字图像处理	曹茂永	23.00
23	978-7-301-12177-1/TN·0024	现代通信系统	李白萍 王志明	27.00
24	978-7-301-13121-3/TN·0044	模拟电子技术实验教程	谭海曙	24.00
25	978-7-301-12340-9/TN·0027	模拟电子技术	陆秀令 韩清涛	32.00
26	978-7-301-11502-2/TM·0041	移动通信	郭俊强 李 成	20.00
27	978-7-301-11504-6/TN·0043	数字电子技术	梅开乡 郭 颖	35.00
28	978-7-301-12393-5	电磁场与电磁波	王善进	25
29	978-7-301-12179-5	电路分析	王艳红	38
30	978-7-301-12380-5	电子测量与传感技术	杨 雷 张建奇	35

电子书(PDF 版)、电子课件和相关教学资源下载地址：http://www.pup6.com/ebook.htm，欢迎下载。

欢迎免费索取样书，请填写并通过 E-mail 提交教师调查表，下载地址：http://www.pup6.com/down/教师信息调查表 excel 版.xls，欢迎订购。

联系方式：010-62750667，xufan666@163.com，linzhangbo@126.com，欢迎来电来信。